U0382069

国家社科基金
后期资助项目
GUOJIA SHEKE JIJIN HOUQI ZIZHU XIANGMU

新世纪食品安全合作监管研究

Food Safety Collaboration Regulation in the New Century

徐国冲　著

中国社会科学出版社

图书在版编目（CIP）数据

新世纪食品安全合作监管研究 / 徐国冲著. -- 北京：
中国社会科学出版社，2024. 7. -- ISBN 978 - 7 - 5227
- 3851 - 2

Ⅰ. TS201. 6

中国国家版本馆 CIP 数据核字第 2024F6H842 号

出 版 人	赵剑英
责任编辑	孔继萍
责任校对	季　静
责任印制	李寡寡

出　　版	中国社会科学出版社
社　　址	北京鼓楼西大街甲 158 号
邮　　编	100720
网　　址	http：//www. csspw. cn
发 行 部	010 - 84083685
门 市 部	010 - 84029450
经　　销	新华书店及其他书店

印　　刷	北京君升印刷有限公司
装　　订	廊坊市广阳区广增装订厂
版　　次	2024 年 7 月第 1 版
印　　次	2024 年 7 月第 1 次印刷

开　　本	710 × 1000　1/16
印　　张	17
插　　页	2
字　　数	306 千字
定　　价	98. 00 元

国家社科基金后期资助项目

出 版 说 明

　　后期资助项目是国家社科基金设立的一类重要项目，旨在鼓励广大社科研究者潜心治学，支持基础研究多出优秀成果。它是经过严格评审，从接近完成的科研成果中遴选立项的。为扩大后期资助项目的影响，更好地推动学术发展，促进成果转化，全国哲学社会科学工作办公室按照"统一设计、统一标识、统一版式、形成系列"的总体要求，组织出版国家社科基金后期资助项目成果。

全国哲学社会科学工作办公室

前　言

如果说 20 世纪八九十年代是新公共管理运动的时代，那么 20 世纪 90 年代特别是 21 世纪以来无疑是合作治理的时代。伴随着新公共管理运动滋生的碎片化问题及其侵蚀公共精神的争议，公共管理实践中棘手问题不断涌现带来的挑战，以及全球范围的经济衰退对各国政府治理能力造成的巨大压力，国家—市场—社会的关系发生了深刻的变化。这一转变促使公共管理的钟摆再一次摆向合作，涌现了网络治理、协同政府、整体性政府、协作性公共管理、合作治理、参与式治理等大量实践与理论研究。① 现实场景中，公共事务的复杂化催生了大量"邪恶问题"，仅依靠传统的科层命令或部门单打独斗已难以适应治理挑战。跨部门、跨层级合作、多元主体协同合作逐渐成为重要的治理策略。

民以食为天，食以安为先。食品安全是国家公共安全的重要组成部分，是国家治理的基本目标，也是老百姓最为牵挂的民生问题之一。党的十九大报告提出，"实施食品安全战略，让人民吃得放心"。2019 年 12 月 1 日，修订后的《中华人民共和国食品安全法实施条例》正式施行。习近平总书记强调，守护百姓"舌尖上的安全"。可见，提升食品安全监管能力已成为国家治理体系和治理能力现代化的关键议程。

本研究就是这两种源流交汇融合的产物，试图兼顾描述性研究、解释性研究与探索性研究。本研究系统梳理了 21 世纪以来我国食品安全合作监管的发展脉络、演进逻辑与绩效评估，运用社会网络分析方法解释食品安全合作监管网络的生成机理及其内容、结构与工具的演变逻辑，在此基础上探索食品安全合作监管的发展趋势及新议题、新工具、新路径，以寻求有益的对策提高食品安全监管的水平。

食品安全监管是一个老生常谈且历久弥新的话题。本研究力图有所突

---

① 徐国冲、霍龙霞：《使伙伴关系运转起来——评 Social Value Investing：A Management Framework for Effective Partnerships》，《公共行政评论》2019 年第 6 期。

破。在研究视角上，关注 21 世纪以来食品安全监管的新动态，从监管方式的视角切入，系统探讨食品安全合作监管的诸多议题。因为作为实现监管目标的工具，监管方式与监管绩效密切相关，一直以来都是监管领域的热点议题，食品安全监管亦然。其中，强化监管合作、形成监管合力是政府治理能力建设的核心内容之一。

在研究方法上，选取公共管理领域新近流行的社会网络分析方法、定性比较分析方法等来解释食品安全合作监管的网络演变与治理路径，运用行动者模型弥补既往纵贯性研究的不足、运用 QCA 探寻阻断食品安全事故的影响因素及机理。

在内容结构上，本书分为承上启下、紧密相连的三部分，涉及食品安全合作监管的主体、内容、工具和路径等向度。第一部分包括第一章至第四章，重在对食品安全合作监管这一新主题进行描述性研究与理论分析，探讨合作监管方式的演变、发展历程与演进逻辑，为第二部分的解释性研究做好铺垫。

食品安全的特殊性在于食品与食品安全的私人物品和公共物品的二重性特征表现非常显著，食品的私人消费与食品安全的公共供给之间存在着冲突，导致食品安全监管具有不同于一般市场监管的特性。纵观食品安全监管的体制发展沿革，它经历了由点（一个环节）—线（一个链条）—面（局部区域）—立体（整个国家甚至综合全球各种手段进行整合治理）的演化过程。合作监管源于并内嵌入合作治理，是合作治理研究应用于食品安全监管领域的具体展现。21 世纪以来，合作治理成为公共管理领域最具声势的理论潮流，追踪其研究脉络与动态具有重要意义。西方合作治理研究形成了三条主要理论脉络：特质说、过程说与关系说。我国合作治理研究则逐渐由"寻门而入"转向"破门而出"，研究的本土化初具雏形：在借鉴西方研究的基础上，扎根本土情境，形成了特质说、演化博弈说、关系说等发展趋向。但是中西方合作治理研究在研究取向、研究重点及具体观点上存在着差异。

为探讨食品安全监管方式的变迁，本研究以 1979—2017 年间中央政府发布的 438 份政策文本为研究对象，运用内容分析法，梳理了改革开放以来我国食品安全监管方式的使用概况与演变历程。研究发现，从方式类型上来看，我国综合运用了强制型监管、激励型监管、能力建设型监管与象征劝诱型监管方式，但存在结构性失衡：强制型监管供给过溢，激励型监管、能力建设型监管供给不足。从演变历程上来看，大体遵循从对抗型监管走向合作型监管的发展逻辑——强制性、对抗性元素渐次收缩，柔性、协同性元素稳步扩张。其中，象征劝诱型监管日益获得重视，社会共治已成为我国食品安全监管着力构建的新模式。监管方式之所以呈现如此变化，源于治理模式转型带来的契机以及监管过程转变的迫切需要。

21世纪以来，我国政府对食品安全合作监管的关注度不断提升。食品安全合作监管经历了不断深化的四个阶段：合作探索期（2000—2002年）、合作形成期（2003—2009年）、合作快速发展期（2010—2014年）以及合作战略深化期（2015年至今）。上述阶段划分是基于重要的历史事件划分的，这些历史事件对合作监管影响深远，构成了阶段转变的关键节点。发展历程呈现出三种演进逻辑：从机构林立到机构优化，从制度供给不足到趋于完善，从散、孤、小到大数据治理。对食品安全合作监管绩效的探索性评估发现，食品安全的水平在一定程度上得到了改善。

第二部分包括第五章至第七章，运用社会网络分析方法，对21世纪以来我国食品安全合作监管进行解释性研究，分为合作监管的网络生成逻辑、网络结构演变与网络议题演变等有机联系的模块。

本研究探讨了合法性对合作网络演化的影响。合法性意味着组织行为被他人认可，是组织间合作关系得以形成、存续的基础。在监管活动中，共同体成员通常以遵循规范与否作为合法性的评价标准，而规范信息的差异化分布导致行动者对规范认知程度不尽相同，进而影响其合法性评价，最终驱动合作网络演化。基于此，结合合作关系形成的两种互补性逻辑——制度约束逻辑与关系约束逻辑，本研究提出了权威假设、传递性假设、优先连接假设以及制度邻近性假设，并利用随机行动者导向模型对2000—2017年合作监管网络动态加以考察。结果显示，除优先连接假设因相应模型总体收敛比过大未得到证实外，其余假设均成立；同时，权威假设的作用强于传递性假设、制度邻近性假设，构成了合作监管网络形成的主导性因素，表明制度约束逻辑是正式合作网络形成的主导性逻辑。这与科层制的影响密不可分，正式网络在某种意义上是科层制的松散复制。这一特性决定了正式网络深受科层制尤其是正式制度安排的影响。基于正式授权，食品安全监管核心职能组织主导了该领域有关合法性的集体认知，成为网络中最活跃的行动者。与此同时，近年来食品安全监管体制改革强调监管权威明晰化，亦助推了制度约束逻辑更好地发挥作用。

在此基础上，继续探讨了合法性对合作监管网络结构发展的影响。对于组织间合作而言，合法性缺失不仅难以获得外部支持，还会导致合作伙伴间缺乏认同，不利于合作维系。由此观之，合法性是合作监管的基础。合作监管网络面临的合法性压力来自两方面：外部合法性与内部合法性。

基于此，本研究提出若干假设——外部合法性影响网络整体特征（凝聚性、中心性与异质性），内部合法性影响网络群体特征（组织点度中心度和中介中心度、群际交流）。并从量化角度证实了内外合法性均会影响合作监管网络。研究发现，随着对合作监管日趋重视，在高强度的合法性压力下，监管实践的确做出了相应调整；这一点可从网络结构变化予以佐证。具体表现为，外部合法性压力对网络凝聚性、集中性以及异质性等整体特征造成了影响，内部合法性则对合作伙伴的选择产生了影响，进而造成了网络群体特征变化。尽管如此，在考察监管网络集中性时，我们发现在合法性压力下，网络虽然根据高层注意力方向进行了调整，但在社会共治方面步伐稍显滞后，未来仍有待继续深入。上述结论也指明了未来推进合作监管的着力点——社会共治。

第三部分包括第八章至第十章，是对食品安全合作监管进行探索性研究，包括食品安全合作监管的工具、路径与趋向等维度，具体内容包括合作监管的工具特征与选择优化、合作监管路径的 QCA 分析与未来监管重点，以及合作监管的发展趋向——社会共治的理论探讨。

政策工具的选择是合作监管的重要载体。本研究通过对中央层面政策文本的内容分析，探讨了 21 世纪以来食品安全治理中政策工具选择的类型特点与变迁趋势，并从理性和社会互动的决策逻辑来分析工具选择背后的驱动力，建立基于有效性—可接受性的理论框架。2000 年以来，我国食品安全治理政策工具选择模式分别历经封闭延续型模式、分类改进型模式与优效共治型模式。未来应该充分提高政策工具选择的有效性与可接受性，以实现全面向优效共治型模式的转变。

本研究基于 REASON 理论构建阻断食品安全事故的逻辑模型，由组织影响、不安全的监督、不安全的前提、不安全的行为四个层级构成，经过赋值与定性比较分析，最终确定了八个阻断食品安全事故的影响因素，分别是监管整体组织、政府回应性制度、检测水平、质量控制把控、宣传情况、风险控制能力、企业或个人行为、环节分布安全隐患情况。其中，阻断"不安全的行为"是阻断食品安全事故的直接因素。该研究以多维视角关注食品安全，既关注问题本身，即各环节、各直接责任主体的情况；又跳脱出问题属性，从中探求政府各部门、社会等主体所须建立与落实的防范机制、措施等。同时，从原因入手，运用 REASON 模型探寻事故发生的原因，符合食品安全的"溯源机制"；从各主体入手，运用 QCA 的研究方法探寻事故的多重并发性，符合食品安全问题本身的复杂性特质及"社会共治"的理念；从食品安全治理路径入手，探寻阻断食品安全事故的影响因素及机理。不同于对单个环节或单个责任主体的众多研究，"环节分布—责任主体"的结合为食品安全治理路径提供了不同维度的分析方法，同时回答了"如何监管"及"监管谁"的问题。

我国食品安全合作监管中政府机构间合作、政府—非政府机构合作以及非政府机构间合作等合作形式均有所涉及，但政府机构间合作最受青睐，表明政府一元监管仍然占据主导。从演变历程来看，政府机构间合作有所弱化的同时，政府—非政府机构合作稳步强化，表明食品安全社会共治正逐步得到重视。这一变化源于食品安全问题的棘手、政府有意识地放权以及社会的成长。同时，为了更好地实现社会共治，还要重视能力建设与信任构筑，以持续提升主体能力和有效协调主体合作。作为对策建议，须从以下方面着手：第一，调整政府机构定位，强化整合式领导角色；第二，权变性地选择合适的社会共治治理结构；第三，培育集体行动能力。

理论研究与实务的鸿沟在公共管理领域依然存在。本研究不满足于理论研究的逻辑自洽，试图探索食品安全合作监管的新实践与新议题，从而直面公共管理的现实世界，为政府科学地确定监管重点、合理地分配有限的监管资源略尽绵薄之力。当然，为构建中国特色的政府监管理论体系和学术话语添砖加瓦有赖于公共管理学界长期不懈的努力！

目　　录

第一章　理解食品安全合作监管

　　不管何种类型的研究，一般要从认识研究对象开始，对研究对象进行深描、解剖，才能更好地达到研究的目的。所以，本章至第四章，重在对食品安全合作监管这一新主题进行描述性研究与理论分析，探讨合作监管方式的演变、发展历程与演进逻辑，为第五章至第八章的解释性研究做好铺垫。

　　本章主要对食品安全监管的特点及其合作监管的必要性进行理论层面的阐述。

第一节　合作监管的逻辑起点：食品安全监管的
　　　　　特点和风险

　　食品安全的特殊性在于食品作为私人物品与食品安全作为公共物品的两重性特征表现非常显著，食品的私人消费与食品安全的公共供给之间存在着冲突，导致食品安全监管具有不同于其他的一般市场监管的特性。纵观食品安全监管的体制发展沿革，它经历了由点（一个环节）—线（一个链条）—面（局部区域）—立体（整个国家甚至综合全球各种手段进行整合治理）的演化过程。

一　动态发展性

　　食品安全具有相对性、多样性、动态性等特点，随着现代分析技术及设备的发展，以及动物试验、临床研究、毒理学等研究的不断进行，人们对食品成分及某些可能危及人身安全因子的认识将会更加深入，必然会解除对某些因子的怀疑，也可能会产生新的疑点。另外，随着社会的进步、生活水平的提高，人们对食品安全程度的要求也会越来越高，某些从以前来看不是问题的问题可能成为重要问题；在旧技术存在的安全问题解决后，新开发的技术又有可能出现安全问题。所以要求监管部门与时俱进，不断提高识别和防控食品安全风险的能力。

另外，在不同国家的不同时期，食品安全面临的突出问题和监管重点有所不同。目前，在发达国家，食品安全所关注的主要是因科学技术发展所引发的问题（如转基因食品）及营养过剩问题（如肥胖症）；而在发展中国家，食品安全主要体现为市场经济发育不成熟所引发的问题（如假冒伪劣、非法生产经营），生产技术、设备和管理落后所带来的问题及因相对贫困所带来的营养不良。

二 不可试错性

食品安全监管的特殊性还在于它不允许实行试错机制，因为如果错了再纠正，就会对消费者的人身健康和生命安全造成无可挽回的损失，所以预防绝对优于事后的处罚和改正。故须树立预防为主的理念，转变被动"反应型"监管为主动"预防型"监管，将食品安全危机扼杀在摇篮之中，不能等问题发生后再处理善后。

三 传递扩散性

食品安全风险是一种系统性风险。在当今网络时代，风险认知由于传媒力量的发达而被广泛传播，从而带来风险的扩大化，食品安全监管风险因此变得极具扩散性和传染性。另外，食品安全问题具有明显的外部性，尤其是行业中的龙头企业发生食品生产问题，其负面效应直接辐射整个行业。同时，其危害跨区域的快速传播，使得一个地区的食品安全事件产生的危害往往会呈指数式扩散而波及全国乃至全球。所以说，食品安全问题是一个贯穿整个食品链条的问题，而且随着食品链条的流动和现代流通体系的放大效应，这些问题会进一步扩散和放大，促使监管风险产生乘数效应。如此扩散和传递下去，最终形成一个"食品安全监管风险链"。因此，食品安全监管是跨地域、跨部门的公共事务，需要在国家一级强化监管职能下，制定食品安全监管的总目标、总政策，统筹使用监管资源。

四 风险防控性

随着社会的发展，当温饱问题不再是人们的主要关注时，以生产为导向的治理思路需要让位于健康导向的监管思路。政府监管部门必须认识到，实施食品安全监管的目的在于防范风险与降低由市场失灵造成的对公众安全健康的危害，而不仅是为了有序的市场竞争，也不是仅为了经济发展的需要，更不是为了查处不法行为。另外，政府作为主要监管者，也应改变"重结果轻过程"的监管方式,变结果处理为过程管理,由事后惩处向事前预警、事中督促的思路转变,采取预防性措施,从源头防止食品安全事件的发生。①

五 信息缺失性

食品安全监管最显著的特征是信息不对称,这是一种新的市场失灵,它以信息不完备为基础,区别于自然垄断、公共物品、外部性等传统意义上的市场失灵。

食品安全监管中的信息不对称在各个主体之间表现为:

一是食品经营者与消费者之间的信息不对称性。食品生产经营者是占有信息优势的一方,而消费者往往购买食用后才会了解食品的内在特性。这种在消费者与生产者之间的信息不对称性导致了生产者的机会主义行径。

二是食品流通环节的信息不对称性。食品从原料到成品需要经过多个环节,各个环节都有可能出现信息不对称的情况。

三是食品的经营者与监管者之间的信息不对称性。在市场经济的环境下,逐利的食品生产者会对监管者隐瞒相关的食品安全信息。

四是监管部门之间的信息不对称性。食品安全监管涉及的部门较多,部门之间的协调尚待完善,缺乏信息共享平台,造成监管部门之间的信息传达出现断层,从而给不法分子以可乘之机。

综上,因为监管过程中所包含的信息在监管者、监管对象和消费者中的分布是不均匀的,监管者掌握的信息总是比监管对象少。监管双方占有的信息不均衡,导致监管风险信息的不对称和风险分布的不均匀。此外,食品安全监管风险已成为产品风险、市场风险、行为风险及目标风险的集合体,与监管主体的行为方式、决策目标和社会大环境相联系,更受其监管对象的经济行为决策和活动效率的影响,是一种动态的风险和管理过程中暴露的风险,并不单纯指监管主体自身的问题。所以,防控食品安全监管风险,不能只从政府本身着眼,应放宽视野,把它同整个监管活动的各个环节、各个行业和各种决策结合起来。② 因此,为应对这种高度复杂的不确定性风险,需要多主体之间的合作监管。

---

① 崔卓兰、赵静波:《我国食品安全监管法律制度之改革与完善》,《吉林大学社会科学学报》2012 年第 4 期。

② 徐国冲:《食品安全监管风险评估:理论界说、机制设计与实施策略》,《社会科学战线》2021 年第 10 期。

第二节 合作监管的实践需求：我国食品安全监管的制度困局

一 我国食品安全监管的制度安排

我国食品安全监管职能的制度安排呈现纵横交错的特点：横向配置在多个部门间按照"分段监管为主，品种监管为辅"的原则分工负责；纵向配置是由中央、省级以及市县各级地方政府共同承担，由地方政府负总责，中央部门对相应的地方职能部门进行工作指导。这样组合编排的制度结构，充分体现了中国特色。

（一）部门分段的监管体制

国际上存在着三种食品安全监管模式：一是单一部门管理模式，这是防止出现"模糊地带"堵塞监管漏洞的办法；二是多部门管理模式，这是目前世界上多数国家采用的模式，各部门按食品门类或生产、加工、流通的阶段分兵把守；三是综合管理模式，由一个部门负责牵头协调，其他部门各司其职。国际主流观点认为，单一部门管理模式只是一种理想化管理模式。这是因为食品的产业链很长，涉及行业多，专业性强，很难由单一部门进行管理。

就我国的发展情况来看，改革开放以来，食品安全监管体制进行了六次大的改革，即：

（1）1983—1995 年：卫生防疫站为法定执法主体，履行食品卫生监督职责。

（2）1995—2004 年：卫生行政部门为法定执法主体，全面行使食品卫生监督职权。

（3）2004—2009 年：2004 年国务院《关于进一步加强食品安全工作的决定》（以下简称《决定》），对我国食品安全监管体制再次做出了重大调整，实行"分段监管"体制，确立"一个监管环节由一个部门监管"的原则，将"从农田到餐桌"的食品链分为 4 段，由 4 个部门负责食品安全监管，即：农业部门负责初级农产品生产环节的监管；质检部门负责食品生产加工环节的监管，将现由卫生部门承担的食品生产加工环节的卫生监管职责划归质检部门；工商部门负责食品流通环节的监管；卫生部门负责餐饮业和食堂等消费环节的监管。为了解决多部门监管之间的协调问题，《决定》同时规定，食品药品监管部门负责对食品安全的综合监督、组织协调和依法组织查处重大事故。这标志着我国多部门分环节的食品安全监管体制的正式形成。此外，2007 年 8 月国务院成立产品质量和食品安全领导小组，办公室设在质检总局。① 2008 年国务院机构重组，对调卫生部与食药监局在食品安全监管工作中的职责，重新明确卫生部在食品安全监管中的综合协调职能，但是分段监管的体制仍然继续。

（4）2009—2013 年：2009 年 6 月 1 日起施行的《中华人民共和国食品安全法》，标志着开始了新的综合协调监管阶段，即在国务院食品安全委员会（简称食安委）的领导下卫生行政部门承担综合协调监管工作（在地方则由县级以上地方人民政府统一负责、领导、组织、协调本行政区域的食品安全监督管理工作）。按照《食品安全法》第四条的规定：食品安全委员会由国务院设立，是最高的议事协调机构，负责协调和指导食品安全监督管理工作；卫生部被明确承担食品安全的综合协调工作，主要进行安全的评估、安全标准的制定、检验检疫机构资质的认定条件和检验规范的制定以及组织查处重大的食品安全事故；国务院质量监督部门负责食品生产加工环节的监督管理；国务院工商行政管理部门负责食品流通环节的监管；食品药品监督管理部门负责餐饮服务活动的监管。可见，《食品安全法》基本延续了 2004 年确定的多部门分段监管的体制。2010 年 2 月，成立食品安全委员会，作为高层次议事协调机构。

至此，经过不断学习和实践摸索，我国食品安全监管模式从粗放监管到多部门管理监管，后来又过渡到由一个部门综合协调、其他部门各司其职。国务院机构调整的轨迹表明，我国食品安全监管职能主要集中在卫生、质检、工商三大部门，这种"分段监管为主、品种监管为辅"的方式没有得到实质性的改变。

（5）2013—2018 年：我国的食品监管体制终于迈出了"釜底抽薪"的一步。2013 年 3 月 10 日，国务院机构改革方案公布，将整合国务院食安办、工商和质检部门食品、药品监管职能，组建国家食品药品监督管理总局（下文简称食药总局）。

此轮改革后专司食品安全只剩下 3 个部门：食药总局、农业部和国家卫生和计划生育委员会（下文简称国家卫生委）。《方案》同时提出，国家卫生委承担更多的是技术支持职能，负责食品安全风险评估和食品安全标准制定；农业部负责农产品质量安全和生猪定点屠宰监管，而农产品流

---

① 上海市食品药品安全研究中心编：《食品药品安全与监管政策研究报告（2008 年卷）》，社会科学文献出版社 2008 年版，第 11—12 页。

通环节的监管则由食药总局负责；明确保留国务院食品安全委员会，具体工作将由食药总局承担。这意味着，未来高层协调机构仍会行使综合协调的职能。尽管现在还未实现全程监管，且把农产品的监管独立出来，但至少实现了一个部门统管大部分食品的尝试。自此，终结了"综合协调、分段监管"的食品安全监管体制，整合了散落在各部门的食品安全监管职能。

（6）2018年至今：2018年3月19日，中共中央关于印发《深化党和国家机构改革方案》，将国家工商行政管理总局的职责，国家质量监督检验检疫总局的职责，国家食品药品监督管理总局的职责，国家发展和改革委员会的价格监督检查与反垄断执法的职责，商务部的经营者集中反垄断执法以及国务院反垄断委员会办公室等职责整合，组建国家市场监督管理总局，作为国务院直属机构。这标志着我国食品安全监管进入市场监管新时代。伴随着机构改革，食品生产经营领域"证照分离"改革在全国推开，从试点推行"告知承诺制"、优化许可事项、缩短许可时限、全面推进许可信息化等方面推动食品经营许可改革。此外，"线上线下协同治理""社会共治""合作治理"的深入推进是这一时期食品安全治理水平不断提升的标签。

（二）事前限入的监管理念

食品安全市场准入制度就是为了保证食品安全，允许具备条件的法人或自然人进行食品生产销售的监管制度，主要内容以下有三个方面：（1）对食品生产加工、流通、销售（含餐饮经营）企业实行许可证管理；（2）对食品实行强制检验；（3）对进入流通的食品包装标注统一的质量安全标志（Quality Safety，缩写为QS）。我国政府一直将发放许可证看作是解决食品安全问题的主流之道，因为在监管部门看来，获得许可而进入市场的一般都是有一定规模的企业，其市场行为会比较自律，不会拿企业的名声去冒险。所以在市场准入门槛上严密布控，严格滥竽充数、浑水摸鱼者。2001年建立食品安全市场准入制度，食品安全准入防线由《食品卫生许可》《食品生产许可》《营业执照》三道防线组成。2009年，"三鹿奶粉"事件后，《食品安全法》将食品安全准入防线定为《食品生产许可证》《食品流通许可证》《餐饮服务许可证》《营业执照》。

在监管过程中，发证起到的作用不仅是披露信息，而且还直接将不具有相关资质的企业排除在合法的市场交易之外。因此，发证也可以理解为政府为消费者设立的一道安全保障，但是它同时也起到限制市场竞争、巩固已经在市场中的厂商的垄断利润的作用。①

（三）运动式的"日常"监管

因为许可证的发放牵涉若干个部门，而很多厂商的无证生产经营可能表现为有这个证而没有那个证，这使得"查无"（取缔无照经营）必须依赖迅速调动和集中资源的专项整治。同时，"查无"可能引起处罚对象的暴力抗法甚至是群众的对抗，执法部门也倾向于通过专项整治来分散这种风险。监管过程的"运动式执法"致使日常监管缺乏长效机制，执法强度带有很大的不确定性，导致本应常态化的监管被运动式的监管所取代。

由于监管部门耗费大量的精力在"查无"，往往无暇进行日常监管。另外，我国食品安全监管机构的人力资源不足、设备简陋、经费不足等问题普遍存在。检测实验机构的检测能力普遍较低，有的食品检验机构隶属于食品生产主管部门，导致"运动员"和"裁判员"不分。

运动式的整治往往依赖简单的人海战术，使得监管人员疲于奔命，陷入"食品安全事件发生—打击—问题缓解—再度发生—再打击"的恶性循环。② 这种专项整治的监管模式只能起到短期的威慑作用，必然因其短暂性而助长厂商的投机心理，风头一过，无证厂商照常生产经营。

（四）事后追责的高压监管

因为日常监管无法保障食品安全，导致监管者侧重于事后的处理和问责。在严苛的追责制度下，一旦出了事故就"一棒子打死"，之前做了多少也是渎职。因此，"宁可错杀一万，不可漏过一人"的执法逻辑应运而生，使合法的经营者也受到牵连。③

纵观历次食品安全事件的处理，可以归纳出我国政府的问责逻辑：当出现问题时，首先隐瞒事件的规模和频率。其次在责任追究上，先是归咎于政府系统外的个人，如"不法商贩"，然后通过"运动式执法"来整治，以安抚公众的情绪。而"涉案企业"则将责任推给供应商和批发商，媒体报道将责任直指"不法分子"，事件的处理往往以对个别不法分子的

---

① 刘亚平：《中国食品监管体制：改革与挑战》，《华中师范大学学报》（人文社会科学版）2009 年第 4 期。

② 刘亚平：《中国食品安全的监管痼疾及其纠治——对毒奶粉卷土重来的剖析》，《经济社会体制比较》2011 年第 3 期。

③ 刘亚平、颜昌武：《从"变化"走向"进步"：三聚氰胺事件的启示》，《武汉大学学报》（哲学社会科学版）2011 年第 2 期。

责任追究而告终。当不能归咎于"不法商贩"或"无证照者"时，则转向政府系统内的个人，认为是个别官员的失职和腐败造成管理上的漏洞。如果对个体官员的处理仍不足以应对危机，下一步往往是进行机构的重组和新建。

目前，从中央到地方，这种"危机"的惯性处理方式已经成为食品安全监管的基本模式，甚至被程序化，呈现取代日常监管之势。事后的救治固然重要，[①] 但是，事后问责已经不能改变对消费者造成无法逆转的危害的事实。关键还在于事前的预防，"防火"比"灭火"更为重要。[②] 以危机事件来对食品安全事件进行定性并进行处理，凸显了传统监管模式的短板。[③] 风险监管的理念要求监管部门将工作重心放到食品对人体健康可能的影响和威胁上来，监管的目的不是为了惩处，而是为了人民群众的健康。

二　我国食品安全监管的困局审视

从表面看，我国食品安全监管部门及职能的设计是一个多部门多级别架构的体制。[④] 然而，无论从监管的模式设计，还是从监管执法的实践来看，这种多部门、分环节的食品安全监管体制常常陷入"九龙治水"的困境。

（一）时间空间维度的监管断层

目前我国食品监管的主要手段是准入制度和监督检查。准入制度能够很好地保证那些有能力保障食品安全的企业进入市场，但并不能获得准入后企业生产的真实信息，无法保障这些企业生产过程的规范性和生产产品的安全性，准入制度的监管作用在内容上和时间上都受到了限制。

食品安全问题可能存在于食品生产的各个环节，安全隐患的广泛性要求食品安全监管的全面性。随着中国城市化进程的加快，广大农村正在迈进城市式的发展阶段，但与此相适应的监管手段还没跟上，突出表现为农村集贸市场的监管不到位，形成监管空间上的"断带"。因为农村或城乡

---

① 刘亚平：《食品安全：从危机应对到风险规制》，《社会科学战线》2012 年第 2 期。
② 刘亚平：《中国食品安全的监管痼疾及其纠治——对毒奶粉卷土重来的剖析》，《经济社会体制比较》2011 年第 3 期。
③ 刘亚平、颜昌武：《从"变化"走向"进步"：三聚氰胺事件的启示》，《武汉大学学报》（哲学社会科学版）2011 年第 2 期。
④ 张晓涛：《监管主体视角下的我国食品安全监管体制研究》，《今日中国论坛》2008 年第 5 期。

结合部的市场是自发形成的，消费者依据消费习惯就近购买，监管力量很难触及这类市场。

尽管法律赋予了各级各类监管部门比较全面的权限，但是食品安全监管机构人、财、物的有限性制约了监管行为的普遍性。在实际操作层面，由于行政资源的局限性，监管者无法对厂商的每个行为进行控制，只能是对某个时间点上的某几类行为，或者对食品中某几个类别进行检查，监管者在特定时间段上对某个食品经营者的检查，就意味着对其他食品经营者的不检查，这样厂商就有大量违规的机会。这种以"抽查"的方式进行监管，无论怎样加大抽查频次，食品安全监管检查在时间和空间上都是间断的。[①]

（二）不胜防管的监管漏洞

为什么会出现"管不胜管、防不胜防"的多米诺骨牌效应？原因是多方面的。

从体制设计来看，分环节监管难以涵盖"从田头到餐桌"的长链条，对于食品链条中的运输、贮藏、市场退出等环节没有进行划分，出现监管死角。其实，食品安全监管本身就是一个有机的一体化过程，只要对它进行环节划分，就无法避免外部性的存在。例如，"孔雀石绿事件"就发生在养殖户和鱼贩的运输过程中，三鹿毒奶粉风波是因为作为乳制品生产链条中的重要环节——奶站一直处于监管的"真空"地带。[②] 另外，由于监管执法力量不足，基层食品安全工作尤为薄弱，食品安全问题难以及时有效处置，这成为当前食品安全工作的一块短板。

从监管方式来看，发证式监管是一项成本巨大的监管方法，因为对市场主体的资格逐一进行审查，无疑是非常耗费时间和精力的。所以我国各监管部门对申证厂商的审查往往只是书面审查，而鲜有现场检查。另外，很多厂商的无证生产经营可能表现为有这个证而没有那个证，监管部门对于有自己的证而没有其他部门的证的厂商往往睁一只眼闭一只眼。多重许可关口，原本为食品安全增添了多重保障，但是，互补式监管结构在实际的运作中出现很多问题。这形成了一种恶性循环：监管依赖正式的惩罚，而被监管者则和监管者玩起猫捉老鼠的游戏，只要监管一有疏漏，被监管

---

① 卓越、于湃：《构建食品安全监管风险评估体系的思考》，《江苏行政学院学报》2013 年第 2 期。

② 颜海娜、聂勇浩：《制度选择的逻辑——我国食品安全监管体制的演变》，《公共管理学报》2009 年第 3 期。

者就肆意妄为。

从监管资源的匹配来看，违法行为的多样性和监管资源的有限性使监管者"巧妇难为无米之炊"。我国个体餐饮经营户难以计数，生产的食品种类数以万计。仅就检测指标一项而言，面对各种各样的食品添加剂和化工产品，检测机关不可能对每种添加物都进行检测。纵使把所有的标准都检验过，质量合格也并不能保证产品安全。①

从监管思路来看，往往是出现了食品安全危机事件，政府再通过运动式的专项整治来"扑火"。被动应对的思路将令监管陷于"管不胜管、防不胜防"的深渊。更严重的是，因为政府可用的资源相对于其所需要应对的问题而言永远是稀缺的，而稀缺的资源总是被"危机事件"牵着鼻子走，结果就是越来越多的事情因为没有得到及时的处理而累积成危机。②

（三）"多头管理"的监管丛林

虽然国务院的《决定》明确提出了"一个监管环节由一个部门监管的原则"，然而，这一原则在监管实践中并没有得到很好的贯彻，其主要原因在于食品链条的自然属性与人为切断监管之间的矛盾，监管部门之间不可避免地出现了组织界限的模糊性。实际上，食品安全问题是一个横跨整个食品链条的问题，每一个环节可能涉及的监管部门往往不止一个，从而不可避免地出现重复监管与多头监管的乱象。③ 尽管决策层试图通过对食品安全监管职责分工不断细化和明晰来解决监管执法中的重复监管或无人监管等问题，但是，每一次食品安全监管职权的重新配置或职责分工的进一步明确，在部分解决部门间已有的职权冲突的同时，也带来了一系列新的职权冲突。④

因此，我国的食品安全监管是一个跨多个范畴的复杂领域，一直因"多头管理"而备受诟病。"谁发证，谁监管，谁负责"，然而这种分段互补式监管结构未能分清责任，却造成各监管机构之间权力的重复交叠，⑤部门之间协调难已经成为管理中的一大难题。比如因诸多部门发证，后置

---

① 刘亚平：《中国食品安全的监管痼疾及其纠治——对毒奶粉卷土重来的剖析》，《经济社会体制比较》2011 年第 3 期。
② 刘亚平：《食品安全：从危机应对到风险规制》，《社会科学战线》2012 年第 2 期。
③ 颜海娜：《我国食品安全监管体制改革——基于整体政府理论的分析》，《学术研究》2010 年第 5 期。
④ 颜海娜、聂勇浩：《食品安全监管合作困境的机理探究：关系合约的视角》，《中国行政管理》2009 年第 10 期。
⑤ 刘亚平：《中国食品监管体制：改革与挑战》，《华中师范大学学报》（人文社会科学版）2009 年第 4 期。

部门往往只看前置部门的证件齐全就发证，而前置部门往往因后面还有多重关卡而放松警惕，从而形成监管盲区，不合格食品顺利"过关"。

另外，从食品的生产到流通消费，各个环节并不是一个顺序不可逆的关系，往往有交叉甚至反复。理论上各个环节可以分得很清楚，但具体到实践中，食品安全监管各环节之间的职责很难彻底划分清楚，而职责划分不清就为监管机构之间的利益争夺和责任推诿埋下了隐患。

（四）争利与避责的监管博弈

"有限准入"的发证监管模式下，部门之间的（利益）争夺和（责任）推诿成为常态，构成我国食品安全监管的一大特色。[1] 由于食品安全监管存在严重的外部性问题，在某个监管环节拥有垄断权的部门之间会进行权责的博弈。如果对食品安全监管权责的配置不合理，各个部门之间的职能相互交叠，"你中有我，我中有你"，则会出现监管不足的情况。这样，多部门的食品安全监管就会出现过高激励和激励不足并存的现象，从而出现"有利争着管、无利都不管"的现象。[2]

从职能划分来看，分段监管的本意是将食品安全监管权细化分配到每一段上，试图形成一个无缝隙监管，让各个环节都能充分得到监管主体的管理与指导。但是几乎所有的监管部门在某种程度上都被授予"综合监管"的职能，当它们的监管领域发生重叠和碰撞时，每个部门都名正言顺地来捍卫自己的"领地"。[3] 分段监管未能解决利益争夺问题，但却使得责任推诿有了依据。分段监管模式下，几大监管机构分别控制食品市场中的一部分，在某一个环节中拥有垄断地位，但是没有一个部门能够完全控制这一市场。[4]

监管权力的动荡更迭频繁是我国食品安全监管的另一大特色，这为监管部门争夺利益与规避责任提供了博弈的法理空间。监管体制的改革导致行政法规本身易于变动，层次和数量繁多，彼此之间又容易产生摩擦与冲突，为监管者的机会主义行为留下了空隙。

---

[1]　刘亚平：《中国食品安全的监管痼疾及其纠治——对毒奶粉卷土重来的剖析》，《经济社会体制比较》2011 年第 3 期。

[2]　颜海娜、聂勇浩：《制度选择的逻辑——我国食品安全监管体制的演变》，《公共管理学报》2009 年第 3 期。

[3]　张晓涛：《监管主体视角下的我国食品安全监管体制研究》，《今日中国论坛》2008 年第 5 期。

[4]　刘亚平：《中国食品安全的监管痼疾及其纠治——对毒奶粉卷土重来的剖析》，《经济社会体制比较》2011 年第 3 期。

（五）小结：运动式治理的弊端呼唤合作监管

回顾近几年来不断发生的食品安全事件，都有一个共同点：先是被消费者投诉，媒体跟进曝光，监管部门才开始采取行动。在问题发生后才"扑火"监管，这种亡羊补牢式的监管本身就有问题。面对复杂多变的食品安全局面，监管应着力于事前的监管，而不是着力于事后的惩戒。如果政府习惯于运动式的突击监管，那就说明政府常态监管的无能和监管体制存在着巨大漏洞，需要动大手术整治。以罚款代治理、大搞运动式执法的监管模式只会导致政府职能的异化。

所幸的是，我国已经开始转变监管思路，重塑监管模式，一种以风险分析为基础的食品安全合作监管已经成为趋势。为此，新颁布的《中华人民共和国食品安全法》（以下简称《食品安全法》）首次规定了食品安全风险评估制度，建立由不同主体组成的食品安全监管风险评估组织，以食品企业为主要监管对象、政府、企业、消费者和社会组织等多方主体参与的评估体系，从而形成多主体全方位的评估效应。评估主体的多元化，其背后的意蕴是多元主体的参与和社会共治。多元主体通过风险评估的方式进行民主治理，在食品安全监管的特定场域中共同成长。

第三节　合作监管的理论溯源：合作治理的研究脉络

基于以上食品安全监管种种问题的透视，更新监管理念，选择和发展一种新的治理工具已是势所必然。合作监管源于并内嵌入合作治理，是合作治理研究应用于食品安全监管领域的具体展示。21世纪以来，合作治理成为公共管理领域最具声势的理论潮流，追踪其研究脉络与动态具有重要意义。西方合作治理研究形成了三条主要理论脉络：特质说、过程说与关系说。我国合作治理研究则逐渐由"寻门而入"转向"破门而出"，研究的本土化初具雏形：在借鉴西方研究的基础上，扎根本土情境，形成了特质说、演化博弈说、关系说等发展趋向。但是中西方合作治理研究在研究取向、研究重点及具体观点上存在差异。我国的相关研究仍有许多不足，需要从以下方面着手提升我国合作治理研究的质量：推进实证研究，发展中层理论；拓宽理论视野，丰富研究视角；拓展研究方法，夯实研究内容。

一　合作治理及其研究的勃兴

如果说20世纪70年代末期以来是新公共管理运动的黄金时代，那么20世纪末特别是21世纪以来可以说是合作治理的辉煌时期。① 由此，合作治理研究的文献开始大量涌现。尽管不少外文文献已然展开相关的理论探讨及研究述评，但是不同领域、不同主题对于合作治理的关注点和旨趣却大相径庭，尤其是中文文献显得碎片化，各研究之间缺乏理论对话，容易陷入自说自话的窘境。因此，我们需要正本清源，围绕合作治理研究的理论脉络，梳理归纳中西方合作治理研究的趋势特点，以利于开展双方研究的交流对话，并在比较学习的基础上提升我国合作治理研究的质量。这对于西方的治理理论如何本土化大有裨益。

21世纪以来，合作治理成为公共管理领域最重要的理论潮流，着眼于网络化关系中多元主体合作对于提升治理研究的质量意义。其兴起、壮大与治理遭遇的困境和情境变化密不可分：

一是新公共管理运动带来的服务碎片化与公共性赤字的困境。新公共管理运动倡导以企业化政府、公共服务市场化和社会化履行公共职能，然而实践中却派生出许多始料未及的问题：竞争导向导致了公共服务供给的碎片化，损害了政府部门间的协调与合作，而这恰恰与行政之本质背道而驰；② 效率导向使公共管理活动与企业管理无异，商业道德取代了公共道德，偏离了其公共性精神；公民角色被简单化为消费者，其能动性仅仅体现在服务选择上，缺乏参与主义精神；声势浩大的第三方政府实践由于政府关系管理能力欠缺而引发责任性、有效性、合法性问题。

二是当前公共问题日益复杂化，棘手问题大量涌现，驱动治理变革。所谓棘手问题是指由于信息不完整或相互矛盾、环境快速变化以及复杂的相互关联性而难以解决甚至不可能解决的问题。③ 大到国际反恐、气候变化，小到国家内部事务如食品药品安全、教育公平、脱贫等问题皆属此类。这类问题具有鲜明的跨界性（cross-boundary），促使多元主体必须携手应对。与此同时，全球性经济大衰退亦对各国政府治理能力提出了严峻

---

① 徐国冲、霍龙霞：《使伙伴关系运转起来——评 Social Value Investing：A Management Framework for Effective Partnerships》，《公共行政评论》2019年第12卷第6期。

② 沃尔多：《公共行政是具有高度理性的人类行为》，转引自颜昌武、林木子《为什么要重视公共行政学的沃尔多路径?》，《公共管理与政策评论》2018年第7卷第4期。

③ Head B. W. , "Wicked Problems in Public Policy", *Public Policy*, Vol. 3, No. 2, 2008, pp. 101 – 118.

的挑战。多重因素交织导致国家—市场—社会关系产生极为重要的变化。在各方相互依赖性与日俱增的同时，国家日益以更为积极的眼光重新审视市场及社会主体的角色，认可后者创造公共价值的能动性：企业并非新公共管理运动中完全受经济利益驱使而参与项目合作的承包方，而增进社会价值、承担社会责任同样为其所看重；公民亦非纯粹汲汲于利益得失的消费者，也乐于在社会治理中贡献力量。这一变化呼唤着公共管理者从内部取向转向外部取向，关注主体间关系；同时，跳出狭隘的效率取向的公共价值观，关注民主问责制、程序合法性和实质性结果。

　　西方学者率先展开合作治理研究，形成了丰富的理论成果：既重视概念澄清、类型学划分等概念性议题①，又重视合作治理生成②、过程阶段③、治理绩效④等实证性议题，还关注合作治理与民主关系、合作治理中的问责制等规范性议题⑤，使之成为当今炙手可热的公共管理理论之一。此后，其影响力迅速辐射至其他国家。得益于俞可平⑥等学者的引介，合作治理理论进入了国内学者的视野。随后，我国进行的诸如服务型政府建设、社会管理体制等一系列改革，进一步壮大合作治理理论的影响力。及至新时代以来，共治理念进入官方话语，合作治理理论成为我国公共管理学界极具影响力与生命力的理论之一。

---

① Ansell C., Gash A., "Collaborative Platforms as a Governance Strategy", *Journal of Public Administration Research and Theory*, Vol. 28, No. 1, 2018, pp. 16 – 32; Margerum R. D., "A Typology of Collaboration Efforts in Environmental Management", *Environmental Management*, Vol. 41, No. 4, 2008, pp. 487 – 500.
② Whetsell T. A., et al., "Government as Network Catalyst: Accelerating Self-Organization in a Strategic Industry", *Journal of Public Administration Research and Theory*, Vol. 30, No. 3, 2020, pp. 448 – 464; Scott, Tyler A. "Analyzing Policy Networks Using Valued Exponential Random Graph Models: Do Government-Sponsored Collaborative Groups Enhance Organizational Networks?", *Policy Studies Journal*, Vol. 44, No. 2, 2016, pp. 215 – 244.
③ Thomson A. M., Perry J. L., "Collaboration Processes: Inside the Black Box", *Public Administration Review*, Vol. 66, No. s1, 2010, pp. 20 – 32.
④ Kapucu N., Demirhan C., "Managing Collaboration in Public Security Networks in the Fight Against Terrorism and Organized Crime", *International Review of Administrative Sciences*, Vol. 85, No. 1, 2019, pp. 154 – 172.
⑤ Romzek B. S., LeRoux K., Blackmar J. M., "A Preliminary Theory of Informal Accountability Among Network Organizational Actors", *Public Administration Review*, Vol. 72, No. 3, 2012, pp. 442 – 453.
⑥ 彼时，俞可平使用的是"治理"一词。但根据俞可平对治理特征的总结可以看出，其所言的治理与合作治理的内涵是一致的。参见俞可平《治理和善治》，载俞可平《治理与善治》，社会科学文献出版社2000年版，第5—6页。

二　西方合作治理研究的理论脉络

进入 21 世纪，随着合作治理实践日益多样、重要性越发凸显，众多优秀学者投身于相关理论研究，积累了丰富的研究成果，形成了三种极具特色的研究途径：特质说、过程说与关系说（见表 1.1）。

表1.1　　　　　　　西方公共管理合作研究途径

研究途径	特质说	过程说	关系说
关注焦点	合作是不同于科层制的治理形式，具有主体多元化、决策多边化、关系平等化等特质	将合作分解为若干阶段，打开合作过程的"黑箱"	合作嵌入一定的社会关系之中，社会关系是影响合作成败的关键因素
分析层次	宏观	中观	微观
合作促成因素	理顺国家—社会关系	管理合作过程（促动性领导、过程承诺、信任构建）	关系管理途径（管理质量、个人技能、领导权等管理性要素）；网络分析途径（参与者特点、二元组关系、关系结构等关系性要素）
代表人物	布赖森（Bryson）、克罗斯比（Crosby）、布隆伯格（Bloomberg）	格雷（Gray）、汤姆森（Thomson）、安塞尔（Ansell）、加什（Gash）、埃默森（Emerson）、娜芭齐（Nabatchi）	博丁（Bodin）、科罗娜（Crona）、桑德斯特伦（Sandström）、普罗文（Provan）、肯尼斯（Kenis）
研究方法	以规范性研究为主	以实证研究为主	以实证研究为主

资料来源：笔者自制。

（一）特质说

特质说侧重于从宏观层面的治理范式转型出发，立足规范性视角，剖析合作治理的特质。具体而言，其支持者主要从国家—社会关系的角度剖析合作治理之特质，主张其超越了官僚制治理。[1] 官僚制治理之下的国家—社会关系最为鲜明的特点是，管理主义特质突出。[2] 在此背景下，公

---

[1] Ansell C., Gash A., "Collaborative Governance in Theory and Practice", *Journal of Public Administration Research & Theory*, Vol. 18, No. 4, 2008, pp. 543 – 571; Emerson K., Nabatchi T., Balogh S., "An Integrative Framework for Collaborative Governance", *Journal of Public Administration Research & Theory*, Vol. 22, No. 1, 2012, pp. 1 – 29.

[2] Ansell C., Gash A., "Collaborative Governance in Theory and Practice", *Journal of Public Administration Research & Theory*, Vol. 18, No. 4, 2008, p. 547.

共决策完全系于政府部门。虽然偶有与相关利益主体展开协商，但主导权由政府掌控，后者并无直接参与决策过程之权利，其作用局限于咨询。而这显然有违于治理的本质——集体决策安排。[①] 比较而言，合作治理则与治理本质更为契合。在合作治理情境下，政府与企业、公民等多元利益主体地位更加平等化，互动不再停留于强势方的吸纳或主宰，而是发展为各方平等双向互动。公共决策是双方或多方协商与沟通对话的产物。以此而论，合作治理是一种主体多元化、决策多边化、关系平等化的独特治理范式。

调整国家—社会关系是促成合作治理的关键所在。其要义在于，顺应治理范式转型的大势，合理调整相关主体角色。政府不应固守昔日的划桨、掌舵角色，转而积极拥抱召集者（convener）、催化剂、合作者角色。与之相适应的是，其所追求的价值也不应局限于效率、效能，而应拓展至公平、民主等维度。[②] 同样地，社会尤其是公民须一改既往狭隘的选民、消费者角色。[③] 通过公民权与道德学习，增进公共精神，意识到其理应成为不可或缺的治理主体，[④] 力求成长为问题解决者与公共价值共同创造者。在该途径的许多倡导者看来，上述调整的目的在于打造多中心治理格局。通过培育多个独立但协调的决策中心，[⑤] 发挥参与者利用地方性知识和学习的优势，从而促进灵活性与适应性，更好地应对日益严峻的治理挑战。

（二）过程说

过程说立足探究合作治理过程这一中观层面展开分析。在其支持者看来，合作治理可以划分为不同阶段，而这一做法既能打开合作治理的"黑箱"，又能细化合作治理的影响因素研究，对于有效应用合作治理工具箱[⑥]

---

① Ansell C., Gash A., "Collaborative Governance in Theory and Practice", *Journal of Public Administration Research & Theory*, Vol. 18, No. 4, 2008, p. 545.

② Bryson J. M., Crosby B. C., Bloomberg L., "Public Value Governance: Moving Beyond Traditional Public Administration and the New Public Management", *Public Administration Review*, Vol. 74, No. 4, 2014, p. 447.

③ Bryson J. M., Crosby B. C., Bloomberg L., "Public Value Governance: Moving Beyond Traditional Public Administration and the New Public Management", *Public Administration Review*, Vol. 74, No. 4, 2014, p. 447.

④ Boyte, Harry C., "Constructive Politics as Public Work: Organizing the Literature", *Political Theory*, Vol. 39, No. 5, 2011, pp. 630 – 660.

⑤ Ostrom E. Elsevier, "Polycentric Systems for Coping with Collective Action and Global Environmental Change", *Global Environmental Change*, Vol. 20, No. 4, 2010, pp. 550 – 557.

⑥ Scott Tyler A., Craig W. Thomas "Unpacking the Collaborative Toolbox: Why and When Do Public Managers Choose Collaborative Governance Strategies?", *Policy Studies Journal*, Vol. 45, No. 1, 2017, pp. 191 – 214.

意义匮浅。随着研究的深入，这一研究途径不断细化。研究发展之初，学者多遵循线性阶段论观点，简单地将合作治理分解为前件、过程、结果阶段。① 其后，研究者逐渐认识到合作治理过程本质上是迭代循环的，提出了诸如"谈判—承诺—执行"循环论②等更具现实性的观点。随着知识的不断积累，研究者更为全面地归纳总结了合作治理的构成要素。例如，汤姆森等指出治理、管理、自治、相互关系与规范构成了合作治理过程的关键维度。③ 相形之下，在充分汲取前人过程框架长处的基础上，安塞尔等构建了更为全面的综合性框架，并发展出若干推论。④ 至此，研究者打开合作治理过程"黑箱"的努力已经取得了极其重要的进展，对于指导理论发展与推进实践有效运转意义重大。

　　有效管理合作治理过程的要素是推进合作治理长效运转的关键所在。虽然相关阐述颇多，但促动性领导、过程承诺、信任构建等的重要性被众多实证研究所证实。促动性领导是促使各方坐到谈判桌前，引导各方度过合作过程的曲折阶段，以合作共容的心态互动的关键因素;⑤ 过程承诺则关乎各方是否真诚拥抱合作、为此倾注时间精力，直接影响了合作治理成效;⑥ 信任构建则左右着合作治理过程中的交易成本，对于合作顺利开展乃至实现预期目标的影响不容小觑。⑦

---

① Wood D. J., Gray B., "Toward a Comprehensive Theory of Collaboration", *Journal of Applied Behavioral Science A Publication of the Ntl Institute*, Vol. 27, No. 2, 1991, pp. 139 – 162.

② Ring Peter Smith, H. Van De Ven, "Developmental Processes of Cooperative Interorganizational Relationships", *Academy of Management Review*, Vol. 19, No. 1, 1994, pp. 90 – 118.

③ Thomson A. M., Perry J. L., "Collaboration Processes: Inside the Black Box", *Public Administration Review*, Vol. 66, No. s1, 2010, pp. 20 – 32.

④ Ansell C., Gash A., "Collaborative Governance in Theory and Practice", *Journal of Public Administration Research & Theory*, Vol. 18, No. 4, 2008, pp. 543 – 571; Emerson K., Nabatchi T., Balogh S., "An Integrative Framework for Collaborative Governance", *Journal of Public Administration Research & Theory*, Vol. 22, No. 1, 2012, pp. 1 – 29.

⑤ Ansell C., Gash A., "Collaborative Governance in Theory and Practice", *Journal of Public Administration Research & Theory*, Vol. 18, No. 4, 2008, p. 554.

⑥ Ansell C., Gash A., "Collaborative Governance in Theory and Practice", *Journal of Public Administration Research & Theory*, Vol. 18, No. 4, 2008, p. 554; Emerson K., Nabatchi T., Balogh S., "An Integrative Framework for Collaborative Governance", *Journal of Public Administration Research & Theory*, Vol. 22, No. 1, 2012, p. 14.

⑦ Ansell C., Gash A., "Collaborative Governance in Theory and Practice", *Journal of Public Administration Research & Theory*, Vol. 18, No. 4, 2008, p. 559; Emerson K., Nabatchi T., Balogh S., "An Integrative Framework for Collaborative Governance", *Journal of Public Administration Research & Theory*, Vol. 22, No. 1, 2012, p. 13.

值得注意的是，虽然上述研究打开了合作治理过程的"黑箱"，但因其过于偏重剖析过程要素，致使其研究或多或少忽视了其他要素，例如情境要素。关于这一点，过程说的代表人物埃默森已经觉察到，在其代表性过程分析框架中已经明确指出了情境的重要性。例如，埃默森等认为政治、法律、社会经济等外部系统情境构成了合作治理的机会或约束条件，影响了合作治理体制（collaborative governance regime）展开的一般参数。①

（三）关系说

关系说侧重于从参与者关系这一微观层面切入，对合作治理加以剖析。在其支持者看来，社会关系深刻地形塑了合作治理，影响力绝不逊于正式制度。② 原因在于，合作总是嵌入社会关系之中，而社会关系约束了合作参与者的行为选择。积极的社会关系不仅能够促进信息、资源交流与整合，有效强化集体行动能力；还能促使行动者搁置争议，减少误解，培育集体行动承诺。为深入剖析、刻画何谓积极社会关系，研究者借鉴了社会网络分析研究成果，试图利用密度、凝聚子群、集中性等指标加以分析。普洛文等人的研究极具代表性，基于社会网络理论，抽象出三种原型式合作治理模式：共享治理（shared governance）、领导机构治理（lead organization governance）与网络管理机构治理（network administrative organization）。③ 上述分析的最大特点是以权变性视角审视合作治理，合作治理形式选择须考虑互信水平、参与者规模、目标一致性以及整体能力需要。其深层意义在于，意识到关系结构与治理绩效之间的联系并非线性。对此，实证研究予以了支持。④ 充分考虑合作治理情境，发展关系结构与治理绩效之间的权变性理论，是这一途径极为重要的主题。

研究者实证性地探寻了合作治理促动因素，发展出两种途径：一是关

---

① Emerson K., Nabatchi T., Balogh S., "An Integrative Framework for Collaborative Governance", *Journal of Public Administration Research & Theory*, Vol. 22, No. 1, 2012, p. 8.

② Scholz J. T., Wang C. L., "Cooptation or Transformation? Local Policy Networks and Federal Regulatory Enforcement", *American Journal of Political Science*, Vol. 50, No. 1, 2006, pp. 81 –97; Bodin Ö., Crona B., "The Role of Social Networks in Natural Resource Governance: What Relational Patterns Make a Difference?", *Global Environmental Change*, Vol. 19, No. 3, 2009, pp. 366 –374.

③ Provan K. G., Kenis P., "Modes of Network Governance: Structure, Management, and Effectiveness", *Journal of Public Administration Research & Theory*, Vol. 18, No. 2, 2008, pp. 229 –252.

④ Bodin Ö., Crona B., "The Role of Social Networks in Natural Resource Governance: What Relational Patterns Make a Difference?", *Global Environmental Change*, Vol. 19, No. 3, 2009, pp. 366 –374.

系管理途径，突出了管理质量①、管理者技能②、领导权③等管理性要素，在培育良好社会关系方面发挥重要作用；二是网络分析途径，由于深受社会网络分析的影响，因而着力强调参与者特质、参与者之间的二元组关系（dyadic relationship）与关系结构等关系性要素，④ 在合作治理中扮演重要角色。值得注意的是，研究者逐渐尝试将二者结合，从而更为全面地揭示合作治理影响因素。例如，有研究显示，合作治理绩效取决于网络关系结构与管理性要素之间的共同作用。⑤

三　中国合作治理研究的发展趋向

西方合作治理理论的蓬勃发展，引起我国学者的关注。历经多年发展，我国学者在借鉴西方理论的同时，不忘扎根本土情境，使之在中国生根发芽，结出了丰硕的理论之果，大致形成了三种研究途径：特质说、演化博弈说、关系说（见表1.2）。

表1.2　　　　　　　　　中国公共管理合作研究途径

研究途径	特质说	演化博弈说	关系说
关注焦点	合作是有别于科层、契约的独特治理范式，是顺应后工业社会转型的必要之举，具有主体多元化、决策多边化、关系平等化、互动互惠化、目标整合化等特质性	合作治理本质上是行动者之间的博弈过程，不断发生动态演化	合作治理嵌入一定的社会关系之中，聚焦于合作治理参与者的关系
理论基础	新公共治理、新区域主义、整体性治理、社会合作治理	演化博弈理论	政策网络理论、社会网络理论

---

① Meier K. J., O' Toole L. J., "Public Management and Organizational Performance: The Effect of Managerial Quality", *Journal of Policy Analysis & Management*, Vol. 21, No. 4, 2002, pp. 629 – 643.

② O' Toole L. J., Meier K. J., "Public Management in Intergovernmental Networks: Matching Structural Networks and Managerial Networking", *Journal of Public Administration Research and Theory*, Vol. 14, No. 4, 2004, pp. 469 – 494.

③ Mcguire M., Silvia C., "Does Leadership in Networks Matter?", *Public Performance & Management Review*, Vol. 33, No. 1, 2009, pp. 34 – 62.

④ Snijders T. A. B., Bunt G. G. Van De, Steglich C. E. G., "Introduction to Stochastic Actor-based Models for Network Dynamics", *Social Networks*, Vol. 32, No. 1, 2010, pp. 44 – 60.

⑤ Cristofoli D., Macciò, Laura, Pedrazzi L., "Structure, Mechanisms, and Managers in Successful Networks", *Public Management Review*, Vol. 17, No. 4, 2015, pp. 489 – 516.

续表

研究途径	特质说	演化博弈说	关系说
合作促成因素	理顺国家—社会关系，重塑政府间关系，优化社会整体道德	取决于合作治理的成本与收益（降低搭便车收益，扩大合作治理收益，减少合作治理成本）	构建合适的关系结构，构建有助于提升关系质量的支持性情境
代表人物	俞可平、张康之、史云贵、汪锦军、汪伟全	易轩宇、高明	锁利铭
研究类型	以规范性研究为主	以实证研究为主，多采用仿真建模研究方法	以实证研究为主

资料来源：笔者自制。

（一）特质说

我国合作治理研究中最早被应用且目前占据主流的分析途径当属特质说途径。代表人物有俞可平、张康之、史云贵等人。与西方同人类似，该途径倡导者视其为有别于科层、契约的独特治理范式，侧重于剖析合作治理的特质。与科层、契约相比，合作治理具有主体多元化、关系平等互惠、传递的信息"厚重"且"自由"[1] 等特质性。此外，研究者还重点剖析了其与协作治理、协同治理、协商治理等与之联系密切的概念术语间的异同，以进一步澄清其特质。虽然上述概念均强调治理主体的多元性、根本目标的整合性、公共权力的分散性，但合作治理的独特之处在于，行动者间的互惠原则更为突出、政府中心主义相对弱化。[2] 作如是观，合作治理具有主体多元化、决策多边化、关系平等化、互动互惠化、目标整合化等特质性。[3]

新公共治理、新区域主义、整体性治理、社会合作治理等理论构成了该途径的理论基础。新公共治理理论立足公共服务提供主体日益多元化、

---

[1] 范永茂、殷玉敏：《跨界环境问题的合作治理模式选择——理论讨论和三个案例》，《公共管理学报》2016 年第 13 卷第 2 期。

[2] 颜佳华、吕炜：《协商治理、协作治理、协同治理与合作治理概念及其关系辨析》，《湘潭大学学报》（哲学社会科学版）2015 年第 39 卷第 2 期；张康之：《论参与治理、社会自治与合作治理》，《行政论坛》2008 年第 6 期。

[3] 俞可平：《治理和善治》，载俞可平《治理与善治》，社会科学文献出版社 2000 年版，第 5—6 页；朱仁显、邬文英：《从网格管理到合作共治——转型期我国社区治理模式路径演进分析》，《厦门大学学报》（哲学社会科学版）2014 年第 1 期。

政策制定过程日益复杂化的治理情境，① 指出公共行政与新公共管理范式已经不合时宜，必须超越依靠官僚制集权控制或以竞争提升组织绩效的褊狭视角，承认并重视治理主体的多元化及其相互依赖关系。与之类似，随着多中心主义引致的碎片化问题日益严峻、区域棘手问题不断涌现，区域治理的研究者也敏锐地捕捉到了这一基本事实——有效的区域治理越发依赖于政府间以及政府与非政府行动者之间的协调与合作，新区域主义理论亦随之发展壮大。可以说，合作治理是新区域主义的核心信条之一。② 如果说前两种理论侧重于凸显政府与非政府行动者之间的相互依赖性，整体性治理则着眼于政府内部的协调、合作、整合与整体性运作。③ 该理论寄望于政府部门通过共享相互强化的目标、识别相互支持的工具，重塑以部门分工为基础的科层制体系，进而更好地提供公共服务。究其根本，新公共治理、新区域主义与整体性治理主要从公共政策实施和公共服务提供这一层面探讨主体间合作。相形之下，社会合作治理理论则更进一步，从人类行为模式演变这一宏大背景之下审视合作治理。伴随着后工业社会转型，社会越发迈向全面开放；而全面的社会开放意味着人类合作行为的普遍化，合作构成人类的基本和主要行为模式。更进一步地说，在后工业化的进程中，人们无法逃避合作的责任，生存在社会中的人唯有在与他人的合作中才能发现自我及其价值。④ 由此观之，合作绝非仅仅局限于公共政策实施和公共服务提供，而是整个社会的秩序。值得一提的是，不同于前三种诞生于西方社会情境的理论，社会合作治理理论是我国学者哲学思辨的产物，是将哲学带入公共行政的努力尝试，集中体现了理解合作治理的中国智慧。

　　合作治理实践的发展，促使合作治理类型学研究成为炙手可热的议题。许多符合合作治理基本特征的实践看似相同，但细究之下其间仍存在诸多差异。而类型学研究则致力于揭示差异，从而更好地理解不同环境下的合作治理挑战，权变性地选择恰当的合作治理安排。基于合作的对象（政府外部还是内部）和领域（组织内还是组织间），可以将合作治理划

① 斯蒂芬·奥斯本：《（新）公共治理：一个新的范式？》，载斯蒂芬·奥斯本《新公共治理？——公共治理理论和实践方面的新观点》，科学出版社 2016 年版，第 7 页。
② Vodden K., Douglas D. J., Markey S., Minnes S., Reimer B. eds. *The Theory, Practice and Potential of Regional Development: The Case of Canada*, London: Routledge, 2019, p. 81；耿云：《新区域主义视角下的京津冀都市圈治理结构研究》，《城市发展研究》2015 年第 22 卷第 8 期。
③ 竺乾威：《从新公共管理到整体性治理》，《中国行政管理》2008 年第 10 期。
④ 张康之：《合作的社会及其治理》，上海人民出版社 2014 年版，第 8 页；柳亦博：《论合作治理的路径建构》，《行政论坛》2016 年第 23 卷第 1 期。

分为如下类型：合作生产、合作制组织、整体性政府和合作治理。① 合作生产着眼于政民合作，合作制组织侧重于剖析政府内合作，整体性政府则关注于政府间合作，合作治理更专注于剖析政府与非政府行动者的合作。② 基于在合作治理中占据主导的元机制，可以将合作治理划分为科层主导型模式、契约主导型模式与网络主导型模式。其中，科层主导型模式长于应对紧迫的公共问题，契约主导型模式则长于促成可持续性合作。③

随着合作治理被推崇为提升国家治理能力的重要抓手，研究者致力于考察我国合作治理发展状况。学界普遍认为我国合作治理发展尚不充分，在相关主体能力培育、支持性制度、运行机制、利益协调、理念更新④等方面亟待改进。虽然上述评价对于指引治理改革具有借鉴意义，但评价标准选择具有一定程度的随意性，大多取决于学者的个人体验与感知，不利于准确客观地评估合作治理现状。有鉴于此，学者尝试构建系统化的评价指标，不仅涉及中国整体治理状况，⑤ 还涉及具体领域。⑥ 尽管尝试颇多，目前并未形成有影响力的评价指标。

至于如何推进合作治理，理顺国家—社会关系、重塑政府间关系、优化社会整体道德被反复提及。在理顺国家—社会关系方面，可以从以下四个方面着手：强化支持性制度供给，释放社会主体活力；⑦ 调整政府角色定位，发挥服务促进功能；⑧ 提升社会主体能力，培育集体行动土壤；⑨

---

① 此处是从狭义上理解合作治理的，将其限定为政府与非政府行动者之间的合作。
② 李文钊：《论合作型政府：一个政府改革的新理论》，《河南社会科学》2017 年第 25 卷第 1 期。
③ 范永茂、殷玉敏：《跨界环境问题的合作治理模式选择——理论讨论和三个案例》，《公共管理学报》2016 年第 13 卷第 2 期。
④ 贺璇、王冰：《京津冀大气污染治理模式演进：构建一种可持续合作机制》，《东北大学学报》（社会科学版）2016 年第 18 卷第 1 期；史云贵、欧晴：《社会管理创新中政府与非政府组织合作治理的路径创新论析》，《社会科学》2013 年第 4 期；史云贵、屠火明：《基层社会合作治理：完善中国特色公民治理的可行性路径探析》，《社会科学研究》2010 年第 3 期。
⑤ 俞可平：《论国家治理现代化》，社会科学文献出版社 2014 年版，第 217—245 页。
⑥ 史传林：《政府与社会组织合作治理的绩效评价探讨》，《中国行政管理》2015 年第 5 期。
⑦ 侯琦、魏子扬：《合作治理——中国社会管理的发展方向》，《中共中央党校学报》2012 年第 16 卷第 1 期。
⑧ 史传林：《政府与社会组织合作治理的绩效评价探讨》，《中国行政管理》2015 年第 5 期。
⑨ 朱仁显、邬文英：《从网格管理到合作共治——转型期我国社区治理模式路径演进分析》，《厦门大学学报》（哲学社会科学版）2014 年第 1 期；高红：《城市基层合作治理视域下的社区公共性重构》，《南京社会科学》2014 年第 6 期。

构建合作互动平台，提供对话交流空间。① 值得注意的是，上述措辞中隐含的主语多为国家。其深层意义在于，我国的合作治理构建必须发挥国家（党政部门）的引领作用，以此为基础构建多元主体合作格局，而非亦步亦趋地追随西方的多中心主义。这与中国的现实情境密不可分：一方面，中国的社会组织尚处于发展壮大的阶段，不加选择地放权将产生难以预料的后果；另一方面，虽然没有正式的等级权威是合作治理的重要特点之一，但并不意味着在合作治理中无须领导。事实上，为了众多自主行动者为实现共同目标而努力，领导的作用不容小觑。党政机关的能力优势使之成为扮演领导角色的理想选择。就重塑政府间关系而言，基于整体性政府理论以及京津冀、长株潭等实践经验，以下维度成为关注重点：强化制度支撑，提供政府间合作空间；② 重塑价值理念，培育合作精神；③ 优化组织设计，理顺权责关系；④ 重视利益协调，减少合作阻力⑤等。就优化社会整体道德而言，需要从以下方面入手：第一，通过简政放权、反腐败以及强化社会监督等，培育治理主客体的他在性思维，并就治理的道德路径达成共识；⑥ 第二，通过制度重构，激活公共管理者的道德能力和道德感；⑦ 第三，破除制度相对于行动的优先性，借由行动主义推动公共性扩散。⑧

总体而言，作为目前主流的研究途径，特质说倡导者较为详尽地剖析了合作治理的特质、类型，总结了中国合作治理的发展概况，构想了未来推进路径，形成了较为丰富的知识成果。值得注意的是，虽然该途径深受西方相关理论的影响，但研究者并未止步于此。第一，研究者尝试在社会合作治理这一本土理论基础上推进知识积累。与之一脉相承的是，提出了优化社会整体道德这一相对独特的推进路径。第二，在构想中国合作治理

---

① 史云贵、欧晴：《社会管理创新中政府与非政府组织合作治理的路径创新论析》，《社会科学》2013 年第 4 期。

② 倪永贵：《区域治理合作的困境与突破——基于组织社会学的视角》，《城市发展研究》2016 年第 23 卷第 8 期；苏苗罕：《地方政府跨区域合作治理的路径选择》，《国家行政学院学报》2015 年第 5 期。

③ 周伟：《优化与整合：地方政府间区域合作治理体系重构》，《理论探索》2016 年第 4 期。

④ 苏苗罕：《地方政府跨区域合作治理的路径选择》，《国家行政学院学报》2015 年第 5 期。

⑤ 高建华：《论整体性治理的合作协调机制构建》，《人民论坛》2010 年第 26 期。

⑥ 柳亦博：《论合作治理的路径建构》，《行政论坛》2016 年第 23 卷第 1 期。

⑦ 王锋：《合作治理中的道德能力》，《学海》2017 年第 1 期。

⑧ 柳亦博：《论合作治理的路径建构》，《行政论坛》2016 年第 23 卷第 1 期。

的理想格局时，并未盲目追随西方研究，而是立足本土提出更具可行性的路径。

尽管如此，特质说研究仍存在诸多亟待改进之处。第一，实证研究相对欠缺。国内研究者对合作治理的热情源于其普遍接受了一个规范性假设——相较于其他治理模式，合作治理更具优越性。然而，事实果真如此吗？西方实践表明，与其他任何治理范式一样，合作治理也有其缺陷性。例如，合作治理收益并非公平分配，加剧了不平衡现象。[①] 本土实证研究的不足，致使许多研究结论悬浮于社会实践，对于厘清合作治理的适用情境、梳理合作治理绩效的关键影响要素、形成可行的合作治理实践指导建议等助益有限。第二，类型学研究有待深化。例如，前文提及的基于合作对象性质与领域的划分方式，虽然有助于展现合作治理的基本形态，但未能涉及合作运作方式这一不容忽视的维度。未来类型学研究中可以考虑纳入利益相关者类型、合作治理活动焦点、管理制度精细程度等因素。第三，改进策略研究流于表面。改进策略多聚焦于制度框架层面，较少涉及实际操作规则层次，导致改进建议大多泛泛而谈、缺乏针对性。虽然制度框架的重要性不言而喻，但其变革不但相对滞缓而且需要合适的契机。而且，就实际的合作治理运作而言，合理的操作规则设计不可或缺。因此，未来研究应强化对准入或退出规则、冲突调解规则、规定行为者利益或否决可能性的规则、告知行为者决策信息的规则等操作规则的关注。

（二）演化博弈说

演化博弈说侧重于剖析合作治理的动态演化。代表学者有易轩宇、高明。其倡导者主张合作治理本质上是行动者之间的博弈过程：尽管合作治理的参与者之间拥有共同目的，但是仍无可避免地存在利益分歧。为追求自身利益最大化，参与者之间产生了策略性互动。囿于有限理性，行动者通过不断地模仿、学习或继承调整其策略，进而实现博弈均衡。[②] 由此观之，合作治理实质上是一个动态演化的过程。

该途径深受演化博弈理论影响。演化博弈论建立在有限理性假定基础之上，较之于传统博弈论的完全理性假定更为符合现实。其核心是演化稳定策略（evolutionary stability strategy）和复制子动态（replicator dynam-

---

① Scott T. A., Thomas C. W., "Winners and Losers in the Ecology of Games: Network Position, Connectivity, and the Benefits of Collaborative Governance Regimes", *Journal of Public Administration Research and Theory*, Vol. 27, No. 4, 2017, pp. 647 –660.

② Friedman D., "Evolutionary Games in Economics", *Econometrica*: *Journal of the Econometric Society*, Vol. 59, No. 3, 1991, pp. 637 –666.

ics）。前者指在既定环境下，如果一个策略被群体中的大部分个体所采用，并且其他策略无法产生比该策略更高的收益，则称该策略为进化稳定策略，① 反映了演化博弈的稳定状态；后者则反映了向稳定状态的动态收敛过程。② 以此为基础，该途径倡导者青睐建构博弈模型，剖析影响合作治理动态的因素。

诸多实证研究表明，合作治理的形成和持续运转取决于成本与收益，需要关注以下因素：一是降低搭便车收益。针对大气污染治理等跨域公共问题的府际合作，尤其关注搭便车行为对合作联盟的侵蚀。为此，需要制定治理责任的刚性约束，③ 敦促合作参与主体承担责任。二是扩大合作治理收益。既要制定公平的收益分配规则，④ 保证合作的个人收益合理分配；又要提升合作治理安排能力，促使合作的共同收益和公共收益不断增加。三是减少合作治理成本。由于排他成本、信息成本、监督成本、谈判成本构成了合作治理的主要成本，因而须完善信任机制、信息共享机制、监督机制和利益分配机制。⑤

总体而言，作为近年来兴起的合作治理研究途径，演化博弈说将复杂的合作治理活动抽象为模型，描述了合作治理的参与者及其相互关系，剖析了各种条件下合作治理的动态演化，从而帮助研究者把握合作现象。虽然该途径批评者指摘其有简化现实之嫌，但所有的社会科学研究均无法完美复制现实，而是通过选择性的"扭曲"，以揭示简单的真理。⑥ 而且，一个模型成功与否往往并非取决于其现实性，而是取决于其对于理解现实问题的有用性。简言之，模型虽然存在缺陷，但我们仍然需要更多的理论模型；研究者也应该更加重视模型建构这一途径。

（三）关系说

在西方相关研究影响下，关系说也成为我国合作治理的研究途径之

---

① Smith J. M., Price G. R., "The Logic of Animal Conflict", *Nature*, Vol. 246, No. 5427, 1973, pp. 15–18.
② 易轩宇：《合作治理模式下社会组织参与社会治理博弈分析》，《兰州学刊》2015 年第 3 期。
③ 初钊鹏、刘昌新、朱婧：《基于集体行动逻辑的京津冀雾霾合作治理演化博弈分析》，《中国人口·资源与环境》2017 年第 27 卷第 9 期。
④ 易轩宇：《合作治理模式下社会组织参与社会治理博弈分析》，《兰州学刊》2015 年第 3 期。
⑤ 高明、郭施宏、夏玲玲：《大气污染府际间合作治理联盟的达成与稳定——基于演化博弈分析》，《中国管理科学》2016 年第 24 卷第 8 期。
⑥ Lazer D., Friedman A., "The Network Structure of Exploration and Exploitation", *Administrative Science Quarterly*, Vol. 52, No. 4, 2007, pp. 667–694.

一。代表学者有锁利铭。与西方同人类似，其倡导者主张合作治理嵌入一定的社会关系之中，剖析合作治理参与者的关系尤为必要。

该途径深受政策网络理论与社会网络理论影响。政策网络理论主张，参与公共政策制定和实施的政策行动者之间的正式与非正式联系构成了政策网络，而政策网络反映了其所处更广泛政治情境的权力关系、联盟、冲突与约束。① 政策网络参与者之间的关系极大地左右了政策过程和政策结果。受此启发，研究者提出改善大气污染治理绩效应着眼于三对关系：中央政府与地方政府、地方政府之间、政府与企业，并探索性地构想了协调上述关系的具体手段。② 社会网络分析则提供了一系列方法技术，以剖析行动者的影响力、关系结构等。运用这一方法，研究者描述了环境合作治理中行动者的关系结构特征及其演进，③ 考察了区域环境、层级环境和部门环境如何形塑地方政府在城市群治理中的影响力，④ 评估了我国区域合作治理发展状况。⑤

在改善合作治理绩效方面，关系说一方面着眼于关系本身，主张根据实践需要构建合适的关系结构⑥：强关系结构的特点是行动者之间联系紧密，有助于抑制搭便车等机会主义行为，以应对合作治理中的合作问题（cooperation problems）；弱关系结构则将原本不相连的群体联系起来，有助于提供非重叠信息，以应对合作治理中的协调问题（coordination problems）。另一方面着眼于关系所嵌入的情境，主张构建支持性情境，以提升关系质量：通过强化相关制度供给，打造开放、包容、协调的文化、社会和市场环境。⑦

总体而言，作为深具潜力的研究途径，关系说正日渐发展壮大。然

---

① Marsh D. , Smith M. , "Understanding Policy Networks: Towards a Dialectical Approach", *Political Studies*, Vol. 48, No. 1, 2000, pp. 4 – 21.

② 于溯阳、蓝志勇：《大气污染区域合作治理模式研究——以京津冀为例》，《天津行政学院学报》2014 年第 16 卷第 6 期。

③ 马捷、锁利铭：《城市间环境治理合作：行动、网络及其演变——基于长三角 30 个城市的府际协议数据分析》，《中国行政管理》2019 年第 9 期。

④ 王路昊、林海龙、锁利铭：《城市群合作治理中的多重嵌入性问题及其影响——以苏南国家自主创新示范区为例》，《城市问题》2020 年第 1 期。

⑤ 李响、严广乐：《区域公共治理合作网络实证分析——以长三角城市群为例》，《城市问题》2013 年第 5 期。

⑥ 锁利铭、杨峰、刘俊：《跨界政策网络与区域治理：我国地方政府合作实践分析》，《中国行政管理》2013 年第 1 期。

⑦ 王路昊、林海龙、锁利铭：《城市群合作治理中的多重嵌入性问题及其影响——以苏南国家自主创新示范区为例》，《城市问题》2020 年第 1 期。

而，与西方同类研究相比，仍存在不小的差距：一是研究主题亟待深化。一方面，既有研究主题有待深入。以合作关系治理为例，研究大多忽视合作设计、领导、激活、问责、协调、框定问题、动员等管理性要素在改善关系质量方面的潜力，而良好关系的培育与上述管理要素密不可分。美国卡特里娜飓风应急响应的失败淋漓尽致地展现了这一点：从顶层设计来看，诸如国家响应计划（National Response Plan）等法案的出台，形成了支持联邦与州、地方积极构建协调关系的制度环境。然而，从实际运行来看，由于缺乏对领导、问责、协调等管理要素的关注，建立和维持必要合作关系的目标沦为空谈。由此观之，忽视管理性要素不可避免地导致相关研究缺失了一块重要拼图。另一方面，既有研究较少涉及合作治理的生成逻辑、演化发展、绩效等重要议题。一些研究虽名为动态演化，事实上只是比较不同时间点的网络特征的变化，并未认识到这些网络变化是看不见的微小变化的结果。二是研究方法有待改进。虽然关系说研究并未步特质说研究的后尘，拘泥于规范性研究，而是以实证研究为主，且定性与定量研究方法兼具，不过，仍存在较大的提升空间。就定性研究而言，多局限于个案分析，疏于多案例研究；就定量研究而言，多停留于描述性分析层面，如利用社会网络理论分析合作关系的结构特征，鲜少关注推断性分析层面，如运用指数随机图模型、随机行动者导向模型等剖析合作治理的生成动力。

四　小结：合作治理研究的质量提升

比较中西合作治理研究途径，可以发现：（1）二者研究取向存在差异。中国学者存在重规范、轻实证的特点，西方学者则强调实证与规范研究并重。这或许与中西学术研究传统与学科发展阶段有关：就学术研究传统而言，人伦主义是中国学术研究的核心，历代中国学人首先关注的问题是"什么是理想的社会状态"；西方学术源头——希腊学术则以自然主义为核心，重视研究自然规律，关注的首要问题是"什么是自然的本源"。[①]就学科发展阶段而言，中国公共管理学发展时间相对短暂，缺乏严谨研究方法的支撑，产生了重规范轻实证、重宏观轻微观的倾向；相比之下，西方公共管理学研究历经百余年发展，形成了多种认识论流派——解释主义（反实证主义）、理性主义、经验主义、实证主义、后实证主义、后现代

---

① 何新：《中西学术差异：一个比较文化史研究的尝试》，《自然辩证法通讯》1983年第2期。

主义/批判理论,[1] 推动实证研究与规范研究共同繁荣。（2）二者研究重点存在差异。中国学者侧重于从宏观情境，西方学者偏重具体合作过程。这一差异导致双方在论述合作治理推进路径时，也存在不同：前者侧重于宏观制度层面，后者着眼于操作性规则或管理性要素，二者均抓住了理解合作治理的某一侧面，应将二者结合起来以揭示合作治理的全貌。（3）虽然研究途径重合，但二者具体观点存在差异。以特质说途径为例，双方虽然均认可理顺国家—社会关系的重要性，但在具体推进路径上存在分歧，集中体现于国家角色方面：我国强调发挥国家（党政部门）的引领作用，以此为基础构建多元主体合作格局；西方则主张多中心主义。不仅如此，双方对政府的态度也呈现差异。我国主张以更为正面的角度看待政府，认为其是必要的善。对于中国这样一个超大规模的国家，如果没有政府的有效组织，其结果是难以想象的。这一态度促使学者支持政府在合作治理中扮演领导角色。而在深厚的个人主义传统影响下，西方则将政府视作必要的恶，竭力限制政府的干预范围；多中心主义关于政府不应垄断治理权力，主张由多个独立自主的权力中心通过自我组织或相互调适合作治理的观点,[2] 也在一定程度上折射了这一观念。

　　总体而言，我国合作治理研究逐渐经历由"寻门而入"到"破门而出"的转变。在学习借鉴西方研究时，并未落入人云亦云的窠臼，而是形成相对独特的观点，合作治理研究的本土化初具雏形。尽管如此，我国相关研究仍有许多短板与不足，尤以实证研究进展缓慢为甚。面对实践需求时难免显得力有未逮，改进相关研究实属必要之举。特别是新冠疫情暴发昭示着高风险社会的来临,[3] 合作治理作为应对风险与脆弱性、强化治理韧性的重要方式，其重要性和紧迫性随之进一步凸显，势必成为未来相当长时间内提升国家治理能力的关键议题。在此背景下，提升合作治理的研究质量可谓迫在眉睫。对此，可从以下三个方面发力。

　　第一，推进实证研究，发展中层理论。如前所述，作为我国合作治理的主导性研究途径，特质说偏重规范性研究，注重剖析合作治理的特质，

———

①　Riccucci N. M. , *Public Administration*: *Traditions of Inquiry and Philosophies of Knowledge* , Washington, D. C.: Georgetown University Press, 2010, pp. 47 – 48.

②　Ostrom E. , "Polycentric Systems for Coping with Collective Action and Global Environmental Change", *Global Environmental Change* , Vol. 20, No. 4, 2010, pp. 550 – 557; Morrison T. H. , et al. , "The Black Box of Power in Polycentric Environmental Governance", *Global Environmental Change* , Vol. 57, 2019, p. 101934.

③　陈振明：《新场景与新思考：新发展阶段的公共治理前瞻》，《国家治理》2020 年第 33 期。

构想了未来推进路径。虽然颇具借鉴意义，但总体偏重形式、疏于实质，不仅造成了研究的同质化，还约束了中层理论成长，严重局限了研究的本土化。与其坐而论道，不如起而行之。随着国家治理现代化改革不断深化，我国已经展开了多层次、广覆盖的合作治理实践，推进合作治理实证研究大有可为。可以重点关注以下主题：一是合作治理动力。厘清合作治理动力对于成功发起合作治理实践的意义不容小觑，许多研究混淆了情境因素与直接动力，侧重于剖析政治支持等情境性因素对于合作治理的助推作用，疏于关注直接动力。事实上，情境因素并非合作治理的起始条件，而是形塑合作治理全过程的外部条件；后者则是促使合作治理展开的直接动因，[①] 离开了直接动因，合作治理难以成行。研究者应着眼于具体合作治理实践，以捕捉合作治理动力，回答"合作治理何以可能"的问题。二是党/政府角色类型及其适用情境。合作治理并不意味着政府角色边缘化，反而对政府作用提出了更高的要求。重视党/政府的作用是中国式合作治理的最大特点，历来是我国研究的重点，但多浅尝辄止于就事论事，未能将其抽象为一般的角色类型。从发挥的功能入手，梳理相关治理实践或许是一个可行的路径，以回答"中国式的合作治理中党/政府扮演何种角色"问题。三是合作治理有效性。大至国家层面的京津冀协同发展，小至基层的社区合作治理，诸多合作治理实践为探究合作治理有效性创造了契机。学者应把握机遇，积极探寻相关因果机制、发展构型理论（configurational theory），回答"合作治理何以有效"的问题。四是非常态下的合作治理。高风险社会的来临意味着非常态下的合作治理研究必须得到重视，此次新冠疫情防控工作中，涌现出诸如对口支援、社区防疫、社会组织合作防控、大数据防疫等成功经验，亟待研究者深入剖析，并将其上升至学理层面，推进相关知识的积累。

第二，拓宽理论视野，丰富研究视角。前文显示，我国合作治理研究途径的理论基础多局限于公共管理学科，研究视角相对褊狭。当前人类社会正逐步迈进后学科时代，研究者应破除"门户之见"，跳出学科画地为牢的藩篱，积极推进知识融合。合作治理研究理应顺应这一时代大势，积极博采各学科之所长。人类合作行为是诸多学科共同关注的重点议题；根据内容的相关性，可以形成以合作治理理论为核心，冲突管理理论为外

---

① Emerson K., Nabatchi T., Balogh S., "An Integrative Framework for Collaborative Governance", *Journal of Public Administration Research & Theory*, Vol. 22, No. 1, 2012, pp. 1 – 29.

围，社会心理学、认知科学贯穿始终的知识圈层结构。

第三，拓展研究方法，夯实研究内容。既要着眼前沿，积极应用行为实验、计算社会科学等方法技术促进知识积累；又要回溯历史，从历史智慧中汲取研究灵感。我国合作治理研究的理论基础大多源于西方。西方理论虽然具有一定的借鉴意义，但本质上属于地方性知识，对于中国问题的解释力有限。因此，必须推进研究的本土化，而挖掘历史智慧是实现本土化的重要策略。历史是最好的教科书。虽然合作治理理论兴起于西方，但合作治理实践在中国数千年的治国理政传统中并不鲜见，[1] 也有着深厚的思想渊源。[2] 这为提炼中国特色的合作治理基本概念、理论命题、价值取向等奠定了基础，对于弥补基础理论研究不足而言极具潜力。

第四节　内容框架和研究方法

一　研究内容

基于以上的研究背景和学术考虑，本研究兼顾理论关切和实践观照：一方面，在合作治理的大背景下探讨 21 世纪的食品安全监管问题，捕捉当下中国的鲜活实践，以回应食品安全合作监管的初步探索；另一方面，试图以食品安全合作监管的实践案例来开展合作治理的实证研究，以期提升合作治理的研究质量，为合作治理的理论发展做出一点微薄贡献。

民以食为天，食以安为先。加强食品安全监管、提升监管效能是政府职责所在，是国家治理体系和治理能力现代化的重要组成部分。2000 年以来，政府高层对食品安全合作监管的关注度不断提升，合作内涵不断扩大拓展至政府与市场、社会合作。那么，食品安全监管是如何从运动式治理走向合作治理？这一转变经历了怎样的发展历程？呈现何种的演进逻辑？在食品安全合作监管的实践场域，其生成逻辑有哪些？结构与议题如何演变？基于合作监管，如何进行监管工具选择？未来合作监管的路径与趋向有哪些？以上这些问题的回答构成了本研究的主要研究内容和理论关

---

① 敬乂嘉探讨了中国合作治理的历史发展，参见敬乂嘉《合作治理：历史与现实的路径》，《南京社会科学》2015 年第 5 期；崔晶梳理了明清以来地方合作治理的实践，参见崔晶《从"地方公务委让"到"地方合作治理"——中国地方政府公共事务治理的逻辑演变》，《华中师范大学学报》（人文社会科学版）2015 年第 54 卷第 4 期。

② 有关中国历史上的共治思想参见蓝煜昕《社会共治的话语与理论脉络》，《中国行政管理》2017 年第 7 期。

切。基于此，本研究系统梳理 21 世纪以来我国食品安全合作监管的发展脉络、演进逻辑与绩效评估，运用社会网络分析方法解释食品安全合作监管网络的生成机理及其内容、结构与工具的演变逻辑，在此基础上探索食品安全合作监管的发展趋势及新议题、新工具、新路径，以寻求有益的对策提高食品安全监管的水平。

本研究分为承上启下、紧密相连的三部分。第一部分包括第一章至第四章，重在对食品安全合作监管这一新主题进行描述性研究与理论分析，探讨合作监管方式的演变、发展历程与演进逻辑，为第二部分的解释性研究做好铺垫。

第二部分包括第五章至第七章，运用社会网络分析方法，对 21 世纪以来我国食品安全合作监管进行解释性研究，分为合作监管的网络生成逻辑、网络结构演变与网络议题演变等有机联系的模块。

第三部分包括第八章至第十章，是对食品安全合作监管进行探索性研究，包括食品安全合作监管的工具、路径与趋向等维度，具体内容包括合作监管的工具特征与选择优化、合作监管路径的 QCA 分析与未来监管重点，以及合作监管的发展趋向——社会共治的理论探讨。

在内容体系设计上，本研究遵照菜单式的组合设计，即每章内容都是一个独立完整的研究议题，每章都具有自己的研究问题、研究方法、文献综述和理论关切、不足展望，但是章与章之间又具有承上启下的内在关联，都是从食品安全合作监管的不同角度展开研究。

二　研究方法

本研究综合运用规范研究与实证研究，采用了多种实证研究方法来收集数据和分析数据。鉴于每章内容都有介绍该研究方法的具体运用，这里主要列举几种重要的研究方法。

（1）内容分析法。以中央政府发布的政策文本为研究对象，运用内容分析法，通过编码将政策的质性内容转化为定量数据，系统梳理了改革开放以来我国食品安全监管方式的使用概况与演变历程。

（2）社会网络分析法。社会网络分析在公共管理领域的应用与合作治理的兴起密切相关。鉴于社会网络分析是识别网络结构变化的有力工具，选用该方法考察食品安全合作监管网络的生成逻辑与议题结构变化，主要计算基于 UCINET 软件。

（3）网络爬虫法。使用 Python 软件的网络爬虫功能建立食品安全事件的数据库，检索 2000 年以来的食品安全事件为样本案例进行分析。

（4）定性比较分析法（QCA）。是一种介于定量研究与定性研究的研究方法，提供了一种分析复杂条件变量如何共同作用影响结果的方法和视角。结合文本资料对每一个食品安全案例进行深度分析，根据变量设置构建真值表，通过运行 fsQCA 3.0 软件得出食品安全事故得以阻断的必要条件和充分条件，从理论上总结了 5 条路径解释阻断食品安全事故的影响因素，以探索食品安全合作监管的路径。

三 研究价值

本研究从监管方式的视角切入，系统梳理 21 世纪以来我国食品安全合作监管的脉络、演进与发展，在理论视角、研究方法上有所突破，具有一定的学术价值。

一是运用行动者模型弥补了既往纵贯性研究的不足。既有研究多以不同时间点网络结构的变化作为刻画网络演化的依据，却对网络演化的动力机制关注不足。虽然名为演化研究，事实上却是静态研究，是针对特定时间节点的"快照式研究"，并未在连续时间内考察网络变化。

二是本研究关注的变量——组织权威、传递性、优先连接与组织制度类型等数据易于收集，有利于将本书采用的研究方法推广到其他合作网络中，观察合法性逻辑是否适用于其他领域，有助于推动相关研究。

三是注重学术价值与应用价值的有机结合。既关注食品安全合作监管的理论脉络，又考察了食品安全合作监管的工具优化与路径选择等新议题。本研究将监管工具与监管路径引入食品安全合作监管，有助于政府科学地确定监管重点，根据监管对象的风险程度分配监管资源。

四 可能的创新

本研究具有诸多的不足之处，每章研究的末尾详细说明了局限性。这里简单枚举了本研究基于以往研究可能会有的突破之处。

在理论运用上，基于事件系统理论梳理了重要事件是如何推动我国食品安全合作监管演进的。随着时间演进与空间扩散，每一事件集在一定程度上形成事件链，系统性地展示合作需求。此类事件创建出新协调行为，运行着共享新机制，推动合作监管范围的扩大与程度的深化。

在研究视角上，从监管主体的角度探索食品安全合作监管网络的生成逻辑，从合法性的理论视角切入，提出了权威假设、传递性假设、优先连接假设与制度邻近性假设。

在研究方法上，采用随机行动者导向模型（Stochastic Actor-oriented

Models）、运用软件 RSiena 分析食品安全合作监管网络形成的动因。该模型适用于解释行动者理性选择如何影响其外向关系，契合于本研究的研究问题——行动者关于合法性的判断如何影响其选择合作伙伴，进而驱动网络演化。

第二章　走向合作监管：改革开放以来我国食品安全监管方式演变*

合作监管是食品安全监管方式的重大变迁。为了更好地理解这一变迁的理论逻辑，需要开展实证研究。本章追溯至改革开放以来，以1979—2017年中央发布的438份政策文本为研究对象，运用内容分析法，梳理了我国食品安全监管方式的使用概况与演变历程，表明社会共治成为着力构建的新模式。这一变化源于监管环境带来的契机以及监管过程转变的需要。

第一节　食品安全监管方式的研究进路

一　食品安全监管方式的现有研究

作为实现监管目标的工具，监管方式与监管绩效密切相关。正因如此，监管方式研究一直是监管领域的热点议题，食品安全监管亦不例外。学界普遍认为过度倚重命令—控制手段是造成我国食品安全监管绩效难尽如人意的症结所在。[①] 它隐含了政府全能主义的监管理念，假定监管部门对食品安全问题的根源与行业状况了如指掌，因此有能力制定合适的监管政策。其实质是政府总揽一切，排斥其他利益相关者参与。然而，受信息不对称、认知缺陷等因素掣肘，上述设想难以实现。更有甚者，受自利动

---

　* 注：本章内容的修改版发表于霍龙霞、徐国冲《走向合作监管：改革开放以来我国食品安全监管方式的演变逻辑——基于438份中央政策文本的内容分析（1979—2017）》，《公共管理评论》2020年第1期。

　① 崔卓兰、宋慧宇：《论我国食品安全监管方式的多元化》，《华南师范大学学报》（社会科学版）2010年第3期；刘鹏：《中国食品安全监管——基于体制变迁与绩效评估的实证研究》，《公共管理学报》2010年第2期；倪永品：《食品安全、政策工具和政策缝隙》，《浙江社会科学》2017年第2期。

机驱动,监管主体将命令—控制监管简化为"发证式监管"①,重审批、轻监管的做法致使命令—控制监管沦为管而不控②(command without control)。命令控制式监管屡屡遭人诟病,学界倡导监管方式革新,运用多元化监管方式治理食品安全问题。③ 其中,社会共治模式颇受关注。不同于命令—控制式监管,社会共治模式中监管者与监管对象并非单向权力行使的命令—服从关系而是合作关系。④ 事实上,企业愿意率先建立自我监管制度,以规避政府监管可能引致的高昂成本。⑤ 不仅如此,社会共治还着眼于释放社会活力,发挥社会监督之作用。为此,既须赋权于社会,培育理性的社会力量,⑥ 强化公民责任意识与公共权力意识,构建食品安全社会监管的火警机制;还应推动信息公开。追根溯源,信息不对称条件下的激励问题是食品安全问题的根源。⑦ 信息公开制度则促进信息高速流动,使声誉机制的作用得以运转,敦促企业承担社会责任。⑧

此外,食品安全监管方式的演变也为学者所关注。指令型体制时期(1949—1977 年)多运用劝说教育、政治运动、行政干预等手段;混合型体制时期(1977—1992 年)则开始使用法律禁止、司法审判、经济处罚等工具;监管型体制时期(1993 年至今)除原有的监管方式外,产品和技术标准、特许制度、信息提供等手段得到应用。⑨ 可以看出,监管方式逐渐多样化、现代化。

概言之,既有文献已就我国食品安全监管方式作出较为深入的论述,

① 刘亚平:《中国式"监管国家"的问题与反思:以食品安全为例》,《政治学研究》2011年第 2 期;刘亚平、文净:《超越机构重组:走向调适性监管》,《华中师范大学学报》(人文社会科学版)2018 年第 1 期。

② 欠缺控制的命令(command without control)一词由 Kostka(2015)提出,用于描述我国环境监管中由于央地信息不对称导致的现象,即虽然中央政府掌握了目标设定权,但对执行与监测过程控制较小。这一概念同样可用于描述重审批、轻监管的现象。监管部门虽然有权就企业的生产过程或结果设置标准,但疏于监管削弱了对企业的控制,蜕化为无控制的命令。

③ 宋慧宇:《食品安全监管模式改革研究——以信息不对称监管失灵为视角》,《行政论坛》2013 年第 4 期。

④ 陈彦丽:《食品安全社会共治机制研究》,《学术交流》2014 年第 9 期。

⑤ Coglianese C.,Kagan R. A.,*Regulation and Regulatory Processes.* Aldershot:Ashgate. 2007,pp. 212 – 230.

⑥ 刘飞、孙中伟:《食品安全社会共治:何以可能与何以可为》,《江海学刊》2015 年第 3 期。

⑦ 冯中越、冯萧:《信号发送、承诺与食品安全社会共治》,《晋阳学刊》2018 年第 3 期。

⑧ 龚强、张一林、余建宇:《激励、信息与食品安全规制》,《经济研究》2013 年第 3 期。

⑨ 刘鹏:《中国食品安全监管——基于体制变迁与绩效评估的实证研究》,《公共管理学报》2010 年第 2 期。

构成了本研究的研究基础。略显遗憾的是，从量化角度梳理改革开放以来食品安全监管方式发展与演变的研究尚不多见。鉴于此，本研究拟运用内容分析法，对 1979—2017 年中央部委颁布的相关政策文本进行系统量化分析，希冀以此推进相关研究。本研究试图回答以下问题：首先，我国食品安全监管运用了何种监管方式？监管方式在结构上呈现何种特点？其次，改革开放以来食品安全监管方式的演变与发展遵循何种逻辑？背后存在何种原因？上述问题构成了本研究的行文逻辑。

二　食品安全监管方式的研究设计

（一）研究方法：内容分析法

内容分析法是对显性传播内容做客观、系统、量化描述的研究方法。20 世纪 20 年代兴起于传播学领域，用于研究报纸的传播内容。20 世纪 50 年代，拉斯韦尔、贝雷尔森、奈斯比特等从方法论上对其加以扩充、完善。发展至今，已形成一整套规范的研究步骤。一般而言，通常包括确定研究问题和选择样本、确定分析框架、定义分析单元、设置类目和编码、检验信度或效度、分析解释结果等环节。[①] 较之于问卷收集法，内容分析法的非介入性降低了主观因素的干扰，增强了研究结论的客观性，因而获得众多研究者的青睐。近年来，内容分析法广泛应用于公共管理领域，涵盖了问责制度演进[②]、政府注意力测量[③]、闲置土地治理[④]、运动式治理[⑤]等众多研究主题，展现出极强的适用性。

对本研究而言，系统梳理相关政策文本的内容是透视食品安全监管方式演进逻辑的绝佳切入点。一方面，政策文本是监管思想的物化载体。文本内容详细说明了所采用的监管方式是开展监管活动的重要依据，是全面把握监管方式的逻辑起点；另一方面，作为客观的、可获取的、可追溯的文字记录，长时间积累的大量政策文本是揭示监管方式变迁规律不可多得

---

① 黄萃、任弢、张剑：《政策文献量化研究：公共政策研究的新方向》，《公共管理学报》2015 年第 2 期。

② 姜雅婷、柴国荣：《安全生产问责制度的发展脉络与演进逻辑——基于 169 份政策文本的内容分析（2001—2015）》，《中国行政管理》2017 年第 5 期。

③ 文宏、杜菲菲：《注意力、政策动机与政策行为的演进逻辑——基于中央政府环境保护政策进程（2008—2015 年）的考察》，《行政论坛》2018 年第 2 期。

④ 王宏新、邵俊霖、张文杰：《政策工具视角下的中国闲置土地治理——192 篇政策文本（1992—2015）分析》，《中国行政管理》2017 年第 3 期。

⑤ 文宏、崔铁：《运动式治理中的层级协同：实现机制与内在逻辑——一项基于内容分析的研究》，《公共行政评论》2015 年第 6 期。

的分析资料。内容分析法则提供了有力的工具,通过编码将政策的质化内容转化为定量数据,从而可以进行系统的量化分析。因此,本研究运用内容分析法,考察我国食品安全监管方式的概况与演进逻辑。

(二)数据来源

考虑到地方政策多是在中央政策指导下制定的,本研究以中央部委颁布的食品安全监管政策作为研究对象。研究中选用的政策文本均源于"北大法宝"数据库。起初以"食品安全"为关键词,在"中央法规司法解释"数据集中进行精确检索,共获得 628 份文件。此外,鉴于精确检索可能导致许多重要法规被遗漏,[①] 遂利用法宝联想功能,检索其他代表性法律法规,共计 91 份纳入研究样本。最后,为确保选取的政策文本符合研究主题,确立如下筛选原则:(1)相关性原则。即政策文本必须涉及食品安全监管的具体内容。[②](2)规范性原则。即选取的文本必须是法律、行政法规、部门规章等正式文件。因此,便函等非正式文件被剔除。[③]共计剔除 281 份文本。最终共获得 438 份样本,起止时间为 1979—2017年。[④] 由于政策发布时间跨度较大,如果以逐年呈现监管方式变化可能出现两种情况:一是年与年之间区分不大,不易探索变化规律;二是某些年份中特定监管方式占比可能发生异常变化,难以作为刻画整体概况的依据。基于此,本研究以重要时间节点为界考察不同阶段内监管方式的变化。

改革开放以来,食品安全监管逐渐得到重视,监管力度日益增大,大致经历了如下阶段:监管强化探索期(1979—1994 年)、监管强化初步发展期(1995—2008 年)、监管强化快速发展期(2009—2014 年)和监管强化战略深化期(2015 年至今)。1979 年,我国制定《食品卫生管理条例》,结束了以往以试行条例指导食品安全监管工作的局面,[⑤] 开启了强化监管的序幕。在此期间,陆续出台了与食品安全相关的法律法规,如《食品卫生法(试行)》(1982)、《标准化法》(1988)、《食品新资源卫生管理办法》(1987、1990),着力构建、完善以监督检查为统领的监管体

① 例如,《中华人民共和国食品卫生法》《中华人民共和国食品卫生法(试行)》《中华人民共和国农产品质量安全法》等重要法律均被排除。因此,有必要进行二次检索。

② 例如,《人力资源和社会保障部、国家食品药品监督管理总局关于撤销天津市静海区市场和质量监督管理局食品安全监管科全国食品药品监督管理系统先进集体荣誉称号的通知》仅通报处理结果,并未说明食品安全监管的具体内容,因此被剔除。

③ 例如,《国家食品药品监督管理总局食品安全监管三司关于核实安泰降压宝胶囊等保健食品批准证书持有企业信息的函》被剔除。

④ 由于资料收集时点限制,收集的是 2017 年 9 月 21 日(含)之前出台的政策文本。

⑤ 我国于 1965 年出台《食品卫生管理试行条例》,该条例在 1979 年正式废止。

系。随着计划经济体制逐步向市场经济体制转轨，食品产业获得较快发展，食品链条不断延伸、食品类别日益多样、食品企业显著增多加剧了监管的复杂性，对监管工作提出了更大的挑战。与此同时，我国也开始构建与市场经济相适应的现代监管体制。在此情境下，强化监管的策略也有了新的调整。1995 年的《食品卫生法》不仅在总则中提出鼓励社会监督，[①]还强调应用司法审判、行政处罚等法律手段。不仅如此，"十一五"规划还将信息发布、诚信建设等更为多样化的手段作为强化食品安全监管的策略，体现了构建现代型监管体系的努力。此外，随着《卫生行政许可管理办法》（2004）、《超市食品安全操作规范（试行）》（2006）等法规出台，全程控制的思想日渐完善，而监督检查正是实现全程控制的重要抓手。尽管采取了上述举措，监管供给并未较好地适应监管需求，以致这一时期出现了阜阳毒奶粉、三聚氰胺等震惊全国的食品安全事件。上述事件使得强化食品安全监管、推进监管方式多元化成为政府和公众共同关注的重要议题。为了更好地应对监管挑战，2009 年出台的《食品安全法》将监管目标从保证食品卫生深化为保障食品安全。与之相适应的是，过程控制有了更为详尽的规定，信息公开、行业自律等社会监督手段也上升为法律规定。而且，"十二五"规划进一步完善了上述监管策略。由此，监管强化步入快速发展期。国家治理体系和治理能力现代化的提出则是监管强化迈向深化发展的关键契机。2015 年修订的《食品安全法》明确提出，食品安全工作实行预防为主、风险管理、全程控制、社会共治，建立科学、严格的监督管理制度，极为精练地总结了监管强化的方向。同时，《食品药品行政执法与刑事司法衔接工作办法》也促使食品安全执法获得新的突破性进展，为落实最严厉的处罚提供了抓手。由此，开启了以监督检查为统领，集风险防范、社会监督、行政执法、刑事司法于一体的新阶段。据此，处理数据时首先分析每一年度各类监管方式的覆盖率，然后将分析结果按照 1979—1994 年、1995—2008 年、2009—2014 年、2015—2017 年合并求和，并以平均覆盖率表征不同时段内监管方式的使用情况。

（三）文本编码

内容分析法本质上是一种编码。[②]编码通常遵循两种路径：一是从一般的类别入手，在每个类别下进行更细致的编码；二是根据扎根理论的原

---

① 参见《食品卫生法》第 5 条。
② ［美］艾尔·巴比：《社会研究方法》，邱泽奇译，华夏出版社 2018 年版，第 323 页。

理,先对文本进行详细编码,再逐层聚类,形成更广泛的类别。① 本研究将
采用第一种编码路径:首先,根据合规动机 (compliance motivation) 对监
管方式分类,以此作为基本的分析维度;其次,利用 ROST NAT 3.1 软件筛
选关键词并按照监管方式分类;最后,依托关键词运用 NVivo 11 软件编码。

1. 基本分析维度

食品安全监管方式分类应立足于监管对象的合规动机。究其本质,监
管是改变监管对象行为使之符合预期目标的过程,② 而这与合规动机密切
相关。因此,监管方式设计背后都隐含着某种合规动机假设。基于此,本
研究根据合规动机对监管方式进行分类。施耐德和英格拉姆基于合规动机
的分类方式颇具影响力,他们将监管工具划分为权威型工具、激励型工
具、能力工具、学习工具、象征劝诱工具。具体而言,权威性工具假定只
要有法律倚仗,监管对象会自然服从;激励性工具假定监管对象是理性的
经济人,不同的激励 (正向或负向) 将会影响其合规行为;能力工具假
定监管对象有能力改变行为时,就会服从监管政策;学习工具假定监管对
象能从经验中学习,进而改变其原有的观念,积极配合政策执行;象征劝
诱工具假定当监管对象认为,政策所倡导的行为与其理念契合时,会自然
遵从政策。③ 虽然这一分类极具借鉴意义,但仍有待完善之处。第一,施
耐德等人有关合规动机的分析缺乏更具逻辑性的一般阐述。事实上,其阐
述中已经隐含了两种基本合规动机假设——经济人假设与道德人假设。前
者源于经济人的理性计算,企业基于成本—收益分析,做出相应的行为选
择。权威型工具、激励型工具皆属此类。激励型工具的经济人假设是较为
显见的,此处不再赘述。需要指出的是,权威型工具得以发挥作用的根本
在于权威隐含的"背离—惩罚"威慑,监管对象基于成本—收益分析会
理性地选择服从政策。由此观之,经济人假设是权威型工具所隐含的合规
动机假设。后者则认为,合规行为源自企业美德,视其为自身义务。④ 能

① Bazeley P., Jackson K., *Qualitative Data Analysis with NVivo*. Thousand Oaks: Sage Publications Ltd, 2013, p. 71.

② Koop C., Lodge M., "What is Regulation? An Interdisciplinary Concept Analysis", *Regulation & Governance*, Vol. 11, No. 1, 2015, pp. 95 – 108.

③ Schneider A., Ingram H., "Behavioral Assumptions of Policy Tools", *The Journal of Politics*, Vol. 52, No. 2, 1990, pp. 510 – 529.

④ May P. J., "Compliance Motivations: Affirmative and Negative Bases", *Law & Society Review*, Vol. 38, No. 1, 2004, pp. 41 – 68; May P. J., "Regulation and Compliance Motivations: Examining Different Approaches", *Public Administration Review*, Vol. 65, No. 1, 2005, pp. 31 – 44.

力工具、学习工具、象征劝诱工具背后隐含的逻辑是，当监管对象有能力或认同时，其乐于主动服从政策，而这与道德人假设相契合。第二，权威型工具与惩罚、刑罚等负向激励型工具的作用机制类同，均是基于"背离—惩罚"逻辑。为避免混淆，需要将激励型工具范围进一步缩小为正向激励工具。第三，学习工具与象征劝诱工具颇具相通之处，均强调改变监管对象的思想观念，获得其认可、遵从。因此，可以将两种工具进一步合并。基于此，本研究将监管方式分类（见表 2.1）。

表 2.1　　　　　　　　　　　食品安全监管方式分类及比较

	强制型监管	激励型监管	能力建设型监管	象征劝诱型监管
合规动机假设	经济人假设	经济人假设	道德人假设	道德人假设
监管本质	对抗	合作	合作	合作
适用情境	产业内企业大多同质，且监管机构明悉达成监管目标的最佳制度设计	监管能力、政治压力等导致惩罚承诺难以成行	帮扶小型企业	转变企业价值观念
具体工具品种	行政许可、检查、专项行动、制定标准规范、执法、落实经营主体责任	资金支持、政策扶持	专业知识培训、技术提升	社会监督、政策宣传、示范创建、自律、信息公开

资料来源：笔者自制。

（1）强制型监管。即所谓的原型监管（prototype regulation）[1]——监管主体利用正式权威发号施令，使监管对象俯首帖耳。具体可分为行政许可、检查、专项行动、制定标准规范、执法、落实经营主体责任。[2] 它以经济人假设为基础，认为合规与否取决于成本—收益分析。倘若监管机构探查违规行为的能力强，且事后惩罚承诺可信，那么遵守规制合同则成为企业的理性选择。究其本质，它视监管过程为法律过程（legal process），[3] 遵循"背离—惩戒"逻辑，潜在地将监管主体与监管对象对立起来。

---

[1] Koop C., Lodge M., "What is Regulation? An Interdisciplinary Concept Analysis", *Regulation & Governance*, Vol. 11, No. 1, 2015, pp. 95 – 108.

[2] 落实企业经营主体责任是指监管部门检查监管对象是否落实内部监管制度。在此情境下，企业无权决定是否建立内部监管制度，因此属于强制型监管方式。

[3] Coglianese C., Kagan R. A., *Regulation and Regulatory Processes*. Aldershot: Ashgate. 2007, pp. 212 – 230.

当产业内企业大多同质,且监管机构明晰达成监管目标的最佳制度设计,这类监管方式较为适用。然而,作为刚性监管手段,不宜将之应用于复杂、异质性、动态变化的监管对象,否则易导致监管过度或监管不足。①

(2) 激励型监管。即利用正向激励鼓励监管对象实施监管主体所预期的行为,包括资金支持与政策扶持。它以经济人假设为前提,将监管过程视为社会过程 (social process),强调监管主体与监管对象联袂合作。②企业不再是被动的服从者,有权选择是否参与其中。当监管能力、政治压力等因素导致惩罚承诺沦为空谈,激励型监管比强制型监管更有效。然而,激励措施尤其是经济激励也存在不足之处。从经济效率看,财政补贴可能导致产业的过度进入,从长远看,进一步加剧食品安全风险;不仅如此,任何形式的补贴都须依赖扭曲性税收 (distortionary taxation) 予以保障,进而造成福利损失。③

(3) 能力建设型监管。通过提供信息、培训、教育、资源,力图使监管对象有能力遵守监管制度。④ 具体可分为从业人员培训、技术提升。其假设前提是,监管对象是道德的、无意违背监管规则,但自身能力限制致使其无力遵守监管要求,即"非不为也实不能也"。它通过构建合作支持关系,着眼于长远安全形势的改善。已有研究也显示此类监管尤其适用于帮扶小型企业。⑤

(4) 象征劝诱型监管。通过说服、劝诫使监管对象认同监管目标、自愿遵从监管制度。具体可通过社会监督、政策宣传、示范创建、自律、信息公开实现上述目标。它以道德人假设为基础,个体行动依适当性逻辑行事。如果政策目标是政府极力推崇的优先事项;符合政策对象的价值观、信仰和偏好;或展现出积极正面的形象,那么监管对象更可能接受并

① Gilad S. , "It Runs in the Family: Meta-regulation and Its Siblings", *Regulation & Governance*, Vol. 4, No. 4, 2010, pp. 485 – 506.

② Coglianese C. , Kagan R. A. , *Regulation and Regulatory Processes*. Aldershot: Ashgate. 2007, pp. 212 – 230.

③ Segerson K. , "Voluntary Pollution Control under Threat of Regulation", *International Review of Environmental & Resource Economics*, Vol. 11, No. 2, 2017, pp. 145 – 192.

④ Schneider A. , Ingram H. , "Behavioral Assumptions of Policy Tools", *The Journal of Politics*, Vol. 52, No. 2, 1990, pp. 510 – 529.

⑤ Eisner M. A. , "Corporate Environmentalism, Regulatory Reform, and Industry Self-Regulation: Toward Genuine Regulatory Reinvention in the United States", *Governance*, Vol. 17, No. 2, 2004, pp. 145 – 167.

遵从。[1] 本质上是通过推进监管主体与监管对象沟通合作，共担监管责任。较之于其他监管形式，合规承诺一旦内化于企业行为之中，则影响更为持久深远。当行业内违规行为猖獗、乱象丛生，转化价值观念更是重中之重，此时须诉诸象征劝诱型监管。尽管如此，还应辅之以第三方监管或强制性威慑手段，否则将滋生策略性逃避行为。[2]

2. 关键词筛选

由于 NVivo 11 软件对中文解读效果不甚理想，故选用 ROST NAT 3.1 进行分词及词频统计操作。具体步骤如下：第一，将所有政策文本合并，导入软件进行分词；初步分词结果将"标准制（修）订""政策支持"等词语拆分。[3] 第二，将上述词语添加至软件的分词词库，重新分词并统计词频。第三，结合原始文本剔除歧义关键词。第四，根据基本监管方式类型，将关键词归类（见表 2.2）。

表 2.2 关键词及词频统计

监管方式	一级关键词	二级关键词	频次	二级关键词	频次
强制型监管	行政许可	许可	1071	经营许可	109
		许可证	517	市场准入	82
		生产许可证	387	卫生许可证	75
		行政许可	232	登记注册	58
		注册	211	注册登记	51
		登记	142	准入制度	46
		准入	141	登记管理	20
		审批	119	行政审批	20
	检查	监测	1523	现场检查	52
		抽检	691	飞行检查	50

---

[1] Schneider A., Ingram H., "Behavioral Assumptions of Policy Tools", *The Journal of Politics*, Vol. 52, No. 2, 1990, pp. 510 – 529.

[2] Berliner D., Prakash A., "Bluewashing" the Firm? Voluntary Regulations, Program Design, and Member Compliance with the United Nations Global Compact, *Policy Studies Journal*, Vol. 43, No. 1, 2015, pp. 115 – 138; Coglianese C., Nash J., "Motivating Without Mandates: The Role of Voluntary Programs in Environmental Governance", in Paddock L., Glicksman R., Bryner Ns., eds. *Elgar Encyclopedia of Environmental Law*: *Decision Making in Environmental Law*, Cheltenham: Elgar Press, 2016, pp. 16 – 114.

[3] 具体包括标准制（修）订、政策支持、飞行检查、税费减免、信贷支持。

续表

监管方式	一级关键词	二级关键词	频次	二级关键词	频次
强制型监管	检查	监督检查	636	清查	49
		抽样	344	质量监测	41
		巡查	217	产品检验	30
		监督抽查	118	抽验	21
		分级管理	98	分类管理	20
		出入境检验	69		
	专项行动	整顿	499	治理整顿	47
		专项整治	446	政治工作	42
		整治	359	专项治理	16
		专项整治工作	102		
	制定标准规范	国家标准	1571	操作规范	39
		安全标准	491	质量标准	35
		标准制(修)订	59	强制性标准	33
		国际标准	48	操作规程	17
		技术规范	45	标准化工作	16
	执法	执法	660	行政处罚	130
		查处	460	行政执法	122
		罚款	317	取缔	120
		处罚	267	依法查处	112
		整改	231	严厉查处	103
		吊销	217	扣押	75
		打击	211	警告	72
		严厉打击	203	惩戒	48
		没收	177	封存	45
		撤销	147	停业	40
		查办	134	强制执行	32
		销毁	131	打假	31
	落实主体责任	召回	306	自检	38
		退市	207	健康检查	36
		索证索票	116	过程控制	34

续表

监管方式	一级关键词	二级关键词	频次	二级关键词	频次
激励型监管	资金支持	补助资金	7	税费减免	2
		补贴	7	财政补贴	1
		信贷支持	3	税收优惠政策	1
	政策扶持	基地建设	14	免检	6
		免检	12	优惠政策	6
		帮扶	9	扶强扶优	3
		政策支持	9	提供优质服务	3
		品牌建设	8		
能力建设型监管	从业人员培训	员工培训	3	人才培养	1
		专业教育	1	职业技能培训	1
		职业教育	1		
	技术提升	技术改造	22	技改	3
		连锁经营	19	改建工程	2
		集约化	9	管理创新	2
		重组	9	兼并	2
		结构调整	8	结构优化	2
		企业兼并	5	连锁化	2
		产业化	5	企业技术创新	1
		产业结构调整	4	强强联合	1
象征劝诱型监管	社会监督	举报	493	舆论监督	56
		投诉	208	消费者投诉	32
		社会监督	136	群众监督	17
		听证	75	公众参与	11
	政策宣传	宣传	520	倡导	35
		引导	317	宣教	32
		教育	158	宣传工作	28
		宣传教育	121	宣传报道	20
		普及	83	新闻宣传	19
		科普	80	普法	8

监管方式	一级关键词	二级关键词	频次	二级关键词	频次
象征劝诱型监管	示范创建	示范区	26	典型示范	3
		双创	7	示范点	2
		示范作用	5	示范园	2
	自律	自律	173	信用评价	9
		行业自律	68	职业道德建设	6
		诚信经营	44	信用管理	5
		诚信建设	39	职业道德教育	4
	信息公开	公开	265	曝光	69
		公示	136	社会公布	55

资料来源：笔者自制。

3. 文本编码

本研究采用 NVivo 11 自由节点编码功能对政策文本编码。操作如下：

第一，将基本监管方式类型及具体措施分别设置为树节点与子节点；结合关键词，以自然句为单位对文本编码并归入相应节点。

第二，当自然句中包含多个关键词，如果属于同类监管手段则编码1次，否则，视具体情况重复编码。

第三，为确保编码一致，首轮编码完毕后，由另一名编码员审查编码是否恰当。若存在分歧，则经过讨论后重新编码，争取意见的收敛。如此经过两轮确定最终编码（编码示例见表2.3）。

第四，编码完毕后统计编码覆盖率，检视已确定的分析维度对文本的解释力。结果显示，政策文本的编码覆盖率均在60%以上，表明现有的分析维度较好反映了文本，值得采信（见图2.1）。

需要指出的是，由于存在重复编码情形，计算总覆盖率时，在上述四个基本节点之上设置"汇总"父节点，并勾选"从子项合计编码"，避免重复计算编码覆盖率。正因如此，某些时段内监管方式编码覆盖率之和略大于总覆盖率。

表2.3　　　　　　　　　　　　　　编码示例

材料来源	政策内容	编码
《食品药品监管总局、教育部关于进一步加强中小学和幼儿园食品安全监督管理工作的通知》	各地食品药品监管部门要按照《食品安全法》和《食品经营许可管理办法》要求，严把中小学校和幼儿园食堂食品经营许可准入关，重点加强食品安全管理制度、设备布局、清洗消毒、冷藏冷冻和食品留样等项目的审查力度，对食堂经营场所进行现场核查合格后方可发放食品经营许可证	行政许可—经营许可

资料来源：笔者自制。

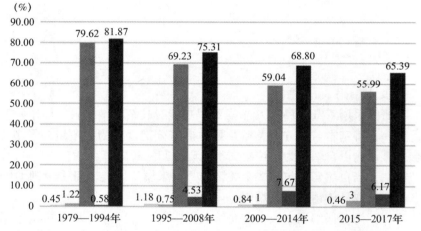

图2.1　政策文本节点编码覆盖率

资料来源：笔者自制。

第二节　食品安全监管方式演变的特点

一　不同阶段监管方式变化趋势渐趋明显

就使用概况而言，四类监管方式均有所涉及，但偏好差异明显：强制型监管方式最受青睐，平均占比高达90.15%，远远高于其他监管手段；象征劝诱型监管次之，平均占比为6.83%；激励型监管与能力建设型监管最少，占比分别仅为1.01%、2.13%，未来有待拓展（见表2.4）。

表 2.4   1979—2017 年各类食品安全监管方式占比[*]   单位:%

时段 \ 监管方式	强制型监管	象征劝诱型监管	能力建设型监管	激励型监管
1979—1994 年	97.25	0.71	1.49	0.55
1995—2008 年	91.93	6.02	1.00	1.57
2009—2014 年	85.81	11.15	1.45	1.22
2015—2017 年	85.62	9.44	4.59	0.70
平均占比	90.15	6.83	2.13	1.01

*占比 = 监管方式编码覆盖率/总编码覆盖率

资料来源:笔者自制。

    图 2.2 显示了不同时期监管方式占比变化。数据显示,强制型监管方式占比呈稳步下降态势;激励型监管占比则始终保持在 0.55%—1.57% 的低位徘徊;能力建设型监管与象征劝诱型监管占比则呈上升趋势。不过前者的占比较小,整体仍处于较低水平。2001—2005 年,象征劝诱型监管占比则一度从 0.71% 跃升至 11.15%,虽然回落至 9.44%,但就总体趋势而言,其逐步占据重要地位。

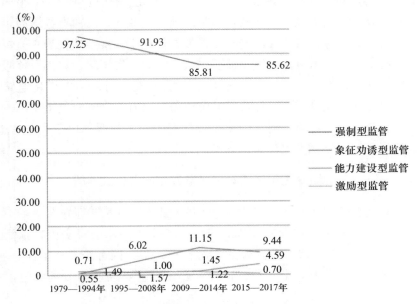

图 2.2 1979—2017 年各类食品安全监管方式占比变化趋势[*]

*占比 = 监管方式编码覆盖率/总编码覆盖率

资料来源:笔者自制。

二　我国食品安全监管方式组成结构失衡

强制型监管方式供给过溢，意味着监管模式的管控元素依旧突出。追根溯源，一方面，受路径依赖制约，计划经济时期的管控体制影响颇深，强制型监管依然是首选的监管工具；另一方面，层出不穷的食品安全事件削弱了政府对企业的信任，甚而视其为社会弊病的"元凶"，不断侵蚀二者合作的基础，转而以重典治乱的手段扭转食品安全形势。专项行动淋漓尽致地展现了这一点：每当恶性食品安全丑闻曝光，监管部门通常会迅速开展针对特定群体的集中整治活动，尤为强调以严打正本清源。例如，2017 年 10 月，安徽省"百日行动"严厉打击肉制品犯罪，两个月内共出动执法人员 1.8 万余人次，开展执法检查 4340 次，立案 41 件，移送司法机关 10 件，罚没金额 18.3 万元，无害化处理肉品 3.47 吨。[①]

与此形成鲜明对比的是替代性监管方式供给不足。其中，尤以激励型监管与能力建设型监管为甚。从历次食品安全规划的内容中可窥见一二：相关政策内容不仅极为有限且较为模糊。在激励型监管方面，仅"十二五"规划提出，运用技改投入支持、品牌培育等政策扶持手段，作为食品安全诚信体系建设的配套措施。[②] 然而，并未说明扶持力度、牵头部门等实施问题。与之类似，涉及从业人员培训的条款亦是以寥寥数语简单提及。更为重要的是，目前食品安全监管督查侧重于考察专项整治、监督检查等强制型监管或示范创建等象征劝诱型监管的落实情况，忽视考核激励型监管与能力建设型监管，无疑不利于激励监管部门采用多样化监管手段。不仅如此，税收减免、补贴等措施还需要政府筹措资金负担支出，不但会挤占监管部门资源，还会因支出责任归属引发博弈。出于利益考虑，监管部门自然不热衷于此类监管方式。

三　演变逻辑是从对抗式监管走向合作式监管

强制性、对抗性元素渐次收缩，柔性、协同性元素稳步扩张，顺应了食品安全治理现代化的发展趋势。1979—1994 年，几乎完全依赖强制型监管方式。这一时期食品企业性质相对单一，多为国有企业和集体企业。加之，政企脱钩尚未完全实现，正处于政企合一转向政企分离的过渡时

---

① 国家食品药品监督管理总局：《安徽"百日行动"严打危害肉品质量安全行为》，2018 年 1 月，http://samr.cfda.gov.cn/WS01/CL0005/223351.html。

② 详细内容参见《国家食品安全监管体系"十二五"规划》中"食品安全诚信体系建设"。

期。企业大多在体制上高度依附于主管部门,是科层组织在经济生活中的延伸。因此,监管部门偏好运用行政命令等科层控制手段管理企业。但随着经济体制改革的深化,食品行业得到迅速发展,强制型监管逐渐暴露出固有缺陷,促使监管部门寻求辅以替代性监管方式。2001 年,国家轻工业局被正式撤销,标志着公有制企业在体制上与主管部门正式分离,成为独立的经济实体,企业活力得到进一步释放,还涌现出大量非公有制食品企业。到 2008 年,除烟草行业外,国有企业和集体企业在全行业的企业产值中占比极低,市场化程度极高。[①] 食品行业获得飞速发展。2012—2015 年,食品工业产值由 80408.2 亿元增加至 105334.2 亿元,[②] 增幅达 30%。与此同时,企业异质性也显著增强。面对如此严峻的形势,强制型监管的缺陷暴露无遗:首先,监管对象规模扩张、异质性强化,使得仅凭强制性手段,监管机构不但难以根据监管对象特点制定“针锋相对”(tit for tat)的监管策略;还限制其迅速探查违规行为,致使惩罚的威慑效应大幅削弱。其次,强制型监管刚性有余、弹性不足,难以应对迅速变化的监管环境,与调适性监管存在不小的差距。最后,强制型监管权力行使具有单向性,[③]将其他行动者排除在外的做法,埋下了监管部门为产业俘获的隐患。

　　强制型监管的诸种不足促使监管部门探索多元化监管手段。其中,象征劝诱型监管逐步得到重视。较之于强制型监管,此类监管手段放权于市场、社会,突出多元主体协作、共担监管责任;[④] 并且借由柔性手段促使合规承诺内化于心、外化于行,塑造良好的监管环境。事实上,说服教育、群众监督等手段自革命时期就是重要的治理策略,具有深厚的合法性基础。监管部门也以此作为食品安全治理工具,特别是 1995—2017 年,这一手段得到持续重视:2004 年出台《关于加快食品安全信用体系建设的若干指导意见》,构建食品安全信用运行机制,推动企业主动承担社会责任,改善食品安全形势;2010 年制定《关于加快食品信息公布管理》,建立起信息公布制度;2011 年颁布了《关于建立食品安全有奖举报制度的指导意见》,完善举报受理、举报核查与奖励兑现的工作机制,以制度

---

① 胡楠、高观、姚战琪:《中国食品业与食品安全问题研究》,中国轻工业出版社 2008 年版,第 15 页。

② 魏益民:《中国食品产业发展新阶段需要理论引领》,2017 年 7 月,http://www.ce.cn/cysc/sp/info/201707/31/t20170731_ 24638163. shtml。

③ 宋慧宇:《食品安全监管模式改革研究——以信息不对称监管失灵为视角》,《行政论坛》2013 年第 4 期。

④ 刘飞、孙中伟:《食品安全社会共治:何以可能与何以可为》,《江海学刊》2015 年第 3 期。

化形式推进公众监督，营造群防群治的监管环境；2015 年新《食品安全法》更是将社会共治上升为食品安全治理的原则；"十三五"规划也将社会共治纳入食品安全监管的重要事项，力图构建企业自律、政府监管、社会协同、公众参与的社会共治体系。至此，象征劝诱型监管获得前所未有的关注，这一趋势顺应了食品安全治理现代化的潮流，为改善食品安全监管绩效创造了良好的基础。

第三节　食品安全监管方式转型的内在逻辑

　　监管方式的多元化与宏观监管环境——治理模式以及具体问题的监管过程特性密不可分。前者表明监管方式嵌入治理模式逻辑这一更大的框架下，[①] 后者则表明监管方式的选择需考虑工具理性，应用与监管过程特性相适应的监管方式。需要指出的是，监管过程本质上是监管主体与监管对象的互动过程。因此，双方的特点决定了互动特性，亦即监管过程特性，如图 2.3 所示。

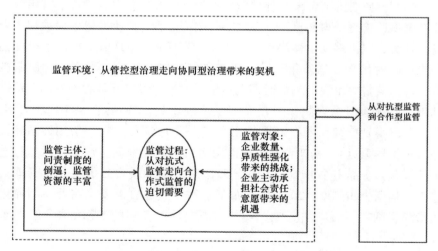

图 2.3　食品安全监管方式转型的内在逻辑

资料来源：笔者自制。

---

① Howlett M. , "Governance Modes, Policy Regimes and Operational Plans: A Multi-Level Nested Model of Policy Instrument Choice and Policy Design", *Policy Sciences*, Vol. 42, No. 1, 2009, pp. 73 – 89.

一 监管环境:为走向合作治理模式提供契机

监管工具选择深受宏观监管环境,尤其是治理模式形塑影响。究其本质,治理模式是国家与市场、社会力量的互动风格。它关乎所涉及的参与者及其扮演角色类型,以及行动者互动的性质和逻辑。纵观世界诸国治理实践,不难发现不同的治理模式通常也具有不同的工具选择偏好。例如,豪利特认为,现代民主国家通常采用法律治理、法团主义治理、市场治理和网络治理等治理模式,在工具选择上则分别青睐使用法律制度(制定法律、法规和规章制度)、国家制度(计划和宏观层面谈判)、市场制度(拍卖、合同、补贴、税收优惠和惩罚)、网络制度(合作、志愿社团活动和服务供给)。① 由此观之,治理模式框定了监管工具选择范围,我国食品安全监管工具选择的变化势必与国家治理模式转变具有密切联系。我国食品安全监管工具选择呈现出路径依赖基础上的渐进调整,既注重方式创新又保持原有优势。一方面,新中国成立后,长期实行的管控型国家治理模式影响深远,导致我国监管工具选择仍以强制型工具为主。管控型治理模式之下,国家治理被理解为政府一元治理,在治理工具选择上几乎完全依赖行政强制色彩浓烈的行政命令等工具,食品安全监管亦不例外。同时,由于路径依赖的影响,管控型模式的治理风格至今仍"余威不减"。而从治理绩效的角度来看,相较于替代性监管方式,监管者对强制型监管方式的使用规律显然更为谙熟于心。在增加替代性监管方式供给的同时,仍以强制型监管作为主要监管工具有助于避免治理绩效出现剧烈波动。

另一方面,21 世纪以来不断加速的国家治理改革促使国家治理模式向合作治理模式转型,进而推动了监管工具选择逐渐呈现放松管控趋势。行政体制改革、社会治理体制改革等重大治理变革举措合理调整了政府与市场、政府与社会的关系,为协同治理模式奠定了基础。在协同治理模式之下国家治理是政府、市场、社会多元主体合作治理,柔性、协同性的监管方式得到重视与应用,食品安全领域社会共治理念的提出正是顺应这一趋势的产物。监管目标的实现越发强调合作因素,诸如公民参与、行业自律等。因此,象征劝诱型监管成为放松管控趋势下最具活力的替代性监管工具。

---

① Howlett M. , "Governance Modes, Policy Regimes and Operational Plans: A Multi-Level Nested Model of Policy Instrument Choice and Policy Design", *Policy Sciences*, Vol. 42, No. 1, 2009, pp. 73–89.

二 监管转型：契合合作监管的迫切需要

改革开放以来，食品安全监管主体及监管对象发生了许多变化。从监管主体来看，问责制度的强化，倒逼政府监管主体采用更为多样化的监管方式，提升监管绩效；监管体制的完善、行业协会等社会监管主体的成长丰富了监管资源，为监管多元化提供了契机。从监管对象来看，食品企业数量不断增多、异质性不断强化，客观上需要应用权变性的监管策略，从而实现保证食品安全的同时促进企业发展。许多食品企业的自律行为，也反映了应用替代性监管方式是可行的。上述变化意味着隐含对抗色彩的强制型监管难以适应现实挑战，必须关注合作式监管策略，由此推动了监管方式多元化。

（一）监管主体：问责制度的强化与监管资源的丰富促使监管多元化

1. 问责制度的强化加剧监管多元化的紧迫性

21 世纪后爆发的数次重大食品安全事件促使问责制度逐步明晰化、严苛化。一方面，食品安全监管职责逐步厘清，为有效问责提供了前提。受路径依赖制约，我国食品安全监管领域长期由多部门共享管辖权。深受职能越位、错位，机构重叠、交叉等现象困扰，使部门问责难以落到实处。历数改革开放以来与食品安全监管相关的机构改革，无不与明晰部门监管职责、优化权责配置有关。从 1998 年机构改革，到 2004 年确立分段监管体制，到 2013 年实行统一权威监管体制，再到 2018 年"三局合一"改革，厘清机构职责的思想一以贯之。另一方面，问责制度也日渐严苛。2013 年提出"最严肃的问责"确保食品安全；紧随其后便出台了《2014 年食品安全重点工作安排》，将食品安全作为地方政府年度综合目标、党政领导干部政绩考核、社会管理综合治理考核内容；2016 年《食品安全工作评议考核办法》将食品安全工作纳入省级政府考核评议；2019 年，出台了《地方党政领导干部食品安全责任制规定》，利用跟踪督办、履职检查、考核评议三管齐下确保问责发挥应有功效。在此背景下，监管多元化就成为必然选择。因为强制型监管虽然适用于当产业内企业大多同质，且监管机构明晰达成监管目标的最佳制度设计的情境，但难以用于监管复杂、异质性、动态变化的对象，必须应用其他类型监管方式，以适应更为复杂的监管环境。非强制型监管方式的有效性也因国际同行的应用得到证实，例如，危害分析和关键点控制、风险评估等更具灵活性的监管方式被发达国家普遍采纳。

2. 监管资源丰富提供监管多元化的可能性

如果说问责制度的强化提出了监管多元化的要求，那么监管资源的丰富，尤其是监管体制的完善、行业协会等社会监管主体的成长则提供了可能。以信息管理为例，近年来我国一直将强化信息管理作为改进监管体制、提升监管效能的重要抓手之一。监管体制发展初期，食品安全监管领域信息建设呈现分散建设、信息孤岛、小格局等不利局面。随着电子政府建设加速，从信息化标准、基础设施云平台、应用系统门户集成和数据治理四个层面全面推进信息化建设，极大地改善了信息收集、处理能力的提升。信息管理不仅有助于推进协同监管、提升执法效率，还有助于形成企业的信用信息库，使诚信建设、企业自律成为可能。

社会监管主体的成长有助于分担部分监管责任，为释放监管空间创造了有利条件。社会组织的成长主要体现在数量的增长、类型的多样以及专业能力的提升上。从数量来看，1999 年共有 155 个食品类社会组织，2009 年则激增至 549 个，2019 年则继续稳步增加 1573 个。从类型来看，成立了维权类、服务类、行业自律类等类型多样、较为齐备的社会组织或协会，基本涵盖了食品安全的方方面面。从专业能力来看，专业技能人员与专职人员比重不断增加。发展之初，食品类社会组织面临高素质、专职人员匮乏这一困境。以深圳市为例，得益于各项扶持政策，深圳市社会组织从业人员学历层次虽仍以大专以下学历者为主，但大专及以上学历的人才占比逐年上升，截至 2017 年增加至 32.50%；同时，过去以兼职工作人员为主、专职工作人员为辅的状况得以扭转。2017 年，在 146258 名社会组织工作人员中，专职工作人员 118770 人，占主体的 81%。[1] 虽然这一调查是针对整体社会组织概况，但也在一定程度上折射出食品类社会组织的状况。得益于此，我国逐渐形成了以中国食品工业协会为代表的社会组织，不仅拥有大量知名企业加入，还邀请了大量专家学者坐镇。它们不仅掌握了大量相关行业发展动态数据，还具有较强的理论支撑与引导，使其在把握行业发展趋势上具有极大优势。社会组织以相对较低的成本获取了高质量的数据信息，并加以处理转化为政策建议或专题报告，发挥建言献策、传播政策动态、联系政府与利益相关者等一系列智库功能。以中国营养保健食品协会为例，该机构成立于 2015 年 9 月，虽然成立时间不过四年多，但已经承担政府委托课题 14 项、举办专题研讨会 67 场、报送政

---

[1]　陈德明：《深圳社会组织人才队伍建设报告（2018）》，载《深圳社会组织发展报告（2018）》，社会科学文献出版社 2019 年版，第 158 页。

府部门政策建议及研究报告 30 件、反馈行业建议 1.5 万余条。① 与此同时，得益于经年的科普教育，社会公众具有较强的维权意识，成为重要的社会共治主体。调查显示，97.7% 的受访消费者在进行线上消费前都会查阅或参考相关评论，98.3% 的受访者面对经营者失信或违法违规行为会采取维权行动。②

（二）监管对象：食品企业发展与自律行为呼唤合作监管

1. 食品企业发展凸显传统监管方式的局限

伴随着市场经济体制改革的推进，我国食品产业迅速发展、门类分化越发明显、产业链条不断延长。上述变化意味着，食品安全涉及的环节更多——涵盖从农场到餐桌的全过程；监管对象更为复杂——企业异质性程度不断增加，既有数量众多的规模以上食品企业，还存在为数不少的流动摊贩、食杂店、小作坊等"三小"经营单位分布于广大的乡村地区；任务更为多样——不仅需要控危害，还要关注促发展。例如，在整治农村"三小"问题时，既要关停、打击不合格单位，还要考虑帮扶主动整改的经营单位。与数量众多的监管对象形成鲜明对照的是，政府监管主体人员、技术能力相对不足。这一矛盾在基层更为凸显，基层监管人员不仅技术能力相对薄弱，还大量承担乡镇非监管业务工作，严重挤占了食品安全监管资源、削弱了监管力度；而且，基层监管人员还存在较为普遍的同工不同酬问题，不利于思想稳定，损害了监管效率。③ 以"双随机、一公开"的基层实践为例，调研发现，工作推进初期，许多参与人员对业务不熟悉，认为这项工作不属于自己的本职，导致业务推进缓慢。④ 显然，仅依靠强制型监管难免力有未逮，必须以更具灵活性的监管方式影响监管对象行为。

2. 食品企业自律行为为监管多元化创造有利条件

此外，部分企业尤其是行业领军企业主动推进行业自律。例如，许多大型企业采取更为严苛的标准（例如，良好生产规范、危害分析和关键控制点分析等）生产加工食品。以麦当劳为代表的许多餐饮企业推出

---

① 中国营养保健食品协会：《关于协会》，2019 年 6 月，https：//www.mkpazar.com/about/welcome.html。
② 中国消费者协会：《中消协发布信用消费与认知情况调查报告》，2019 年 3 月，http：//m.cca.cn/zxsd/detail/28428.html。
③ 王庆邦：《食品监管面临的挑战和应对》，《中国党政干部论坛》2019 年第 11 期。
④ 薛婷、张耀华、孙小嫒等：《基层食品检验所"双随机、一公开"工作的调研与思考》，《食品安全导刊》2019 年第 21 期。

"神秘食客"活动，与第三方合作招募体验者。体验者到指定门店消费，并将消费过程录音、拍照，并在体验结束后完成调查问卷。餐饮企业则通过反馈信息总结各环节不足，并作为改进依据。许多行业组织也主动承担社会责任，保障行业健康发展。例如，为响应 2017 年开展的全国食品保健品欺诈和虚假宣传专项整治行动，食品行业 40 家国家级行业组织联合发布《食品行业组织反欺诈和虚假宣传公约》，希冀借此涤荡行业风气。自律行为表明企业并非纯粹的经济人，愿意承担其社会责任，为监管双方的互信与合作创造了条件，为替代性监管方式的应用创造了良好的氛围。

（三）监管过程：从对抗式监管转向合作或监管的工具变革

上述变化促使食品安全监管过程逐渐从对抗式监管转向合作或监管策略。一方面，对抗式策略难以促进监管绩效持续提升。这一策略得以奏效的重要支撑点是，以强大的监督检查能力保证惩罚威慑成为可置信的承诺，减少监管对象的投机侥幸行为。然而，市场化改革以来，与食品企业数量激增、类型分化形成对比的是，监管主体能力虽然有所增进，但仍存在监管人员配备、专业知识不足的问题。这意味着摸清所有监管对象的情况、保持持续的高密度监管，不仅成本高昂，而且难以实现。这时候，依靠传统单一的监管工具损害了惩罚承诺的可信性，导致监管工具供给与现实需要产生了较大的差距，难以产生令人满意的政策绩效。由此观之，有效监管离不开监管对象的合作，以弥补对抗式监管过程的局限性。不仅如此，对抗式监管过程隐含着对监管对象的不信任，否认其履行社会责任的能动性，不仅打击了诚信经营者的积极性，还忽略了部分企业因能力不足而无力遵守监管要求的现实，不利于分类监管、精准施策，阻碍监管绩效的持续提升。

另一方面，市场和社会的创新活力、行业协会等社会监管主体的成长以及监管对象自律意识的强化促进了合作监管策略的应用。食品市场竞争机制的日益完善、社会大众不断迸发的创新活力和技术手段的持续革新为其他监管工具的应用提供了可能和启发，在一定程度上改善了政策绩效。此外，作为补充性监管力量，社会监管主体的成长有助于延伸监管触角、缓解信息不对称，加大食品经营企业不法行为曝光的可能，促使企业规范其行为。而且，企业也逐渐认识到自律行为不仅能实现其社会价值，带来良好的企业声誉、获得市场份额，还能赋予其更大的自主性。相较于对抗式监管下的单方刚性规定，自律意味着企业可以选择更为合适的、更低成本的控制手段。简言之，合作式监管过程有助于产生多方共赢的结果。

总体而言，由于治理模式转型带来的契机以及监管过程转变的迫切需要，监管工具不再拘泥于单一的强制性监管工具，而是运用更具针对性的多样化监管手段，由此促成了监管多元化。

第四节　本章小结与讨论

以1979—2017年间中央政府发布的438份政策文本为研究对象，运用内容分析法，梳理了改革开放以来我国食品安全监管方式的使用概况与演变历程。研究发现，从方式类型上看，我国综合运用了强制型监管、激励型监管、能力建设型监管与象征劝诱型监管方式，但存在结构性失衡：强制型监管供给过溢，激励型监管、能力建设型监管供给不足。从演变历程上看，大体遵循从对抗型监管走向合作型监管的发展逻辑——强制性、对抗性元素渐次收缩，柔性、协同性元素稳步扩张。其中，象征劝诱型监管日益获得重视，社会共治已成为我国食品安全监管着力构建的新模式。监管方式之所以呈现如此变化，源于治理模式转型带来的契机以及监管过程转变的迫切需要。

上述结论对指引未来食品安全监管具有重要意义。监管方式的结构性失衡不利于政策组合（policy mix），应着力改善这一局面。面对治理实践复杂、多层次、多参与者的挑战，西方公共政策出现强调工具/政策组合的新政策设计转向，① 这一转向对于我国食品安全监管同样是不可或缺的，应对监管问题必须超越单一监管工具取向。监管方式组合必须基于以下知识：不同类型监管工具影响政策产出或结果的能力以及监管工具按照其预期运作所需资源。而上述知识多是情境化的，意味着知识积累离不开实践经验总结。然而，监管方式的结构性失衡表明部分工具（激励型监管、能力建设型监管）的情境化知识是极为欠缺、匮乏的，势必不利于政策组合。因此，应着力改善这一局面。可从以下方面入手：一是有意识地丰富激励型监管、能力建设型监管方式工具品种。根据前文总结的监管方式构成（见表2.2），不难发现相较于强制型监管与象征劝诱型监管，激励型监管、能力建设型监管的具体工具品种较为单一，在一定程度上制约了其使用范围，有必要丰富工具品种。例如，可以引入行政合同激励企

---

① Howlett M., Mukherjee I., Woo J. J., "From Tools to Toolkits in Policy Design Studies: The New Design Orientation towards Policy Formulation Research", *Policy & Politics*, Vol. 43, No. 2, 2015, pp. 291–311.

业自律。二是激发支持性的公众话语与政治话语。如前所述，激励型监管特别是资金扶持因其附带的经济利益损耗，可能导致监管机构不热衷甚至反对使用此类工具。支持性话语特别是政治话语，则有助于增强监管方式的合法性或认可度，减少可能存在的阻力。

　　需要指出的是，本研究仍存在不足之处。第一，本研究主要依据政策文本的内容考察我国食品安全监管方式的演变，但是政策文本与执行实践仍存在一定的差距，因此研究结论可能与监管现实存在出入；第二，本研究选用的是中央层面的政策文本，由于中央政策需要考虑全局，因此监管方式转型相对稳健。与之相比，地方政府在遵循中央一般政策方向前提下，可以因地制宜制定政策，具有较大的自主空间，监管转型的步伐可能更为迅速。因此，本研究的研究结论可能与地方监管实践存在一定的偏差。

第三章　新世纪食品安全合作监管的发展历程

　　21 世纪以来，我国无论是中央政府还是地方政府，对食品安全合作监管的关注度都在不断提升。食品安全合作监管经历了不断深化的四个阶段，发展历程呈现出三种演进逻辑。未来，还应从积极推进大监管、塑造合作型公共行政文化、放权与能力建设双管齐下、吸纳多元主体参与合作等方面推进食品安全合作监管的有效运转。

第一节　食品安全合作监管的阶段划分

　　食品安全事关国计民生，不仅直接影响到政绩合法性，甚至关乎到政权合法性。因此，近年来，食品安全备受中央的重视。党的十八届三中全会将食品安全上升至公共安全层面；"十三五"规划明确以"四个最严"标准实施食品安全法；党的十九大报告进一步提出，"实施食品安全战略，让人民吃得放心"。由此可见，提升食品安全监管能力已成为国家治理的关键事项。

　　其中，强化监管合作、形成监管合力是政府治理能力建设的关键一环。论及食品安全事件为何屡屡发生，权威碎片化、职能交叉、机构间协调不足是最常提到的关键词。在成立国家市场监督管理总局之前，中央层面与食品安全监管有关的部委有近十个之多，由此带来的现实问题是部门之间协调成本上升。此外，食品安全的分段监管模式将监管环节人为分割成生产、流通、消费环节，其本意是厘定责任范围，有效监管各个环节。然而事与愿违，食品安全监管环节的人为划分不仅与监管现实存在一定程度的出入，还埋下了选择性监管的隐患，导致过度监管与监管不足并存；不仅没有达到预想中的全过程、无缝隙监管的效果，甚至出现了各环节层层失守的乱象，导致了毒奶粉、健美猪等食品安全丑闻一再发生。因此，强化合作监管被各界视为破除监管困局的现实出路。所谓合作监管，是指在应对食品安全领域单一监管主体无力或不易有效处置的问题，发起的跨部门、跨层级、跨地域集体行动治理安排。

　　1993 年，我国食品安全监管进入现代监管型体制的构建期。此前，食品安全监管体制建设长期滞后，合作监管成效不明显。直至 2000 年以来，政府高层对食品安全合作监管的关注度不断提升：负责议事协调的机构行政级别不断提升；新旧《食品安全法》涉及部门间协同配合的篇幅不断增多。基于此，本研究尝试系统梳理 21 世纪以来我国食品安全合作监管的发展脉络、演进逻辑与绩效，在此基础上洞悉食品安全合作监管的发展趋势与逻辑机理，方能寻求有益的对策，提高食品安全监管的水平。

　　21 世纪伊始，食品产业飞速发展，食品链条不断延伸，食品类别日益多样，这加剧了监管工作的复杂性，对合作监管的需要日益迫切。然而，与之形成鲜明对照的是，食品安全合作监管尚处于混沌状态，仅仅是完成某项具体任务的临时性治理安排，尚未内化为基本工作原则。食品安全监管的治理需求与制度供给之间的鸿沟埋下了安全问题的隐患。政府逐渐认识到食品安全监管生态环境的变化，对监管策略做出了适应性调整。2003 年，国家成立了食品药品监督管理局①，明确将"组织协调"作为一项职能赋予该机构。由此，揭开了系统推进食品安全合作监管的大幕。2010 年，国家成立了食品安全委员会这一高层次的、专门性的组织协调机构，彰显了高层力图破除协调不力、合作不足这一痼疾的决心。至此，食品安全合作监管步入了快速发展期。期间，长久为人所诟病的分段监管体制终于顺应时势变化做出了理性调整，统一权威的监管体系初步确立。国家治理体系和治理能力现代化的提出则是食品安全合作监管迈向深化发展的关键契机。这时候，食品安全合作监管不再局限于政府内部机构合作，将关注点投向了更为广阔的非政府主体。这一思想被凝练为"社会共治"，作为监管原则写入了新《食品安全法》。2018 年 3 月，国家工商行政管理总局、国家质量监督检验检疫总局、国家食品药品监督管理总局等合并组建国家市场监督管理总局。由此，食品安全监管开启了统一权威监管与社会共治齐头并进的新阶段。总的来说，21 世纪以来，得益于政府高层与日俱增的关注度，我国食品安全合作监管获得了长足的发展，大致经历了四个阶段：合作探索期（2000—2002 年）、合作形成期（2003—2009 年）、合作快速发展期（2010—2014 年）以及合作战略深化期

---

　　①　为行文方便，以下各机构均采用简称。

（2015 年至今）。上述阶段划分是基于重要的食品安全监管改革事件划分的。这些事件对食品安全合作监管影响深远，构成了发展阶段转变的关键节点（见图 3.1）。

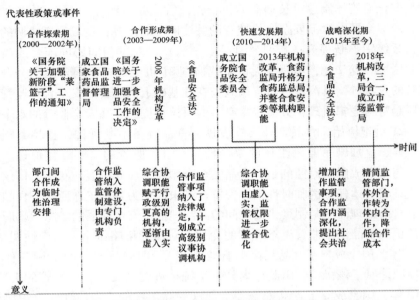

图 3.1　新世纪以来食品安全合作监管发展历程
资料来源：笔者自制。

一　食品安全合作监管探索期（2000—2002 年）

这一时期食品安全的现代监管体系仍处于初建期。合作监管理念尚未得到应有重视，仅被视作应对特定问题的临时性治理安排。1992 年的市场化改革是食品安全监管体制从混合型体制走向现代监管型体制的先声。① 由于处于食品安全监管的初创期，政府工作重心放在了理顺监管权责上，对食品安全的合作监管关注极为有限。1995 年《食品卫生法》虽然将主要食品安全的监管权限授予了卫生部门，但食品安全监管的权限仍高度分散。仅法律条文中就涉及了标准化、工商、海关、进出口检验部门以及铁道、交通系统单列的监管机构，数量之多令人咋舌。而且，各相关

---

① 刘鹏：《中国食品安全监管——基于体制变迁与绩效评估的实证研究》，《公共管理学报》2010 年第 2 期。

部门职责的界限模糊、交叉重叠。因此，理顺食品安全的监管权责迫在眉睫。为此，1998 年的政府机构改革结合部门专业优势优化了食品安全监管部门的职责分工。原先由卫生部掌握的审批、发布国家标准的权力，以及由粮食局掌握的制定粮油质量标准等权力，经过整合统一划归国家质监局帐下；原本由三个不同部门掌握的检验检疫职能也在整合后交由新成立的专职负责进出口食品安全的国家检验检疫局。2001 年，上述两部门则进一步合并为国家质检总局。

相形之下，食品安全合作监管的进展则缓慢得多，尚处于经验探索阶段。在监管实践中，合作监管多是例外而非常态，单纯只是为了完成特定任务的权宜之计。浅尝辄止于临时性的治理安排，遑论配套机制建设。以"菜篮子"工作为例，农业、经贸、卫生、质检、工商、环保、水利、财政、金融、财税等诸多部门参与其中（见表 3.1）。虽然出台的文件明确指出应加强配合，但对具体实施机制、评估机制等技术性内容语焉不详，致使其缺乏可操作性、合作效果也难以评估，甚至可能滋生合作监管的非合作执行现象。不过，从中形成的联合信息发布、协调小组等做法也为日后食品安全合作监管的制度化建设提供了经验借鉴。

表 3.1   食品安全合作监管探索期的代表性法规与特点

代表性法规	特点
《国务院关于加强新阶段"菜篮子"工作的通知》	重责任分工，轻协调配合
《国家工商行政管理总局、卫生部关于建立违法食品广告联合公告制度的通知》	以具体任务为导向

资料来源：笔者自制。

二 食品安全合作监管形成期（2003—2009 年）

日益复杂的食品安全监管活动使得碎片化监管缺陷逐渐暴露无遗，仅依靠部门单打独斗势必陷入左支右绌的窘境。因此，食品安全的合作监管逐渐上升为监管体制建设的必要环节。2003 年 4 月，国家药监局更名为国家食药监局，肩负起食品安全综合监督、组织协调以及查处重大事故的责任。在食品安全监管领域，部门协调首次作为专门的职能被单独列出，足见高层的重视。由此，系统化推进合作监管初步酝酿成型。阜阳毒奶粉事件进一步暴露出部门协调合作孱弱犹如溃堤之穴，致使监管网疏失百出。执政者更为深刻地意识到理顺监管职责应与强化协调合作齐头并进。2004 年，国务院发布的《国务院关于进一步加强食品安全工作的决定》在一定程度上体现了这一思想，初步奠定了分工负责、综合协调的监管格局。与此同时，自 2004 年以来，国务院办公厅每年均会发布当年的食品安全工作重点，几乎无一例外地将合作协调作为专门事项提出，还将其纳入监管体制机制建设中不可或缺的组成部分。换言之，食品安全合作监管已逐渐成为常态性的治理机制和高层次的治理战略。

尽管食药监局被各界寄予厚望，但实际效果却难孚众望。受行政级别掣肘，部门协调的职能难以落实。食药监局只是副部级单位，无力节制农业部等正部级单位的行为。此外，其他有关部门还担心其可能侵蚀既得管辖权。基于部门利益考量，对食药监局较为抗拒。食药监局显然也意识到了这一点，时任领导强调食药监局不会接管农业、工商、卫生和技术机构的食品安全监管职能。[1] 两相叠加致使食药监局协调职能频遭冷遇。一位前食药监局局长的抱怨颇为生动地展示了这一情况，"因为我们的机构名称中有'食品'，所以人们希望我们能控制局面，但没有人听我们的。我们承担了公众的所有指责，但从未被授权做好我们的工作"。[2] 为了扭转这一局面，2008 年国务院机构改革将组织协调划转至级别更高的卫生部。2009 年《食品安全法》中花了较大篇幅着墨于合作，共有 17 项条款涉及部门间协调合作，[3] 还计划成立高级别的国务院食品安全委员会（简称"食安委"）促进协调。可见，合作监管已经成为食品安全领域顶层设计的重要内容，成为驱动监管效能提升的重要战略（见表 3.2）。

表 3.2　　　　　　　食品安全合作监管形成期的代表性法规与特点

代表性法规	特点
《国务院关于进一步加强食品安全工作的决定》	部门间协调配合纳入工作机制；成立专门机构负责综合协调
《国务院办公厅关于印发食品安全专项整治工作方案的通知》	协调纳入监管机制建设

---

① Tam W. K., Yang D., "Food Safety and the Development of Regulatory Institutions in China", *Asian Perspective*, Vol. 29, No. 4, 2005, pp. 5 – 36.

② Yasuda K. J., "Why Food Safety Fails in China: The Politics of Scale", *The China Quarterly*, 2015, pp. 745 – 769.

③ 参见《食品安全法》（2009）第 4、5、6、11、12、15、17、21、64、69、71、72、73、74、76、80、83 条。

代表性法规	特点
《国家食品药品安全"十一五"规划》	协调纳入监管机制建设
《食品安全法》（2009）	由高行政级别部门负责综合协调；将部门间合作纳入法律规定

资料来源：笔者自制。

三　食品安全合作监管快速发展期（2010—2014 年）

2010 年食安委的成立标志着食品安全合作监管进入了快速发展期。该机构是专门负责食品安全工作的国务院议事协调机构，由国务院副总理领衔，委员囊括了所有直接或间接与食品安全事项有关的部委主要领导。组成人员行政级别之高，涉及部委数量之多，在食品安全监管史上实属罕见。高层力图破除协调不力、合作不足僵局的决心可见一斑。为克服综合协调职能重复授予卫生部及食安委可能造成的混乱，2011 年中央编办下发《关于国务院食品安全委员会办公室机构编制和职责调整有关问题的批复》，将综合协调职能独占性地授予食安委。2013 年，一场深刻的改革改变了食品安全分段监管体制，确立了统一权威的监管体系。食药监局更名为国家食药监总局并升格为正部级单位。同时，食药监总局还整合了食安委办公室、质检总局的生产环节职责、工商总局流通环节职责。由此，食药监总局不仅成为主导的监管机构，还身负综合协调的职能。强化的行政权力以及专业化的知识优势均对食品安全监管的协调合作落到实处大有裨益（见表 3.3）。

表 3.3　　食品安全合作监管快速发展期的代表性法规与特点

代表性法规	特点
《关于国务院食品安全委员会办公室机构编制和职责调整有关问题的批复》	集中综合协调权限
《国务院办公厅关于印发国家食品安全监管体系"十二五"规划的通知》	协调纳入监管体制建设；以现代信息技术驱动合作监管
《国家食品药品监督管理总局主要职责内设机构和人员编制规定》	整合监管权责；集中综合协调权限

资料来源：笔者自制。

四　食品安全合作监管战略深化期（2015 年至今）

新《食品安全法》的出台标志着食品安全合作监管进入了战略深化期。过去，食品安全合作监管强调内部取向，即侧重于政府内部门间合作；如今，它强调内外并重，即侧重于政府内部门间合作与政府内外行动者合作齐头并进。新《食品安全法》淋漓尽致地展现了这一点：该法共 154 项条款，有 34 项与部门间合作有关①；与此同时，"社会共治"也成为监管工作的基本原则。这与合作监管进程嵌入国家治理体系和治理能力现代化大背景下密不可分。新时代以来，治理理念极为深刻地形塑了食品安全监管工作。监管主体深切地体会到不应褊狭地将监管界定为政府独占性活动，企业、社会等非政府主体理应占据一席之地。事实上，受革命建设时期多利用群众运动实现管理目标的做法影响，社会力量一直是政府应对食品安全问题常常希望发动的对象。如爱国卫生运动、群众举报投诉热线等。但是社会共治理念则超越了过往将公民、社会组织视作政府帮助之手的观点，而是强调将它们作为治理主体之一，鼓励其充分表达观点、各逞其长，共同构建新型食品安全治理格局。与此同时，2018 年国务院机构改革实现了"三局合一"，这一举措对于政府内部部门间合作同样意义深远：表明过去食品安全五龙治水式的碎片化监管模式真正得以扭转。体外合作转化为体内合作，极大地降低了食品安全监管的合作难度（见表 3.4）。

表 3.4　　食品安全合作监管战略深化期的代表性法规与特点

代表性法规	特点
《食品安全法》（2015）	社会共治纳入工作原则；扩大部门间合作监管范围
《国务院关于印发"十三五"国家食品安全规划和"十三五"国家药品安全规划的通知》	社会共治纳入工作原则；完善协调机制

资料来源：笔者自制。

---

① 参见《食品安全法》（2015）第 5、6、8、14、16、19、20、21、22、27、28、31、32、38、42、75、88、95、100、103、104、105、106、109、111、115、116、119、120、121、142、143、145、152 条。

第二节　基于事件系统理论的再分析①

21 世纪以来，"毒奶粉""地沟油""瘦肉精"等事件层出不穷，食品安全成为人们备受瞩目的议题。日益显化的食品安全风险与逐步增长的吃饱吃好需求间出现矛盾，食品安全监管重要又紧急。为了更好地保障食品安全，合作监管正逐步推进，政府内已协调行动，同时寻求社会共治。监管合作化不仅是实现食品安全目标的关键工作，而且是政府职能转变趋势的缩影，更是增进公民信任的潜在要求。认识我国食品安全合作监管的发展历程，明确最初动机、过程性结果及未来方向，是持续实现合作高效化的依据。

一　基于事件系统理论的分析框架

（一）事件系统理论与食品安全合作监管

近年来，学者大多在回顾食品安全监管历程时穿插合作分析，分析演进中的理论逻辑与过程逻辑、转变路径及若干理论问题。例如，刘鹏在分析 1993—2009 年食品安全监管型体制的特征时，提及了我国强化监管协调的重要举措。② 此外，少量学者针对合作监管历程展开了专门研究。徐国冲等则着力探讨了中央层面的合作监管演进历程，基于 2000—2017 年中央层面食品安全联合发文情况，实证分析合作监管的网络演化逻辑，形成 21 世纪以来发展历程图。③ 值得注意的是，上述研究共同关注到特定重要事件对食品安全合作监管体系发展历程的影响，有的研究还将重要事件作为阶段划分的依据，但通常仅仅将其作为背景因素，未曾聚焦于事件本身，未能系统分析事件特征及影响。事件系统理论则为弥补这一不足提供了契机，该理论提供了系统刻画事件强度及其影响的一般性框架。本研究将采取事件系统理论视角，深刻剖析各阶段的关键事件，以系统认知这一发展历程。从事件系统理论视角看待 21 世纪以来的这一发展历程，既

---

① 注：本节的主要内容来自徐国冲《食品安全合作监管如何演进：基于事件系统理论的分析》，《广西师范大学学报》（哲学社会科学版）2021 年第 4 期，有所改动。
② 刘鹏：《中国食品安全监管——基于体制变迁与绩效评估的实证研究》，《公共管理学报》2010 年第 2 期。
③ 徐国冲、霍龙霞：《食品安全合作监管的生成逻辑——基于 2000—2017 年政策文本的实证分析》，《公共管理学报》2020 年第 1 期。

能更系统地把握制度变迁特征，又可以拓展该理论的应用范围，同时具备理论与政策意义。

　　与其说世界是由实体组成的，毋宁说是由事件和经历组成的。① 实体的特性、行为在相当程度上是由其经历的事件所形塑的。事件导向研究已经得到许多领域学者的重视：例如，历史制度主义学者对关键节点、② 事件发生时机、顺序③的探讨，组织理论学者对情感事件、积极事件的关注。然而，仍缺乏一般性的研究框架。为了弥补这一缺陷，Morgeson 等人提出了事件系统理论（Event System Theory），提供了系统探索事件的理论基础。该理论聚焦于重大事件如何变得有意义及如何跨时空地影响组织。该理论所强调的事件具有新颖性、颠覆性和关键性，可以起源于任何组织层级。这类事件的影响可能传播，从而更改或创建新行为、功能和事件；可能随着时间的持续变化而拓展。④ 事件系统具有三大属性，分别为事件强度、事件时间及事件空间，这三者共同决定事件对相关实体的影响如何。该理论从时空维度构建更动态的组织理论，引起对下游效应的关注。⑤

　　值得注意的是，何为重大事件是由实体定义的⑥。对于实体而言，组织合法性是影响其生存、发展、消亡的关键，因而关系到组织合法性的事件顺理成章地成为实体的重要事件。组织合法性⑦是一种普遍的感知或假

---

① Morgeson F. P., Mitchell T. R., Dong L., "Event System Theory: An Event-Oriented Approach to the Organizational Sciences", *Academy of Management Review*, Vol. 40, No. 4, Feb. 2015, pp. 515 – 537.

② Capoccia G., Kelemen R. D., "The Study of Critical Junctures: Theory, Narrative, and Counterfactuals in Historical Institutionalism", *World Politics*, Vol. 59, No. 3, 2007, pp. 341 – 369.

③ Mahoney J., Mohamedali K., Nguyen C., "Causality and Time in Historical Institutionalism", *The Oxford Handbook of Historical Institutionalism*, London: Oxford University Press, 2016, p. 24.

④ Morgeson F. P., Mitchell T. R., Dong L., "Event System Theory: An Event-Oriented Approach to the Organizational Sciences", *Academy of Management Review*, Vol. 40, No. 4, Feb. 2015, pp. 515 – 537.

⑤ 刘东、刘军：《事件系统理论原理及其在管理科研与实践中的应用分析》，《管理学季刊》2017 年第 2 期。

⑥ Morgeson F. P., Mitchell T. R., Dong L., "Event System Theory: An Event-Oriented Approach to the Organizational Sciences", *Academy of Management Review*, Vol. 40, No. 4, Feb. 2015, pp. 515 – 537.

⑦ 需要指出的是，组织合法性中的"组织"一词属于伞形概念，包括单个组织、行业、实践、结构、组织领导人等，在本研究中组织指代的是食品安全监管体系。参见 Deephouse, D., Zhang, R. R. Organizational Legitimacy, https://www.oxfordbibliographies.com/view/document/obo – 9780199846740/obo – 9780199846740 – 0145. xml。

设，即一个实体的行为在某些社会建构的规范、价值观、信仰和定义体系中是可取的、恰当的。① 简言之，组织合法性是指实体行为符合社会期望。合法性缺失则意味着实体将难以获得资源、声誉等支持，维系其生存、发展殊为不易。正是在合法性压力下，新生实体会采用既有的组织结构形式或依附于受认可的地位更高的实体；② 实体还会选择与遭遇合法性危机的实体脱钩（例如减少二者之间的相似性③），以避免危机扩散；实体会主动说服合法性评估者调整期望。④ 需要指出的是，相较于私人企业，政府实体往往面临更高的合法性要求：第一，政府实体合法性缺失的后果远比私人企业所面临的失去市场份额等经济性损失更为严重，不仅会因信任不足引发公共政策对象的逆向选择行为，进而导致政府调节失灵；还可能使信任危机扩散至整个政府体系，进而危及政权合法性。第二，在评价政府实体的合法性时，公众并不会将单个组织与整个体系区别开来，而是将其视作一个整体。加之，比较而言，政府实体往往具有较高的可见度，合法性评估者对其行为具有更高的敏感度。具体到本研究中，与食品安全监管体系合法性相关的消极和积极事件构成了重要事件。

　　由于食品安全合作监管历程有明确的阶段特征，有显著的重大事件，涉及跨层级组织，故而能适用于这一理论。合作监管的发展过程是一系列与合法性相关的消极和积极事件所推动的。从事件强度来看，食品安全事件、发布政策文本、推进机构改革及颁布法律规章等事件一定程度上具备新颖性、颠覆性及关键性；从事件时间来看，明确选定 2000 年为起始点，能进一步分析关键事件的持续效应；从事件空间来看，聚焦于中国食品安全监管的各层级组织，能较好地剖析扩散范围。因此，应用事件系统理论能够深刻认识在各阶段内，关键事件是如何影响组织的。此分析有益于探索合作监管的阶段性动机，并归纳演化时的过程性结果。

---

① Suchman M. C., "Managing Legitimacy: Strategic and Institutional Approaches", *Academy of Management Review*, Vol. 20, No. 3, Feb. 2015, pp. 571 –610.

② David R. J., Sine W. D., Serra C. K., "Institutional Theory and Entrepreneurship: Taking Stock and Moving Forward", *The Sage Handbook of Organizational Institutionalism*, London: SAGE Publications, 2017, p. 31.

③ Jonsson S., Greve H. R., Fujiwara-greve T., "Undeserved Loss: The Spread of Legitimacy Loss to Innocent Organizations in Response to Reported Corporate Deviance", *Administrative Science Quarterly*, Vol. 54, No. 2, Jun. 2009, pp. 195 –228.

④ Suchman M. C., "Managing Legitimacy: Strategic and Institutional Approaches", *Academy of Management Review*, Vol. 20, No. 3, Jul. 1995, pp. 571 –610.

（二）食品安全合作监管历程分析框架

基于事件系统理论，关键事件应具备一定的属性，更重要的是要对合作监管历程有实质影响。徐国冲等构建的发展历程框架图已涵盖四大阶段的一系列关键事件，较为成熟。① 然而，这一框架聚焦于监管体系主动发起的事件，忽视了源自外部环境的对食品安全合作监管发展具有实质性影响的重要事件。既有研究通常将安徽阜阳奶粉事件②、三鹿奶粉事件③视作影响我国食品安全监管体系的重要事件。因此，在徐国冲等人的基础上，本研究进一步将上述事件纳入研究之中（见图3.1④）。以2000年、2003年、2010年及2015年为四个阶段的起始点，分别列出每一时间段内的关键事件。各阶段内形成事件集，共同推进新共识，以运行不同于前的功能。

历程分析的关键在于事件分析。本研究基于图3.1，结合事件的时间、空间及强度三个属性，关注于事件的起始时间、持续时长及事件集所处的时代背景；把握事件的跨层级及跨地域等空间效应；剖析事件本身如何新颖，怎样颠覆以及为何关键；详细分析事件影响组织的过程，以及后续的可能效应。基于此，构建关键事件的分析框架（见图3.2）。

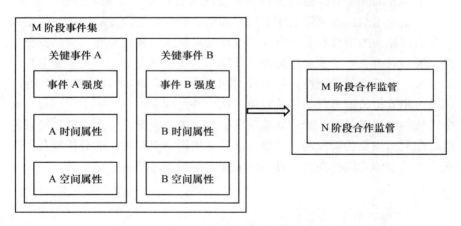

图3.2　关键事件分析框架

① 徐国冲、霍龙霞：《食品安全合作监管的生成逻辑——基于2000—2017年政策文本的实证分析》，《公共管理学报》2020年第1期。

② 刘鹏：《中国食品安全监管——基于体制变迁与绩效评估的实证研究》，《公共管理学报》2010年第2期。

③ 陈彦丽：《食品安全社会共治机制研究》，《学术交流》2014年第9期。

④ 图3.1改编自徐国冲、霍龙霞《食品安全合作监管的生成逻辑——基于2000—2017年政策文本的实证分析》，《公共管理学报》2020年第1期。

M 阶段是指合作探索期到战略深化期的某一阶段，某一阶段内的事件集可以只由一个事件组成，一般则是两个及以上。某一关键事件的分析则从本身强度、时间及空间三个属性入手，三类属性不一定同时显著。箭头是指特定阶段的事件集与合作监管发展间的联系，侧重于分析事件如何通过影响组织的特征与行为，以产生有意义的效应。N 阶段主要指 M 阶段直接延续的下一阶段，也不排除其只是历程中的某一阶段。以 M 阶段为例，既考量事件集如何影响 M 阶段的合作监管演进，也分析这些事件是否对 N 阶段的合作监管产生效应。本研究便是依此分析关键事件及其影响，进而系统阐明演进特征。

二　事件系统理论视角的食品安全合作监管的历程分析

（一）合作探索期（2000—2002 年）

民以食为天，食以安为先。21 世纪伊始，随着食品的丰富化与产业化，我国食品安全风险逐步显化，有效维护食品安全特别是理顺监管权责，成为公众对食品安全监管体系的合法性期望。20 世纪末，我国颁布《食品卫生法》，合并形成国家质检总局，使食品安全监管呈现初步成效，但仍存在显著的碎片化现象。为了系统矫正食品市场失灵，合作监管开始进入探索阶段。

1. 关键事件

关键事件：发布《国务院关于加强新阶段"菜篮子"工作的通知》——2002 年 8 月，国务院就新阶段"菜篮子"工作面临的形势和任务、主要措施及加强领导等问题，向国务院各部委、各直属机构及地方政府发此通知。

此前曾发布关于食品监管执法的条例，但对合作监管不具备显著意义，故不纳入分析范围，明确的合作探索起点则在此文件。此通知研判整体形势与总体任务，强调各生产环节的安全监管，明确市长和主产区（省、地、县）行政领导的责任目标，农业部门联同经贸部门等十个部门的分工与责任，已于 2015 年失效。[①] 这一事件新颖性在于 2002 年发布这一政策文件，用以说明各环节的基本监管规则，初步规划部门间合作分工；关键性在于其自上而下形成规范，是作为监督地方合作监管的文件依据之一；未表现出显著的颠覆性，也未能出台可操作的配套指南。从事件发生

---

① 国务院：《国务院关于加强新阶段"菜篮子"工作的通知》，http：//www. gov. cn/zhengce/content/2016 – 09/23/content_ 5111251. htm。

时机来看，彼时直接或间接与食品安全监管相关的职能部门数量较多，① 理顺部门间权责显得更为迫切。因此，合作监管理念虽然端倪初现，但由于与这一时期监管体系建设的重点略有出入，并未获得足够的重视。

2. 关键事件对食品安全合作监管的影响

在初期探索的两年内，各层级已形成一部分经验，需要以政策文本形式总结并展望，这一事件则应运而生。《通知》呈现统一领导、环节分工的特征，发此文件能临时性规范部门间的分工，从而论证我国已在探索合作监管上迈出步伐。遗憾的是，其未能深入规定如何协调与配合。尤其是在此文件之后，未及时发布相配套的协调指南，导致未有易理解的程序步骤，严重局限此事件的强度。加之，强化合作监管并非这一时期的工作重点，从而进一步限制其影响力，合作监管局限于特定监管事项，未能深化为常态化工作原则。

（二）合作形成期（2003—2009 年）

2003 年，国内的公共危机体系有了新进展，食品危机同样备受关注，尤其是安徽阜阳"毒奶粉"事件、三鹿奶粉事件屡次敲响警钟，强化了政府职能向市场监管和服务的转变趋势，凸显了合作监管的必要性。自此，为减少食品危机事件，保障群众吃得放心的需求，国务院采取机构改革、发布政策及施行法律等一系列行为。这类行为应对了初期挑战，形成专门机构，促成内部合作。

1. 关键事件

关键事件①：成立国家食品药品监督管理局（以下简称"食药监局"）——成立于 2003 年 3 月，明确履行"组织协调"职能。

政府监管机构是塑造合作行为的必要载体。2003 年机构改革以"组织保障"为职能转变的着力点，食品领域同样以优化管理部门与组织结构为重点。② 原国家药监局于关键时机更名为食药监局，及时承担起综合监督及组织协调等专门职能，希望以强化监管部门间协调为抓手更好地维护食品安全，此事件是实现长期系统化合作监管的首要事件，意味着正逐步意识到协调的重要性；其新颖性在首次单独列出"协调"这一专门职能，引起自上而下的重视；改变了原先重各部门职责而轻部门间合作的应

---

① 在 2003 年机构改革前，涉及食品安全监管职责的有工商、质监、卫生、农业、药监、商务等近 10 个部门。

② 周志忍、徐艳晴：《基于变革管理视角对三十年来机构改革的审视》，《中国社会科学》2014 年第 7 期。

对方式；关键是不同区域组建食药监局，合作效应得以在组织内初步扩散。变革机构以强化合作的思维延续至今。

关键事件②：安徽阜阳"毒奶粉"事件——爆发于2003—2004年，推动分散监管走向分段监管，凸显合作监管的必要性。

2003—2004年间的安徽劣质奶粉事件，导致阜阳地区多名婴儿患上严重营养不良症乃至夭折，极大地挑动了公众的神经，严重打击了食品安全监管体系的合法性。事件中暴露出的部门间合作不足、推诿扯皮不断等问题，令人触目惊心。强化合作监管成为公众对监管体系建设的新期望。此时，维护合法性的压力加快了合作监管的进程，推动了《国务院关于进一步加强食品安全工作的决定》的出台，促使分散监管走向分段监管。① 该事件具有较强的关键性，短期来看，食品安全监管部门投入大量资源整顿奶粉行业；长期来看，促成部门间合作成为完善监管体系的重点任务。

关键事件③：发布《国务院关于进一步加强食品安全工作的决定》（以下简称《决定》）——2004年9月，国务院就指导思想、工作原则与目标、近期重点及重要措施等内容，发此通知。

安徽阜阳"毒奶粉"事件不仅催生了食品安全分段监管体制，还使强化监管部门间合作上升为监管体系建设的重要目标，是提升监管合法性的必要之举。国务院发布决定，指出"按照一个监管环节由一个部门监管的原则，进一步理顺有关监管部门的职责"，强调地方政府应建立健全食品安全组织协调机制，要求部门间实现检测信息共享。② 这一事件新颖性在开启每年发布食品安全工作重点的惯例，从政策层面确立多部门分段监管体制；关键是使得检测等部分合作行为成为常态，使协调机制建设成为不可或缺的议题；主要是跨层级传播执行，有一定的持续效应。总之，在分段监管模式内减少了行政幅度，同时却形成备受争议的"九龙治水"模式。③ 破除这一模式的弊病成为后续变革的重点任务。

关键事件④：2008年机构改革——2008年3月，食药监局改由卫生部管理，综合协调职能明确由卫生部承担。

① 刘鹏：《中国食品安全监管——基于体制变迁与绩效评估的实证研究》，《公共管理学报》2010年第2期。
② 详见国务院《国务院关于进一步加强食品安全工作的决定》，http://www.gov.cn/zhuanti/2015-06/13/content_2878962.htm。
③ 丁煌、孙文：《从行政监管到社会共治：食品安全监管的体制突破——基于网络分析的视角》，《江苏行政学院学报》2014年第1期。

　　组织结构碎片化所导致的监管碎片化问题日益暴露,"大部制"改革刻不容缓。此轮机构改革,既是监管部门主动提升合法性的重要举措,又是深化食品安全合作监管的又一重要事件。核心在由级别更高的卫生部履行综合监督职责,从制度层面明确综合协调的基本规则;关键是明确赋予卫生部六大职能及协调资源的权力,从组织设计上强化监管协调能力;明确卫生部退出生产与流通环节的监管,变更环节监管为集中行政职权,缓解了同一环节的重复许可及重复监管问题。①

　　关键事件⑤:三鹿奶粉事件——2008 年 9 月曝光,进一步凸显合作监管的重要性。

　　三鹿奶粉事件导致近 30 万名婴幼儿受到损害,5 万余名婴幼儿需住院治疗,② 影响波及伊利、蒙牛、光明等多个国内著名奶业品牌,重创中国乳制品行业、中国品牌国际形象,再次引发公众对食品安全监管体系治理效能的质疑,严重危及监管体系合法性。值得注意的是,2007 年国家质检总局就美国发现的我国出口企业涉嫌违规添加三聚氰胺问题,展开了针对奶粉、液态奶等食品的相关专项抽查,并未检查出三聚氰胺。③ 此事原本可以成为及时查处三鹿奶粉事件的契机,但质检部门未能就此事与生产、加工等环节涉及的农业等其他部门展开合作,导致不法分子在原奶收购中添加三聚氰胺的违法行为未能被及时查处。三鹿事件不但进一步突出了合作监管的必要性,还表明原有的部门间协调机制亟待优化、完善。该事件具有极强的关键性,短期来看,食品安全监管部门投入大量资源展开专项整治活动,成为短时间内食品安全治理的优先、重点事项;长期来看,促成合作监管的制度化建设获得持续性关注。

　　关键事件⑥:颁布《食品安全法》—— 2009 年 6 月 1 日起全国施行,同时废止《食品卫生法》。

　　随着多部门分段监管体制的确立,以及重大食品安全事件暴露出的监管体制缺陷,《食品卫生法》的部分内容略显滞后,于是基于此法,经近两年共四次的审议,形成了《食品安全法》,以肯定及拓展机构改

---

① 颜海娜:《我国食品安全监管体制改革——基于整体政府理论的分析》,《学术研究》2010 年第 5 期。

② 中国政府网:《食品安全法诞生历程:从"基层民声"到"国家大法"》,http://www.gov.cn/jrzg/2009 – 03/01/content_ 1246964. htm, 2009 – 03 – 01。

③ 国家质量监督检验检疫总局:《国家质检总局通报我国两企业输美植物蛋白涉嫌三聚氰胺污染调查结果》, https://web. archive. org/web/20151223143836/http://www. aqsiq. gov. cn/zjxw/zjxw/zjftpxw/200705/t20070508_ 30487. htm, 2007 – 05 – 08。

革成果。①《食品安全法》共有 17 项涉及部门间协调合作的条款，② 是从立法层面规范合作行为，是监管体系主动提升其合法性的重要事件。此事件新颖性在同步推进顶层设计与地方指导，使各层级内的组织协调具有法律意义；关键在于进一步明确监管的制度性原则，用以形成统一标准并指导内部分工；改善了法不足依的现状，本质上却仍在保障既有体制。

2. 关键事件对食品安全合作监管的影响

在维持或提升食品安全监管体系的合法性压力之下，合作监管在推进政府部门间合作方面取得了不小的进展。初期通过成立或指定专责机构以确保协调能力，利用变革机构、制定政策、推进立法等权力资源以创建多样事件集，实现渐进式的推进。

第一，食药监局成立及发布《决定》表明，合作监管已有专责机构，正式被纳入监管体制建设。合作监管过程是部门间有序的联系，食药监局旨在监督各环节的部门能有序衔接；《决定》则是规范分段监管体系下的信息共享，监督部分工作形成常态协调机制。成立专责机构，加以政策文本依据，共同突破了各环节的信息屏障，形成一部分合作。

第二，2008 年食药监局由行政级别更高的卫生部负责，使综合协调职能逐渐由虚入实。指定更高级别的协调机构是对监管权力分配机制的再调整，实质上是引入上级对食安委部分的制度性约束，以监督部门间是否切实形成合作。此外，食品安全监管格局变革为"四龙治水"，合并部门以降低协调成本。③ 虽然以制度强化正式性约束，得以呈现出监管的合作性，但本质上此时仍是体外合作，繁多的相关部门仅在基本规则与上级监管下，开展有迹可循却价值不足的合作。

第三，《食品安全法》纳入合作监管事项，同时计划成立"食品安全委员会"这一高级别议事协调机构，为形成合作提供更明确的法律保障。自此，食品部门间的合作开始有明确的法律约束。譬如，该法明确赋予卫生部整合各类食品标准的权力，强调统一制定食品安全国家标准，有效地

① 刘鹏：《中国食品安全监管——基于体制变迁与绩效评估的实证研究》，《公共管理学报》2010 年第 2 期。
② 霍龙霞、徐国冲：《新世纪食品安全合作监管的发展逻辑与绩效评估》，《天津行政学院学报》2020 年第 1 期。
③ 颜海娜：《我国食品安全监管体制改革——基于整体政府理论的分析》，《学术研究》2010 年第 5 期。

杜绝了执法部门各立其标的现象。① 此法又与一系列配套政策共同生效，保障了组织间有序地探索合作标准、内容及形式。总之，此阶段所形成的三类事件，圈定了后续变革的主要范围。

（三）快速发展期（2010—2014 年）

2010—2014 年，"地沟油""瘦肉精""塑化剂""毒大米"无不逼问着"你还敢吃吗?"。在急迫的现实需求下，为了规范食品市场，缓解不敢吃的担忧，国务院快速实现机构的再次改革，并自上而下加以推行。2010 年食安委成立，标志着监管职能整合的关键性突破。2013 年食安委等机构职能再整合，实现了综合协调职能的再度强化。自此，合作监管开始快速发展。

1. 关键事件

关键事件①：成立国务院食品安全委员会——2010 年 2 月，国务院成立这一高层次、专门性的组织协调机构。

食安委的成立是中央层面促进议事协调的又一举措。组织成员团由副总理领衔，囊括直接或间接部委的主要领导，彰显高层齐心破协调僵局的决心。此事件新颖性在机构组成，内部委员行政级别较高，涉及部门较丰富；同时有后续跟进，于 2011 年以文件批复形式保障其独占综合协调职能；关键是构建了会议协调、联合执法等内部机制，初步改善各自为政的局面。②

关键事件②：2013 年机构改革，食药监局升格为食药监总局，并整合食安委等机构职能——2013 年 3 月，《国务院机构改革和职能转变方案》审议通过，食药监局更名并升级。

此轮机构改革改变了原先的分段监管体制，新建统一权威的监管体系。③ 2013 年调整成由一个部门综合管理，形成"一龙治水"模式，本质上是形成部门结构上的总分关系。④ 这是在关键时整合环节职责，减少环节间协调成本；是从立法层面集中行政权力，减少组织间协调成本；是内设三大食品安全监管司，实现与其他司的体内协作。直至 2018 年再度

---

① 颜海娜：《我国食品安全监管体制改革——基于整体政府理论的分析》，《学术研究》2010 年第 5 期。

② 徐国冲、霍龙霞：《食品安全合作监管的生成逻辑——基于 2000—2017 年政策文本的实证分析》，《公共管理学报》2020 年第 1 期。

③ 霍龙霞、徐国冲：《新世纪食品安全合作监管的发展逻辑与绩效评估》，《天津行政学院学报》2020 年第 1 期。

④ 丁煌、孙文：《从行政监管到社会共治：食品安全监管的体制突破——基于网络分析的视角》，《江苏行政学院学报》2014 年第 1 期。

改组前，这一机构都在履行着一定职责。

2. 关键事件对食品安全合作监管的影响

国务院主动深化改革，推动综合协调职能逐渐由虚入实；基于垂直管理的系统得以扩散，为地方政府构建出集职能、机构、责任于一体的食品安全总负责平台，进一步地整合与优化监管权限，从而提升监管体系的合法性。[1]

2010年成立食安委，单列增设食品安全的专责机构，尝试扩大合作监管规模，构建形成了内部协调机制；2013年将食安委等机构职能整合，升级形成食药监总局，同药品安全监管一起，由更高级别的组织统一协调，进一步确保协调权力的权威性，满足了机构职能转变的更高要求。相继的这两个事件，是通过新建与升级组织，从而制定新的制度规则，以形成正式约束。安排新机构以提升协调权威性是大势所趋，是能对合作监管事项的落实形成负激励，为合作行为规范探索出统一标准，对后续的机构整合形成正激励。在地方层面，则是在中央指导下同步落实组织的调整，突破整合障碍后创造出合作效应。

虽然此阶段的事件集能在一定程度上反映"整体政府"的价值取向，但由于运行机制改革重点置于整合某一具体监管环节，却不能充分整合各环节间的机构及职能，仍存在"碎片化"关系，有待组织持续破除。[2]

（四）战略深化期（2015年至今）

2015年，"僵尸肉"疯狂走私，将视线引向生产日期；2016年，"3·15"晚会曝光不卫生外卖，将视线转向线上餐馆；2018年，校园"五毛"零食再引热议，将安全担忧集中于孩童饮食。2015年以来，尤其是进入新时代，人民日益增长的吃好需求催生出多样化的食品市场，随之食品市场监管的难度越加提升，对监管的合作深度提出更高要求。基于此，我国完善既有法律，改革原先机构，深化监管战略，以应对食品安全监管权力的分散配置问题。

1. 关键事件

关键事件①：颁布新《食品安全法》——2015年4月修订2009版《食品安全法》，2015年10月起全国施行修订版；2018年12月再次修订，形成现行的《食品安全法》。

---

① 胡颖廉：《统一市场监管与食品安全保障——基于"协调力—专业化"框架的分类研究》，《华中师范大学学报》（人文社会科学版）2016年第2期。

② 李静：《从"一元单向分段"到"多元网络协同"——中国食品安全监管机制的完善路径》，《北京理工大学学报》（社会科学版）2015年第4期。

行政监管体制改革的成效显著，急需以法律形式稳固这些成果。为了从立法上深化合作，我国两度修订《食品安全法》。2015 版从法律上确认 2013 年机构改革的成果；① 关于部门间合作的保障条款占 22%，扩大协调的规则范围；将"社会共治"作为一项基本原则，改变了不充分利用社会资源的应对方式。② 2018 版在此基础上有所改动，比如将"食品药品监督管理部门""质量监督部门"修改为"食品安全监督管理部门"，更聚焦于"食品安全"这一目标。③ 此外，2019 年 12 月起施行《食品安全法实施条例》，补充统一的监督管理细节，细化相应的法律责任。

关键事件②：2018 年机构改革，"三局合一"，成立市场监管局——2018 年 3 月，食品药品监督管理总局、工商行政管理总局及质量监督检验检疫总局组建形成市场监督管理总局，扭转碎片化的市场监管模式。

食品市场合作监管同样遵循"理念与实践先行，而后固化于制度"这一基本逻辑。④ 正值现代市场体系的统一建立与国家治理能力的现代化时期，维持市场稳定的职能目标要求组织优先应对协调能力这一问题。此轮机构改革，将食品安全监管变为市场监管的一部分，克服先前近 10 个部委的碎片化协调问题，转而以综合执法方式加以保障。合并事件恰逢其时，才得以最大限度地集中食品安全监管权力，并实质促成体内合作。

2. 关键事件对食品安全合作监管的影响

随着食品市场风险的复杂化，强化政府部门间合作与推动社会共治并举，成为持续提升监管体系合法性、优化监管效能的必要路径。关于食品安全的法律修订与机构变革再次提上议程。国务院适时地变动监管机构，调整合作事项，在全国范围内产生关键性的效应。

第一，新《食品安全法》增加合作监管事项，深化合作监管内涵，提出"社会共治"。其一，新《食品安全法》补充更多的合作监管条款，明确在风险监测评估、食品安全标准、生产经营与检验等领域，扩大政府内部及与社会的合作范围，使得跨组织协作的法律依据更加翔实。⑤ 在全面依法治国要求下，这类法律规则更具备正式性约束。其二，实证已表

① 马英娟：《走出多部门监管的困境——论中国食品安全监管部门间的协调合作》，《清华法学》2015 年第 3 期。
② 详见《食品安全法》（2015 版）。
③ 详见《食品安全法》（2018 版）。
④ 郭菊娥、袁忆、张旭：《改革开放 40 年政府职能转变的演进过程》，《西安交通大学学报》（社会科学版）2018 年第 6 期。
⑤ 详见《食品安全法》（2018 版）第二、三、四、五章。

明，非国家参与者的参与和协调更能提高公民对食品安全的信心，充分向消费者宣传相关知识能最大限度减少不合理的风险溢出效应，① "社会共治"是不可或缺的目标。该法明确提出"社会共治"原则，意味着食品安全监管开始由政府内部自我合作发展至政府与社会的合作，正在朝如何与食品生产者、消费者及社会组织合作监管的方向努力。以法律形式提出目标则更具权威性。此后，则以"十三五"规划配套落实该原则。

第二，2018 年机构改革精简监管部门，转为体内合作，降低合作成本。

2018 年食药监总局组建成市场监管局的一部分，是再次精简原先的监管部委，将食药安全监管共同纳入市场监管范畴，以更统一的机构形式促成更深的合作。其一，食品安全监管与其他市场监管类型成为一体，由市监局统一指导行政监管、联合执法及技术运行等机制的构建。在共同的组织领导与绩效考核下，人员更容易交流与理解，有益于减少信息沟通及联合执法成本，同时强化能力以提升协作深度。其二，即便合作时发生冲突，也只是同一组织的内部事宜，更能及时被上级协调部门获知，更易由会议等合作机制化解。然而，"统一市场监管并不必然提升食品安全保障水平"，如何分层级对待机构设置亦是可议命题，往后还应随市场动态去探索更合适的机构改革方案。②

这两大事件从法律及组织两方面深化当下的合作监管战略，以关键性的实质内容，以较大强度的变化，彰显着深化改革的决心。同时，这两大事件成为一种催化剂，激励着合作行为的创新，引导着新事件的创建，深化着合作监管行动。

第三节 本章小结与讨论

前文运用事件系统理论梳理了重要事件是如何推动我国食品安全合作监管演进的。研究表明，第一，我国食品安全合作监管大致分为四个阶段，每个阶段特征集中表现为关键事件集的特征。随着时间演进与空间扩散，每一事件集在一定程度上形成事件链，系统性地展示合作需求。此类

---

① Ma L., Liu P., "Missing Links Between Regulatory Resources and Risk Concerns: Evidence from the Case of Food Safety in China", *Regulation & Governance*, Vol. 13, No. 1, 2019, pp. 35 – 50.

② 胡颖廉：《统一市场监管与食品安全保障——基于"协调力—专业化"框架的分类研究》，《华中师范大学学报》（人文社会科学版）2016 年第 2 期。

事件创建出新协调行为，运行着共享新机制，推动合作监管范围的扩大与
程度的深化。

第二，Morgeson 等人认为，新颖性、颠覆性和关键性的事件更可能引
发变革。本研究则进一步发现，在食品安全监管体系中，具备上述特征的
事件通常与组织合法性有关。合作监管形成期爆发的两次负面重要事件，
使得公众一方面对食品安全监管体系合法性评价降低，另一方面形成了新
的社会期望——强化合作监管。合作监管体系发起的变革则反映了其回应
社会期望、主动提升合法性所做的努力，促使合作监管不断深化——从遵
守基本原则到创新协调行为，从体外合作转向体内合作，从政府内部合作
扩至寻求社会共治。

第三，推动合作监管顺利步入战略深化期的关键是将合作监管理念制
度化。如果说负面事件触发了组织学习的窗口，那么制度化通过将个人和
团体所进行的学习嵌入组织的系统、结构和程序的设计中，[①] 推动组织学
习成果超越特定群体经验，深化为组织记忆，以便于日后重复使用。得益
于一系列凸显合作重要性的法律法规的出台以及组织协调机制的完善，合
作监管理念因而逐步嵌入食品安全监管体系之中。

第四，过往事件之所以产生效应，是因为其本身具备的强度、时间及
空间属性，吻合食品安全监管政策的变迁需求，并在发生后能够实现阶段
性目标，促成一定的合作效应。否则，重要事件的影响力将有所削弱。
《国务院关于加强新阶段"菜篮子"工作的通知》的发布虽然具有一定的
新颖性、关键性，但该事件与当时的监管重点仍有一定的出入，导致合作
监管进展有限、停留于合作探索期。及至合作形成期，着力推进合作监管
成为监管体系建设的重点，成立专职协调机构、提升协调机构规格等事件
更易促成监管体系持续深化。为了持续深化合作，还需要主动创建新的事
件。尤其应出台与"社会共治"这一原则相配套的行动指南，借助绩效
评估等工具构建新责任机制；应以政策文本与制度规则形成社会协同机
制，强化非正式约束，从而激励企业、公民、非营利组织等有序参与监
管；应重视大数据治理趋势，建成食品安全信息共享平台，依托数字技术
再降协调成本；应在制度基础上塑造合作型组织文化，强化有关合作的价
值理性，从而促发合作的深层动机。

需要指出的是，本研究仍存在待拓展之处。本研究关注的由监管体系

---

① Crossan M. M. , Lane H. W. , White R. E. , "An Organizational Learning Framework: From In-
tuition to Institution", *Academy of Management Review*, Vol. 24, No. 3, 1999, pp. 522 – 537.

主动发起的变革性事件均呈现如下特点：由中央层面发起，自上而下影响地方监管体系。然而，地方层面发起的改革也会产生自下而上的效应。例如，2018 年的"三局合一"改革源自地方层面（如上海）的经验。自上而下效应与自下而上效应传导机制有何不同，分别对事件强度产生何种调节效应，在不同类型组织安排中效应强度是否存在差异等问题可以在未来研究中进一步探讨。

第四章 食品安全合作监管的
演进评估[*]

本章紧接上一章对食品安全合作监管进行深入分析，在阶段划分的基础上探索食品安全合作监管的演进逻辑，进行探索性绩效评估，展望未来食品安全合作监管的发展路径。

第一节 食品安全合作监管的演进逻辑

食品安全合作监管之所以快速推进，与监管的组织、制度、技术层面的持续变革密不可分。这三者共同推动了我国食品安全合作监管的转型升级。

一 食品安全监管组织：从机构林立到机构优化

政府机构是开展食品安全监管活动的载体，是监管制度和技术发挥作用的依托。机构精简、优化是驱动合作监管得以有效施行的关键所在。受路径依赖制约，我国食品安全监管领域长期由多部门共享管辖权。深受职能越位、错位，机构重叠、交叉等现象困扰。更有甚者，机构林立可能蜕化为丛林化发展。不仅导致了食品安全监管机构之间相互推诿扯皮，合作监管无从谈起；更腐蚀了公共性精神，甚至背离监管部门筑牢食品安全防线、捍卫公共利益之初衷。为此，借由机构精简、优化使食品安全监管各职能部门间关系和谐化，乃是促成协调合作的题中应有之义。其隐含的逻辑是厘清各个监管主体的角色与责任界限，并使之获得普遍认可，从而减少因职责界定不清滋生的监管冲突，避免合作努力因此无谓耗散。研究证

---

* 注：本章内容的修改版发表于霍龙霞、徐国冲《新世纪我国食品安全合作监管的发展逻辑与绩效评估》，《天津行政学院学报》2020 年第 1 期。

实，当团队成员的角色被明确定义并得到充分理解时，就会改善合作。①
21 世纪以来，食品安全监管机构的每一次改革都与职能优化有关。从
2004 年国务院确立分段监管体制，到 2013 年实行统一权威监管体制，再
到 2018 年"三局合一"改革，机构优化的思想一以贯之。尽管仍存在亟
待改进之处，但的确为促进食品安全监管部门间合作做出了不小的努力。

　　除此之外，国务院还设置了专门性的综合协调机构。如果说组织精简
与优化着眼于将体外合作成本转化为体内合作成本；那么，综合协调机构
则着眼于调和组织间关系。毕竟组织规模再大也存在边界，处理组织间关
系是不可避免的任务。协调需求源自公共事务治理中组织间的彼此依赖。
综合协调机构职能在于，经由设定共享的目标，推动组织协调性地思考与
行动。以期消弭政策龃龉不合现象，高效利用稀缺资源，发挥协同效应以
及提供无缝隙服务。② 食品安全综合协调组织经历了由虚入实的转型。起
初，由食药监局担负该职能，但受行政级别、职能描述含糊等制约，导致
协调职能悬置。此后，国务院将该职能赋予更具实权的机构，并最终专门
成立了食安委负责这一事务。较之于其他协调机制，食安委具有资源密集
度高、模糊性小、正式性程度高和成员行为约束性强等特点。③ 食安委的
设置极大地助推了食品安全监管部门间的沟通、协调与合作。

二　食品安全监管制度：从制度供给不足到趋于完善

　　制度保障是推进食品安全合作监管的关键。第一，随着顶层设计的完
善，食品安全合作监管由低层次的治理工具深化为高层次的治理战略。早
期，合作监管模式仅作为处理食品安全具体事项的政策工具，例如，2002
年推进"菜篮子"工程中提到需要加强职能部门间配合。但这只是"就
事论事"的临时性权宜之策，并未上升到通盘考虑的顶层规划层面。随
着时间推移，食品安全合作监管被纳入顶层设计之中。这一点从食品监管
领域的顶层设计——食品安全发展规划的内容中可窥见一二。自 2007 年
国务院首次发布食品安全规划以来，强化合作监管一直是历次规划的重点
内容：不仅相关篇幅越来越长，而且关注点亦从单兵突进走向复式转型。

---

①　Erickson T.，"The Biggest Mistake You（Probably）Make with Teams"，*Harvard Business Review*，Vol. 90，No. 4，2012.

②　Pollitt C.，"Joined-up Government：A Survey"，*Political Studies Review*，Vol. 1，No. 1，2003，pp. 34 – 49.

③　朱春奎、毛万磊：《议事协调机构、部际联席会议和部门协议：中国政府部门横向协调机制研究》，《行政论坛》2015 年第 6 期。

所谓复式转型是指，同时从内部取向的政府部门间合作和外部取向的政府外部合作——政府与非政府合作两个维度发力，推进合作监管向纵深方向发展。显而易见，合作监管已经上升为食品安全监管体制建设中不可或缺的要件，提升为开展监管活动的战略。

第二，食品安全合作监管的具体实施机制也在不断完善，由粗糙化深化为精细化的制度设计。就食品安全监管部门间合作而言，除前文所述的设立食品安全监管综合协调机构，还有许多直接促成平行部门合作的各项举措，既包括较低层次的食品安全信息通报，也包括力度更强的共同执法、案件移交等涉及资源交换的联合行动，还包括更高层次的协调食品安全监管目标（如国务院办公厅自 2004 年以来，几乎每年都会发布文件明确本年度的食品安全监管工作重点，引导相关部门采取行动）。简言之，一个多层次的、趋于精细的实施机制业已成型。虽然还存在诸如问责制度匮乏等不足，但已经提供了一个基本的食品安全合作监管行动框架。就政府—非政府行动者的食品安全合作监管而言，侧重于同时从存量改革和增量改革入手。前者着眼于挖掘已有制度潜力，借助新手段或优化制度使之焕发新生。例如，强调媒体曝光和公民投诉一直是我国食品安全监管的传统。与互联网技术的联姻则为旧手段大显身手提供了新动力。"万食通"食安治理云平台等应用正是以此为出发点，利用大数据引领政、企、群、媒的合作共治。后者则着眼于提供新的优质制度。例如，基于发达国家经验，我国逐步实行食品安全责任保险制度。该制度希冀借助市场手段激励食品企业将自我规制落实，改善食品安全大环境。

三　食品安全监管技术：从散、孤、小到大数据治理

技术支持为促成、深化合作监管提供了支撑。信息分享是合作的基础表现形式，也是培育深层合作的必由之路。飞速发展的信息技术则为此提供了契机。早在 1999 年国家层面就开始力主推行"政府上网工程"，2002 年国家信息化领导小组又发布《关于我国电子政务建设指导意见》，2007 年国务院还颁布了《中华人民共和国政府信息公开条例》。在食品安全领域，2010 年卫生部等六部门出台了《食品安全信息公布管理办法》、新旧《食品安全法》中亦突出了部门间信息通报以及信息面向社会公开的必要性，"十二五"规划还将电子追溯系统、国家食品安全信息平台建设列为重点任务。上述举动背后隐含的深层意义是，以信息共享为抓手，政府期望借此编织政府部门之间，政府与企业、社会团体、公民之间的合作网络，继而实现政府治理能力显著提升、社会共治空间不断拓展的双重

目标。归根结底，这是站在食品安全治理体系现代化高度上做出的全盘考量。

在此情境下，食品安全监管领域的分散建设、信息孤岛、小格局现象逐步得到改善。在食品安全监管部门间信息整合方面，主要从信息化标准、基础设施云平台、应用系统门户集成和数据治理四个层面，打造协同共享的食品监管信息化建设体系；[①] 在对外信息发布方面，各类相关的企业或食品行政许可、食品安全监督检查等信息逐步实现了全公开。与此同时，大数据的蓬勃生长也勾勒出食品安全合作监管从信息化监管走向智慧化监管的未来图景。食品安全监管领域的大数据是指通过传统方式收集的行政数据与传感器、计算机网络或个人在使用互联网时创建的大规模数据集的组合。[②] 国家级食品安全信息平台建设可以视为拥抱大数据技术的开端；2018 年《政府工作报告》则明确提出"创新食品药品监管方式，注重用互联网、大数据等提升监管效能"。在此契机下诸多省份成立大数据监管系统，也在慢慢重塑政府部门间以及政府社会之间的合作模式，撬动了食品安全治理转型。前者体现于对食品安全整体性治理的推进，如集中整合分散的监管资源、协调相关监管部门的政策行动；后者则体现于公共性精神的滋养，即推动公众身份从侧重私人权益的消费者转向更具公共性精神的公民转变，积极参与到食品安全共治之中。

第二节　食品安全合作监管的绩效评估

究其根本，食品安全合作监管的目的在于提升监管能力，涤荡易粪相食之弊端，还公众以放心的食品消费环境。鉴于合作过程的复杂性，合作监管自然也存在成本。如何发挥食品安全合作监管优势、克服合作惰性，必须权衡其利弊得失。由此观之，评估食品安全合作监管绩效自然是题中应有之义。那么，21 世纪以来合作监管力度不断加大，食品安全合作监管绩效是否随之改善？本研究选取了卫生健康委员会历年发布的食物中毒报告与新闻媒体网络报道的食品安全事件，试图将官方话语与媒体认知结

---

① 黄星星：《信息化建设：大数据打造监管大格局》，《中国食品药品监管》2017 年第
　2 期。

② Mergel I.，Rethemeyer R. K.，Isett K.，"Big Data in Public Affairs"，*Public Administration Review*，Vol. 76，No. 6，2016，pp. 928 – 937.

合，较为全面地勾勒出监管绩效的概貌。

必须说明的是，本研究对食品安全合作监管绩效的评估仅仅是探索性的。所选取数据呈现的是整体监管绩效，这意味着其影响因素还包括各个部门的独立监管力度，并不能贸然化约为合作监管绩效。由于缺少专门针对食品安全合作监管绩效的系统性数据（绝大多数文件只记录为了实现食品安全合作监管所做的工作，如联合检查次数，但并未记录成效如何），只能退而求其次选取上述数据。同时，本研究亦不欲建立数学模型描述合作监管力度与绩效的因果关系。故而，本部分的研究只是探索性的。

本研究选取的卫生健康委员会食物中毒事件报告时间跨度为 2005—2015 年，原因在于 2005 年以前（2000—2004 年）仅报告重大食物中毒事件，未能反映整体情况，故而予以剔除；2016—2017 年食物中毒事件报告①数据因尚未发布，也无法纳入考察范围。新闻报道的食品安全事件时间跨度为 2004—2017 年，原因在于 2004 年以前，网络上可获取的新闻媒体对食品安全的报道极少。以"掷出窗外"为例，仅收录了两则报道。因此，将考察时间段收缩至 2004—2017 年。其中，2004—2011 年的数据来自"掷出窗外"中国食品安全数据库。该网站于 2012 年正式上线，收录了 2004—2011 年人民网、新华社等主流门户网站有关食品安全的报道6000 余则，具有较大的影响力。以此为基础，剔除相同事件的重复报道，获得食品安全事件数共计 2107 起。2012—2017 年的数据则通过 Python 从各大门户平台上抓取相关报道获得，剔除相同事件的重复报道后，获得食品安全事件数共 1243 起。②

图 4.1 呈现了 2005—2015 年食物中毒事件数，呈明显的倒"V"形曲线，即呈先增后减趋势。2005—2006 年中毒事件数从 256 起激增至 596起，此后几年间一直保持在 300 起以上的高位运行。拐点出现在 2009 年，食物中毒数下降至 271 起，比上一年度减少了 59%。此后，中毒事件数大体呈下降趋势。虽然在 2014—2015 年略微反弹，但始终少于 2005 年的食物中毒事件数。

图 4.2 呈现了 2005—2015 年食物中毒人数，其走向大致与图 4.1 一致。2005—2006 年食物中毒人数同样显著上升，一度跃升至 18063 人。之后几年间中毒人数虽然在不断减少，仍多达 10000 余人。以 2010 年为

---

①　该报告包括食物中毒事件报告数、食物中毒人数以及食物中毒死亡人数等数据。
②　霍龙霞、徐国冲：《新世纪我国食品安全合作监管的发展逻辑与绩效评估》，《天津行政学院学报》2020 年第 1 期。

分水岭，首次少于 10000 人。此后，中毒人数大体呈下降趋势。虽然在 2014—2015 年有所回升，但始终处于历史低位。

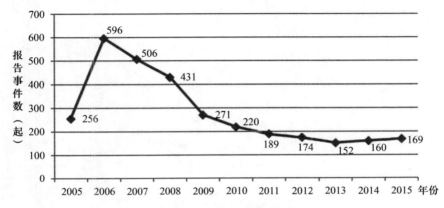

图 4.1　2005—2015 年食物中毒报告数

资料来源：笔者自制。

图 4.2　2005—2015 年食物中毒人数

资料来源：笔者自制。

　　图 4.3 呈现了 2005—2015 年食物中毒死亡人数，其走势与图 4.1、图 4.2 略微不同，但总体上仍呈先增后降趋势。2005—2007 年中毒死亡人数一度达到 258 人，到 2008 年又跌至 154 人，之后又上升至 184 人。但 2010 年后总体呈下降态势，2013 年降至最低点 109 人。此后虽略有回升，仍处于历史较低水平。

　　总体而言，食物中毒事件报告数、食物中毒人数以及食物中毒死亡人数等数据基本上呈先增后降走向。2005—2006 年整体呈上升走向，表明食品安全形势不容乐观；从 2007 年开始无论是食物中毒事件报告数、食物中毒人数，还是中毒死亡人数均呈下降态势，食品安全形势逐渐向好；2010 年后上述数据总体上保持在历史低位水平，食品安全形势得到较好控制、逐步企稳。

图 4.3 2005—2015 年食物中毒死亡人数

资料来源：笔者自制。

再来看新闻媒体报道展现出的食品安全形势。数据显示，媒体报道的食品安全事件数量整体呈"M"形曲线，分别于 2005 年、2011 年出现两个峰点。2004—2005 年食品安全事件数从 54 起陡增至 434 起，2006—2010 年下降至 130 起；然而，2011 年食品安全事件数又攀升至 499 起，但 2012 年急剧回落至 200 起，如此大的波动说明 2011 年食品安全事件数的激增或许是个例，能否据此判断食品安全形势急剧恶化仍有待商榷。此后，食品安全事件大致保持在这一数字附近浮动（图 4.4）。

虽然官方话语与新闻报道呈现的食品安全状况存在差异，但也具有一定的共性：总体而言，早期食品安全状况较差，经过治理后在一定程度上得到控制；2010 年后食品安全形势进一步改善，实现总体趋稳向好。之所以如此，或许与食品安全合作监管力度有关。2000—2009 年，合作监管虽然经历了探索期、形成期，但仍处于初期发展阶段。食品安全合作监管无论是组织、制度抑或是技术层面仍有较大提升空间，尤以组织和技术层面为甚。组织层面综合性的食品安全监管协调机构因权限不足疲软乏力，部门职责因人为分割的监管环节与现实的张力仍待理顺，技术层面的信息化建设散、孤、小的局面都使协同作战的力度大打

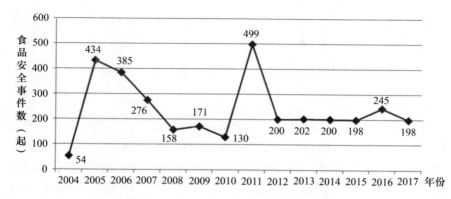

图 4.4　2004—2017 年食品安全事件数

资料来源：笔者自制。

折扣。与之形成鲜明对照的是，食品产业得到了迅速发展。2003—2009
年，我国食品工业总产值年均增速均在 20% 以上。① 悬殊的对比导致食
品安全监管活动难免力有不逮。2010 年后综合协调机构职能由虚入实、
食品安全监管部门职责配置不断优化；食品安全合作监管被纳入顶层设
计，由低层次的治理工具深化为高层次的治理战略，合作监管的具体实施
机制也在不断完善，由粗糙化深化为精细化的制度设计；食品安全合作监
管信息基础建设从散、孤、小到大数据治理。组织、制度、技术层面瓶颈
的突破，促使食品安全合作监管逐渐走向成熟，监管效能随之提升，食品
安全形势日趋企稳。

第三节　本章小结与讨论

纵观 21 世纪以来我国食品安全合作监管的发展历程，由于组织、制
度、技术层面的持续变革，使之经历了由机构林立下的碎片化监管转变为
机构优化下的协调性监管，由低层次的治理工具走向高层次的治理战略，
由粗糙化的制度设计走向精细化的制度设计，由散、孤、小提升为大数据
治理，逐步实现了从合作不足到内部取向的强化合作，再到社会共治与之
并举的转型。而探索性的绩效评估结果表明，合作监管的强化助推了食品

---

① 《中国食品工业年鉴》编辑委员会：《中国食品工业年鉴》，中华书局 2011 年版，第
38 页。

安全形势的改善。回溯过去的意义在于更好地展望未来。为了持续推进食品安全合作监管向纵深发展，政府还应从以下方面继续努力。

一　以机构改革为契机，积极推进食品安全大监管

2018 年的政府机构改革中成立了国家市场监管总局，力图根除食品安全监管碎片化的沉疴痼疾。但这仅仅只是第一步，还需要从人事安排和组织文化等方面入手推动食品安全监管职能整合落到实处。[①] 新的食品安全监管部门在人事安排方面，除专业性较强的职务，综合管理职务尤其是核心人事安排应采取交叉任职的做法，不但能够打破原有的身份成见，加速形成新的食品安全监管部门身份认同，还能促进改革方案公正公平，减少利益冲突。在组织文化方面，应尽快树立新的共同规范及价值观念，构建新的食品安全监管部门文化，并警惕原有部门文化蜕化为亚文化并造成派系偏见等负面影响。

二　塑造合作型公共行政文化，使食品安全合作监管理念内化于心外化于行

为此，需要"软硬兼施"塑造合作型组织文化。在柔性理念方面，应强调公共性角色回归。与合作型文化相适应的是食品安全监管部门公共性角色定位。公共性要求组织行为应超越狭隘的部门利益，汲汲追求、维护公共价值。借此，使相关监管部门意识到为维护公共利益而参与食品安全合作监管乃是职责所在、不容推卸。以此为基础，竭力避免合作监管异化为强势方支配或貌合神离，继而减少部门间猜疑，促进良性社会资本积累与再生，这对于食品安全合作监管可持续运转至关重要。在硬性制度建设方面，应重塑组织行政流程。目前，我国已经形成了部门联席会议、联合执法等一系列丰富的食品安全监管部门间合作机制。为充分挖掘存量制度潜力，应总结上述措施适用于哪些食品安全监管情境的规律，据此形成一套指导性建议，帮助监管部门权变选择恰当的合作监管机制。除此之外，还应制定统一、清晰的监管部门间合作机制应用流程、标准，并将其纳入绩效评估，倒逼合作参与者切实履行食品安全监管职能。

---

① Ma L., Christensen T., "Same Bed, Different Dreams? Structural Factors and Leadership Characteristics of Central Government Agency Reform in China", *International Public Management Journal*, Vol. 22, No. 4, 2019, pp. 643–663.

三　放权与能力建设双管齐下，吸纳多元主体参与食品安全合作监管

　　社会共治新近成为食品安全监管的重要原则，强调动员社会组织、行业协会等多元主体积极参与食品安全治理。需要注意的是，在食品安全监管实践中，应将多元主体共治视为提高治理能力的手段，而非最终目的。因此，需要以提升治理绩效为导向，根据实际监管内容，结合不同主体优势选择性放权。例如，工青妇等社会团体具有深厚的群众基础，可以在食品安全知识、宣传科普等活动中与之合作。在能力建设方面，也应结合主体特点发挥所长。同时，还应注意到，食品安全合作共治并不意味着非政府行动者能够取代政府，而是应着力构建政府主导下多元主体积极参与的食品安全合作治理格局。唯其如此，方能使食品安全合作监管真正运转起来。

第五章 食品安全合作监管网络的
生成逻辑*

从本章开始至第七章，运用社会网络分析方法，对 21 世纪以来我国食品安全合作监管进行解释性研究，分为合作监管的网络生成逻辑、网络结构演变与网络议题演变等有机联系的模块。

本章从监管主体的角度探索食品安全合作监管网络生成逻辑，从合法性的理论视角切入，结合合作关系形成的两种互补性逻辑——制度约束逻辑与关系约束逻辑，本研究提出了权威假设、传递性假设、优先连接假设以及制度邻近性假设。研究表明，制度约束逻辑是正式合作网络形成的主导性逻辑。

第一节 食品安全合作监管的网络生成

一 食品安全合作监管网络的生成背景

民以食为天，食以安为先。食品安全事关国计民生，不仅直接影响到政绩合法性，甚至关乎政权合法性。因此，近年来食品安全备受重视。党的十八届三中全会将食品安全上升至公共安全层面；"十三五"规划明确以"四个最严"标准实施食品安全法；党的十九大报告进一步提出"实施食品安全战略，让人民吃得放心"。可见，提升食品安全监管能力已成为国家治理现代化的重要内容。

其中，强化监管合作是能力建设的关键一环。食品安全事件为何屡屡发生，权威碎片化、职能交叉、机构间协调不足是最常提到的关键词。在2018 年成立市场监督管理总局之前，中央层面与食品安全监管有关的部

---

* 注：本章内容修改版发表于徐国冲、霍龙霞《食品安全合作监管的生成逻辑——基于2000—2017 年政策文本的实证分析》，《公共管理学报》2020 年第 1 期。

委将近十个，导致部门间协调成本上升。此外，分段监管模式将监管环节人为分割成生产、流通、消费环节，其本意是借此厘定责任范围，使各个环节均能得到有效监管。但人为的环节划分不仅与监管现实存在一定出入，还埋下了选择性监管的隐患，导致过度监管与监管不足并存。不仅没有达到预想中的全过程、无缝隙监管的效果，甚至出现了各环节层层失守的乱象，导致了毒奶粉、健美猪等食品安全丑闻频频发生。因此，破除部门藩篱、促进合作监管被各界视为破除监管困局的现实出路。随着政府高层的不断重视，食品安全合作监管获得了重大进展。起初，合作的重点放在了强化核心职能部门间的协调与配合。为此，先后成立了国家食品药品监督管理局、国务院食品安全委员会，旨在推进职能部门间的沟通与交流，发挥多部门监管的协同效应。随着对食品安全问题性质认识的深化，重点逐渐转向推动社会共治。政府主导的一元治理模式虽然在不断走向精细化，终究存在能力限度问题。放权赋能则提供了一种更为理想的解决方案，即通过释放市场与社会主体的活力，促进优势互补。新《食品安全法》将这一思想凝练为"社会共治"并确立为监管原则，勾勒出未来食品安全治理的理想格局。

可见，合作对于提高监管效能的重大意义已成为基本共识。加强合作监管更是推进食品安全监管现代化的关键环节，是未来监管活动的着力点。要使合作监管顺利运转起来，必须识别驱动合作的因素，即行动者在选择合作伙伴时遵循的逻辑。合法性为考察合作生成原因提供了有益的视角。合法性意味着认为特定实体（组织或个人）的行为是可取的、恰当的，[①] 本质上是行动者之间的认可性评价，即各主体相互间是否持有正面评价或认可其行为。这直接影响了成员之间是否会形成合作关系：如果行动者认为其潜在合作伙伴不具有合法性，也就意味着不认可对方的行为，合作也就失去了根基。可以说，合法性评价是合作关系生成的基础。因此，本研究试图以合法性为切入点，借助随机行动者导向模型来解答该问题。

1993 年，我国食品安全监管进入现代监管型体制构建期。此前，监管体制长期滞后，遑论合作监管。自从 21 世纪以来，政府高层对食品安全合作监管的关注度不断提升：负责议事协调的机构行政级别不断提升；新旧《食品安全法》涉及部门间协同配合的篇幅不断增多；合作主题不

---

① Suchman M. , "Managing Legitimacy: Strategic and Institutional Approaches", *Academy of Management Review*, Vol. 20, No. 3, 1995, pp. 571-610.

断扩大拓宽。基于此，本研究尝试以 2000—2017 年间中央层面食品安全联合发文情况作为表征合作监管的指标，[①] 运用社会网络分析法，构建合作监管网络，并以合法性为理论视角，解释我国食品安全合作监管的生成逻辑。

二　相关研究的回顾

(一) 合作监管

得益于政府高层的重视，食品安全合作监管成为学界研究热点。食品安全问题属于典型的棘手问题，亟须优化监管过程、形成合力，规避监管风险。部分研究采用了外部导向观点，即关注政府与企业、社会合作。有学者采用了"基于管理的监管"（management-based regulation）、共同监管（co-regulation）、元监管 （meta-regulation） 等不同术语描述这一合作模式，并梳理归纳了从标准设计到监督和执行等监管全过程中，可能出现的共同监管模式。[②] 合作监管推动执法部门从事后惩罚转向事前预防为主，并将公私行动者整合进回应食品安全事件的统一框架中。随着中央高层对社会共治的倡导，国内研究也大多沿袭上述路径，但仍停留于模式构想与制度设计层面。许多学者认为，以网络协同模式取代行政一元监管，是优化我国食品安全监管体制的现实路径，并提出了构建该模式的着力点。例如，李静指出应从主体设计、组织架构设计、运行机制入手；[③] 丁煌等提出培育政府替代组织、发展政府平台协调作用、夯实权责体系、发挥公民作用等思路；[④] 胡颖廉则将各治理主体与治理环节结合，归纳出食品安全治理体系。[⑤] 虽然具体提法有所不同，但核心要义大同小异——围绕发挥多元主体优势而展开。相比之下，经验梳理、合作模式类型划分等更具指导性的研究并不多见。以经验梳理为例，此类研究大多侧重于"取长补

[①] 本研究旨在考察 2000—2017 年食品安全合作监管情况，因此各部门的名称采用 2018 年机构改革前的提法。

[②] Martinez G., Fearne A., Caswell J., Henson S., "Co-Regulation as a Possible Model for Food Safety Governance: Opportunities for Public-Private Partnerships", *Food Policy*, Vol. 32, No. 3, 2007, pp. 299–314.

[③] 李静:《从"一元单向分段"到"多元网络协同"——中国食品安全监管机制的完善路径》,《北京理工大学学报》(社会科学版) 2015 年第 4 期。

[④] 丁煌、孙文:《从行政监管到社会共治：食品安全监管的体制突破——基于网络分析的视角》,《江苏行政学院学报》2014 年第 1 期。

[⑤] 胡颖廉:《国家食品安全战略基本框架》,《中国软科学》2016 年第 9 期。

短"——借鉴国外成功经验，弥补自身不足，[1] 但忽视了对本土成功经验的总结。未来随着社会共治理念得到广泛实践，将为梳理本土经验与合作模式提供充分的现实素材。

部分研究则采用了内部导向观点，即探讨政府部门间或部门下设机构间合作监管。部分学者认为应以强化部门间协调机制为突破点，尤其是建立一个强势的协调机构。[2] 同时，还须明确立法授权，提高平行部门间协调合作的主动性和有效性。[3] 此外，整体性治理框架也被频频用于此类研究，如将组织结构、责任和激励机制、伙伴关系、组织文化等归纳为合作促进要素。[4] 除上述规范性研究外，还有少量实证研究考察了合作监管的成效。胡颖廉针对地方食品安全监管模式的调查表明，合作监管并不必然适合应对该地区的食品安全风险，进一步指出提升绩效的关键在于监管模式与风险类型兼容。[5]

总体而言，合作监管虽然是食品安全监管的热点话题，但除少部分西方研究外，国内研究多局限于规范研究，亟须系统性分析我国食品安全合作监管的实证研究。

（二）合作生成逻辑

部分研究根据前人文献与经验，以枚举法列出影响合作生成的初始因素。颇具代表性的有 Thomson 等的六要素说、Ansell 等的三要素说与 Emerson 等的四要素说。六要素说包括高度相互依赖性、资源与风险分担的需求、资源稀缺性、既往合作史、资源互补、复杂问题要素；[6] 三要素说则包括权力—资源—知识不对称、合作参与的激励与约束、冲突或合作既往史/初始信任水平要素；[7] 四要素说则包括领导、相应激励、相互依赖

① 谭志哲：《我国食品安全监管之公众参与：借鉴与创新》，《湘潭大学学报》（哲学社会科学版）2012 年第 3 期。

② 刘鹏：《中国食品安全监管——基于体制变迁与绩效评估的实证研究》，《公共管理学报》2010 年第 2 期。

③ 马英娟：《走出多部门监管的困境——论中国食品安全监管部门间的协调合作》，《清华法学》2015 年第 3 期。

④ 颜海娜：《我国食品安全监管体制改革——基于整体政府理论的分析》，《学术研究》2010 年第 5 期。

⑤ 胡颖廉：《统一市场监管与食品安全保障——基于"协调力—专业化"框架的分类研究》，《华中师范大学学报》（人文社会科学版）2016 年第 2 期。

⑥ Thomson A., Perry J., "Collaboration Processes: Inside the Black Box", *Public Administration Review*, Vol. 66, No. s1, 2006, pp. 20 – 32.

⑦ Ansell C., Gash A., "Collaborative Governance in Theory and Practice", *Journal of Public Administration Research and Theory*, Vol. 18, No. 4, 2008, pp. 543 – 571.

性与不确定性要素。① 相形之下，前两种观点混淆了合作情境与根本驱动力，四要素说则注意到了这一问题，更为准确地刻画了合作驱动力。部分研究则更具实证性，根据诸如倡议联盟框架等理论派生出研究假设，并予以检验。诸如偏好相似性②、社会信任水平③、感知影响力④等因素被证实是合作形成的关键。虽然具备一定的指导性，但颇为繁复、细致。与其称之为合作生成逻辑，毋宁说是合作生成因素更为贴切。而从启发后续研究的角度来看，探讨生成逻辑需要抽象出更为一般性的指导框架，然后结合具体研究问题权变性地剖析具体影响因素。

Snijders 与 Leifeld 等人则分别从技术层面与理论层面提供了契机。在技术层面，Snijders 等从社会网络分析视角切入，认为合作的生成、演化是内生因素（整体网络结构特征）与外生因素（行动者特性、二方组特性）共同作用的产物，⑤ 在此基础上创建了随机行动者导向模型，从量化角度分析上述因素对合作生成的影响。在理论层面，Leifeld 等从制度机会结构、社会机会结构与关系机会结构角度提出了解释政策网络形成动因的综合框架。⑥ 具体而言，制度机会结构是指合作委员会等正式制度安排提供了合作的机会，社会机会结构与关系机会结构分别阐述了共同合作伙伴的存在、参与者之间的关系可能产生的影响。其本意虽然是以交易成本为切入点剖析合作生成逻辑，但不失为一般性的指导框架。而从社会网络的角度来看，后两种机会结构均属于网络关系的范畴（传递性关系与二方组关系）。因此，可将上述三种形成逻辑简化为两种：制度约束逻辑与关系约束逻辑。

总体而言，Snijders 与 Leifeld 等的研究为系统剖析合作生成逻辑提供

① Emerson K. , Nabatchi T. , Balogh S. , "An Integrative Framework for Collaborative Governance", *Journal of Public Administration Research and Theory*, Vol. 22, No. 1, 2012, pp. 1 – 29.

② Gerber E. , Henry A. D. , Lubell M. , "Political Homophily and Collaboration in Regional Planning Networks: Political Homophily", *American Journal of Political Science*, Vol. 57, No. 3, pp. 598 – 610.

③ Weible C. , Sabatier P. , "Comparing Policy Networks: Marine Protected Areas in California", *Policy Studies Journal*, Vol. 33, No. 2, 2005, pp. 181 – 201.

④ Stokman F. , Zeggelink E. , "Is Politics Power or Policy Oriented? A Comparative Analysis of Dynamic Access Models in Policy Networks", *The Journal of Mathematical Sociology*, Vol. 21, No. 1 – 2, 1996, pp. 77 – 111.

⑤ Snijders T. , Van De Bunt G. , Steglich C. , "Introduction to Stochastic Actor-Based Models for Network Dynamics", *Social Networks*, Vol. 32, No. 1, 2010, pp. 44 – 60.

⑥ Leifeld P. , Schneider V. , "Information Exchange in Policy Networks", *American Journal of Political Science*, Vol. 56, No. 3, 2012, pp. 731 – 744.

了普适性指导框架。但需要注意的是，上述研究只是探讨一般情况下的合作生成逻辑，并未说明在不同情境下（例如正式网络与非正式网络），主导性逻辑是否有所不同，需要相关研究进一步提供支撑。

本研究拟从社会网络的视角出发，解释我国食品安全合作监管的生成逻辑。显然，合作监管的参与者之间存在一张社会网络——行动者构成网络的节点，合作关系则构成网络的连边。可将合作监管视作目标导向的多主体合作网络。在研究方法上，本研究并未选用案例研究法，而是通过组织间联合发文的情况来探讨合作监管。虽然联合发文的数据尽管缺少具体合作过程的细节，但更能反映整体合作的概况，并为运用社会网络分析方法、以量化分析切入考察合作监管生成逻辑提供了可能。此外，食品安全合作监管网络可进一步划分为正式网络与非正式网络。具体而言，正式网络是有意识创建的产物，附带有关参与事项的约束性协议。而非正式网络则是有机衍生的产物，常见于多个行动者共同应对遭遇的突发事件。① 本研究主要考察的是以政府联合发文呈现出来的正式合作网络。这基于以下考量：一方面，非正式合作关系虽然重要，但难以获取记录其具体情况的数据，较长时期的历史数据更难获取；另一方面，虽然非正式合作网络日渐兴起，但正式合作网络仍然十分普遍，而且是公共管理者更为青睐的政策工具，被广泛应用于诸如推动公共服务整合、应对环境危机、增进社区社会资本等领域。② 稍显不足的是，目前国内学界针对正式合作关系生成逻辑的研究尚不多见。

三　合法性与研究假设的提出

食品安全问题具有鲜明的跨界性，合作监管必不可少。各主体通过合作形成了网络关系，并以此作为信息、知识、资源等传递的渠道。经验表明，跨部门合作网络大多处于动态之中：行动者会选择建立新的合作关系、强化或终止现有的合作关系。之所以如此，是为了确保合作获得预期成效。就食品安全监管而言，合作监管的目的在于，有效保障食品安全。由此观之，当存在众多潜在合作对象时，行动者会理性地选择有助于实现其期望的合作伙伴。这一特性驱动网络发生动态演化，暗合了演化理论的

---

① Isett K., Mergel I., Leroux K., et al., "Networks in Public Administration Scholarship: Understanding Where We Are and Where We Need to Go", *Journal of Public Administration Research and Theory*, Vol. 21, No. s1, 2011, pp. i157 – i173.

② Segato F., Raab J., "Mandated Network Formation", *International Journal of Public Sector Management*, Vol. 32, No. 2, 2019, pp. 191 – 206.

观点，关注行动者之间的关系，即聚焦为什么某些关系出现、强化、扩散，而其他关系会消亡。在演化理论看来，这些关系演变是变异、选择与保留三种机制综合作用的结果。① 其中，"选择"关乎某种联系存续的可能；"变异"与"保留"则反映在某种合作关系形成前，该联系被列为备选项的可能性。合法性就是上述三种机制发挥作用时必须遵循的原则与逻辑，② 也是合作关系得以形成的内在动力。它关乎合作网络中的成员如何看待其他成员，继而左右成员间合作模式。如果每个成员组织认为其合作伙伴是合法的，那么它很可能以合作共容而非竞争的心态合作。③ 这直接关系到合作能否运转起来、又能否长期有效运转。由于参与者大多同时参与不同的活动、身负多重任务，嵌入不同类型的关系中。合法性缺失将导致合作很难收获预期成效。拥有合法性则意味着组织较好地满足了共同体成员的期望，有较大可能在物质、信息、情感等层面获得支持，也更易与其他成员形成合作关系。

事实上，合法性是一个颇为模糊的概念。那么应利用何种指标对其予以表征？学者将其分解为若干维度，试图全面把握其内涵。其中，最具代表性的当属 Suchman，他极具洞见地将合法性划分为务实合法性（pragmatic legitimacy）、道德合法性（moral legitimacy）与认知合法性（cognitive legitimacy）。务实合法性意味着组织满足了利益相关者的需求或利益；道德合法性意味着组织行为得体、恰当；认知合法性则意味着组织本身被视作必要的。④ 这一提纲挈领的分类颇为精准地涵盖了诸如战略联盟等组织间合作运作时所涉及的关键元素，提供了研究合法性的纲领性指南。因此，Kumar 等将其拓展至组织间合作领域，基于 Suchman 的观点将伙伴合法性分解为务实、道德与认知等维度。⑤ 其中，务实合法性常常被用于评

---

① Doerfel M., Chewning L., Lai C., "The evolution of Networks and the Resilience of Interorganizational Relationships after Disaster", *Communication Monographs*, Vol. 80, No. 4, 2013, pp. 533 – 559.

② Margolin D., et al., "Normative Influences on Network Structure in the Evolution of the Children's Rights NGO Network, 1977 – 2004", *Communication Research*, Vol. 42, No. 1, 2015, pp. 30 – 59.

③ Kumar R., Das T., "Interpartner Legitimacy in the Alliance Development Process", *Journal of Management Studies*, Vol. 44, No. 8, 2007, pp. 1425 – 1453.

④ 谭志哲：《我国食品安全监管之公众参与：借鉴与创新》，《湘潭大学学报》（哲学社会科学版）2012 年第 3 期。

⑤ Kumar R., Das T., "Interpartner Legitimacy in the Alliance Development Process", *Journal of Management Studies*, Vol. 44, No. 8, 2007, pp. 1425 – 1453.

价营利性组织合法性水平，通过成本—收益分析法来测量。相形之下，非营利组织或公共机构活动更侧重于增进政治性或象征性产出，不易以经济性指标衡量；加之，当特定目标或任务是多主体合力完成时，易导致主体活动与结果的关系模糊化，而产出难以测量又会进一步加剧因果关系模糊化的问题。因此，其合法性水平并不能轻易通过成本—收益分析法测量。本研究关注的食品安全合作监管属于此类活动。此时，规范则成为替代性评价标准。①

　　所谓规范是指在特定领域内的先验标准。它是可接受的群体行为的集体表现，以及个体对特定群体行为的感知，② 即对他人所做之事与应做之事的基本认知。简言之，规范是主宰社会成员行为的非正式理解，对应了伙伴合法性中的道德维度。由此观之，规范构成了共同认知的基础。遵循规范行事或能够型塑规范的组织更易得到共同体成员认可，因而具有较高程度的合法性。由于规范信息在网络中呈差异化分布，行动者对规范的获取和认知程度不尽相同，进而影响其合法性评价存在差异，这一差异正是影响合作关系形成的重要因素。简言之，规范信息的差异化分布影响了合作关系的形成。本研究认为权威、网络结构及制度邻近性影响行动者获取规范信息的程度，驱动了合作监管网络的形成。其一，权威行动者拥有管控监管过程的正式权力，极大地型塑了本领域集体规范，其参与的合作通常更有效且更为他人所接受。③ 故而，行动者青睐与强有力的行动者合作。④ 其二，网络结构与制度邻近性影响了规范信息共享。合法性并非取得所有共同体成员的认可，⑤ 部分认可仍可促成合作。共享规范的成员则可能具有类似的认知，继而促成合作。

　　上述因素恰好对应了合作关系形成的两种互补性逻辑：制度约束逻辑

① Margolin D. , Shen C. , et al. , "Normative Influences on Network Structure in the Evolution of the Children's Rights NGO Network, 1977 – 2004", *Communication Research*, Vol. 42, No. 1, 2015, pp. 30 – 59.

② Lapinski M. , Rimal R. , "An Explication of Social Norms", *Communication Theory*, Vol. 15, No. 2, 2005, pp. 127 – 147.

③ Ingold K. , Fischer M. , "Drivers of Collaboration to Mitigate Climate Change: An Illustration of Swiss Climate Policy Over 15 Years", *Global Environmental Change*, No. 24, 2014, pp. 88 – 98.

④ Fischer M. , Sciarini P. , "Drivers of Collaboration in Political Decision Making: A Cross-Sector Perspective", *The Journal of Politics*, Vol. 78, No. 1, 2016, p. 63 – 74.

⑤ Zelditch M. , "Processes of Legitimation: Recent Developments and New Directions", *Social Psychology Quarterly*, Vol. 64, No. 1, 2001, p. 4.

与关系约束逻辑，① 分别属于自上而下与自下而上的合作形成逻辑。经验表明，无论是正式网络抑或是非正式网络，其形成绝非仅遵循某种单一逻辑，而是两种逻辑共同作用的产物，区别在于占据主导的逻辑有所不同。制度约束逻辑着眼于合作网络所嵌入的正式制度环境产生的影响，尤其是行政、监管及司法等政策或法律约束框架的作用，凸显制度对行动者的刚性约束。它们通常就参与成员范围、合作透明性、合作规则清晰性等做出规定，② 而这些规定又在相当程度上左右了规范信息的分布、传播，继而型塑了网络成员的行为。例如，就合作成员范围而言，一方面，拥有参与资格的成员间存在制度化沟通、联系渠道，相较于合作网络之外的行动者，更可能交换信息进而共享规范。另一方面，合作参与成员愈具代表性，则愈可能打消合作不过是某几个人的游戏的疑虑，使合作行为得到认可，促进规范信息交流、传递。就合作透明性而言，透明意味着合作参与者可以了解决策是如何做出的、各项行动的含义，并确保自身关切能够为人关注，由此派生出信任，继而推动规范共享。就合作规则清晰性而言，清晰的规则促成了规范的法典化，原先隐性的规范信息由此显性化、明晰化，使之更易为参与者了解。通常，制度约束逻辑在正式网络中具有重要作用。如前所述，正式网络往往附带有关参与事项的约束性协议，在某种意义上可谓是科层制的松散复制。复制主要体现在正式网络具有与科层制类似的特征——权力向上集中与正式化。前者表现为，其目标或任务设置往往取决于网络资助者——通常是掌握正式权威的政府机构意愿，网络成员主要负责执行；后者则表现为成立之时附带的约束性协议明确了标准化的程序、规则及角色，通过正式制度规则约束其运作。松散则主要体现在，相较于科层制内部森严有序的权力矩阵，正式网络中并不存在严格的层级节制，成员地位相对平等，还具备更强的自主性。本研究主要关注正式权力的作用，故而考察权威行动者这一特性是否会影响合作形成。

关系约束逻辑则着眼于合作网络参与者之间的关系或整体关系结构所产生的影响，即二方组关系与多边关系。相比之下，这一逻辑将视线聚焦

---

① 本研究基于 Leifeld 和 Schneider 的研究提出合作关系形成逻辑。本研究虽然并未采用机会结构概念，但此处所言的约束与之含义相近。从语义情感上来看，机会结构侧重阐述促进作用。但制度与关系也可能阻碍合作，因此选用情感更为中性的约束一词，具体参见 Leifeld P., Schneider V., "Information Exchange in Policy Networks", *American Journal of Political Science*, Vol. 56, No. 3, 2012, pp. 731 – 744。

② Ansell C., Gash A., "Collaborative Governance in Theory and Practice", *Journal of Public Administration Research and Theory*, Vol. 18, No. 4, 2008, pp. 543 – 571.

于合作网络中社会资本或信任等柔性因素对合作关系的影响，突出行动者互动而非制度约束的作用。信任或社会资本往往是正式治理机制的替代或补充性机制。例如，即便在深受科层控制影响的公共网络中，信任亦是必要的补充机制。[①] 针对商业联盟的研究中，信任经常被视作正式合同需求之外的另一种选择。[②] 值得注意的是，参与者的关系与整体关系结构直接关乎能否形成共同理解，而共同理解是规范信息共享的前提。就参与者关系而言，积极关系（如友谊、信任、合作）有助于形成相互理解，推动参与者以立场互换的包容心态了解他人的利益、诉求与价值观，尊重彼此差异。随着各方不断共同努力，相互理解就会质变为共同理解，使之依照类似的心理模型或认知脚本行事，即共享规范。就整体关系结构而言，联系紧密程度与集中性一直是探讨规范共享反复提及的因素。合作网络参与者联系愈紧密，愈有助于规范共享。[③] 其根源在于，一方面，规范信息在紧密网络中传递更为迅速；另一方面，违反规范的行为也更容易为他人察觉并得到惩罚，致使背德者失去所有或绝大多数联系。两相叠加促使网络规范不断强化。就网络集中性而言，集中的合作网络再加上备受推崇的核心行动者，尤其适宜于推动就规范达成共识。相较于分散化网络，集中式网络更易传递规范信息。[④] 假设存在两个密度相同、集中性不同的网络，集中式网络能够快速地将规范信息从一个边缘参与者经由中心参与者传递至其他更为边缘的参与者；而在分散式网络中，信息传递给指定接受者之前通常需要先经由多个参与者，不仅大大降低了规范信息传递速率，还加剧了信息扭曲的风险。一般而言，该机制在非正式网络中作用凸显。非正式网络的形成往往是参与者自愿互动的派生物，其形成与信任等社会资本密切相关。但正式网络的成功运转同样与之密不可分。事实上，诸多正式合作网络难孚预期的原因在于，忽视了对突现关系（emergent relationships）

[①] Moynihan D. , "The Network Governance of Crisis Response: Case Studies of Incident Command Systems", *Journal of Public Administration Research and Theory*, Vol. 19, No. 4, 2009, pp. 895 – 915.

[②] Gulati R. , Nickerson J. , "Interorganizational Trust, Governance Choice, and Exchange Performance", *Organization Science*, Vol. 19, No. 5, 2008, pp. 688 – 708.

[③] Ahn H. , Garandeau C. , Rodkin P. , "Effects of Classroom Embeddedness and Density on the Social Status of Aggressive and Victimized Children", *The Journal of Early Adolescence*, Vol. 30, No. 1, 2010, pp. 76 – 101.

[④] Crona B. , Bodin Ö. , "What You Know is Who You Know? Communication Patterns Among Resource Users as a Prerequisite for Co-management", *Ecology and Society*, Vol. 11, No. 2, 2006, pp. 473 – 482.

如何形成、强化并维持的考量。① 由于信任水平与多边关系、二方组关系密切相关，故而本研究选取网络结构与制度邻近性加以考察（见图5.1）。

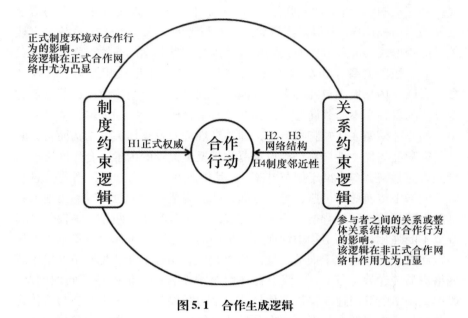

图5.1　合作生成逻辑

（一）制度约束逻辑：权威型塑规范

享有监管权威的行动者具有天然的合法性，它们拥有国家赋予的相应权力，其存在本身就是遵循普遍社会规范的产物。同时还是该领域的合法发言人，能够界定共同体中的规范，因而在共同体中地位超然。这类行动者通常是最"炙手可热"的合作对象，有其参与的合作通常更有效且更为他人所接受。

具体到本研究中，食品药品监督管理总局等以食品安全监管为核心职能的组织是权威掌控者。② 一方面，基于法律授权，它们在食品安全问题上享有极大的话语权；另一方面，在这一高度专业化的领域，它们不仅掌

---

① Provan K., Lemaire R., "Core Concepts and Key Ideas for Understanding Public Sector Organizational Networks: Using Research to Inform Scholarship and Practice", *Public Administration Review*, Vol. 72, No. 5, 2012, pp. 638 - 648.

② 将食品药品监督管理总局视作核心部门是就一般情况而言的。在某些特殊情况下（如刑事司法、校园食品安全），公安部、教育部才是核心部门。值得注意的是，即使在这种情况下，也不缺少食品药品监管部门的参与。

握了相关专业性知识，还取得了可接受理论的评价权。由此，上述行动者主导了这一领域有关合法性的集体认知或曰共同体规范，成为优先选择的合作对象。此外，与权威行动者的合作还存在一大优势。权威行动者的声誉亦会使其合作伙伴获得其他组织认可。[①] 例如，跨国公司在拓展其国际业务时，通常会选择与目标国的本土企业合作，借此减少进入壁垒。由此观之，作为权威持有者，核心职能组织在形成和维持合作联系方面具有诸多优势，成为合作网络中最活跃的行动者。据此，本研究提出如下假设。

H1：相较于其他行动者，食品安全监管核心职能部门在合作监管网络中最为活跃。

（二）关系约束逻辑：网络结构影响规范共享

闭合性与集中性是确保共同体成员共享规范的关键结构性因素。闭合性是高密度连接、以强关系为主的网络结构，通常可运用传递性指标来度量。它反映了如下趋势，随着时间的推移，两个拥有共同合作伙伴的组织也倾向于形成合作。闭合性网络结构从以下方面助推了规范信息共享：首先，加速了规范信息的流动，[②] 有助于将其内化为群体规范或地方性文化。其次，共同第三方提供了关于潜在合作对象的信息，[③] 有助于减少对其可信性的质疑，并强化对其合法性的认可。最后，共同第三方还能够控制潜在合作对象的行为，遏制机会主义做法，使规范得以切实实行。高密度的网络结构带来了大量重叠信息，行动者的行为信息将迅速为他人所知晓。有助于高效识别背德行为，进而使惩罚成为可置信承诺。

集中性则是围绕核心节点组织起来的网络结构。其中，核心节点因拥有大量联系在网络中具有重要地位。在合作网络中，主导行动者可以作为判断组织合法性的参考依据。[④] 与之合作不仅获取有关共同体规范信息，还反映了主导机构对合作对象的认可，有利于增强组织合法性。循此逻辑，行动者趋向于与主导行动者合作，产生优先连接（preferential attachment）现象——进入网络的新节点将根据现有节点的度数分布情况甄选

① Flanagin A. , "Commercial Markets as Communication Markets: Uncertainty Reduction Through Mediated Information Exchange in Online Auctions", *New Media & Society*, Vol. 9, No. 3, 2007, pp. 401 –423.

② Lubell M. , Robins G. , Wang P. , "Network Structure and Institutional Complexity in an Ecology of Water Management Games", *Ecology and Society*, Vol. 19, No. 4, 2014, p. 23.

③ Uzzi B. , "Social Structure and Competition in Interfirm Networks: The Paradox of Embeddedness", *Administrative Science Quarterly*, Vol. 42, No. 1, 1997, p. 35.

④ Deephouse D. , "Does Isomorphism Legitimate?", *Academy of Management Journal*, Vol. 39, No. 4, 1996, pp. 1024 – 1039.

其合作对象，形成强者愈强的现象。

根据上述描述，本研究分别提出以下假设：

H2：在合作监管网络中，行动者倾向于形成传递性合作关系。

H3：在合作监管网络中，行动者倾向于与主导行动者合作。

（三）关系约束逻辑：制度邻近性影响规范共享

归根结底，合法性本质上是认同性评价。具有共同认知的行动者更可能认同彼此进而产生合作。例如，倡议联盟框架指出了共同认知驱动行动者展开有组织合作的重要性：依托于类似的政策信念，行动者通过协调与合作，动员所掌控的资源影响政策结果。共同偏好促进了成员彼此认可，并促成了合作。这一特性与社会网络术语——趋同性内涵一致，即具有相似属性的节点更趋向产生联系。

行动者大多受知识、资源概况以及所处的环境影响，形成特定心理认知模型，以此作为其认知范式和行为脚本。基于此，具有类似的知识、资源概况及环境的组织更可能共享规范、携手合作。本研究认为，制度邻近性构成认知趋同的基础。制度邻近性可根据非正式约束以及行为者共享的正式规则的相似程度加以刻画。由此观之，制度邻近性由两部分组成：一是法律、规则等正式制度；二是惯例、习俗等非正式制度。借鉴三螺旋模型观点，① 本研究认为拥有相同制度形式的组织可视为具有制度邻近性。一般而言，嵌入相同制度形式的组织在某种程度上具有相同的正式和非正式制度。以此为中介，此类组织将形成类似的认知范式或行为脚本，强化合作可能。据此，本研究提出如下假设。

H4：在合作监管网络中，相同制度形式的行动者之间倾向于合作。

第二节　食品安全合作监管网络生成的实证探索

一　研究设计

（一）数据来源

为解释食品安全合作监管网络演化情况，本研究采用政策文献计量法建构合作网络。第一，探查网络演化须涵盖较长时段。政策文献以文本形

---

① Etzkowitz H., Leydesdorff L., "The Dynamics of Innovation: From National Systems and 'Mode 2' to a Triple Helix of University-Industry-Government Relations", *Research Policy*, Vol. 29, No. 2, 2000, pp. 109 - 123.

式对组织间合作情况进行了记录，有助于研究者回溯、梳理及获取长时间内的相关数据。第二，相较于非正式合作情形难以捕捉，联合发文作为明确的信号直观反映了部门间合作情况，并对监管合作的主体、主题、方式等信息进行了系统记录，为系统考察合作关系提供了大量的数据。第三，政策文本具有半结构化特征，收录了发文单位信息，为建构合作监管网络提供了便利。因此，本研究基于联合发文情况构建合作监管网络。

研究选用的政策文本源于"北大法宝"平台。该平台是北京大学法制信息中心与北大英华科技有限公司联合推出的智能型法律信息一站式检索平台，是我国最早、最专业的法律数据库。该数据库已被广泛应用于学术研究之中。其中，"法律法规检索系统"收录了1949年以来发布的法律法规，满足了本研究数据检索的需要。

政策文本收集过程如下：首先，以"食品"为关键词，以2000—2017年为目标时间范围，[①] 在"中央法规司法解释"数据集中进行精确检索，共获得5658份文件。然后，为确保政策文本与研究主题契合，确立如下筛选原则：（1）相关性原则，即文本内容必须与食品安全监管直接相关，且必须由多部门联合发布；（2）规范性原则，即选取的文本必须是法律、行政法规、部门规章等正式文件。因此，便函、批复等非正式文件被剔除，共计剔除5461份文本。最终获得2000—2017年间共197份样本。需要指出的是，为了保证数据能够更好地验证制度邻近性假设，将仅有1个部门代表的机构类型予以剔除。例如，初始数据库中隶属于企业类型的机构仅有铁路总公司。如果将其纳入后续研究中，将造成人为降低对制度邻近性假设的估计。此外，被剔除机构数量少对节点构成的影响小，且上述机构在网络中处于边缘位置，剔除后对合作网络关系的影响较小，确保了分析的稳定性。

（二）考察时段划分

值得注意的是，本研究考察的时段恰好处于食品安全合作监管逐渐受到重视的时期。21世纪以来，得益于政府高层的不断重视，我国食品安全合作监管获得了长足的发展。大致经历了四个阶段：合作探索期（2000—2002年）、合作形成期（2003—2009年）、合作快速发展期（2010—2014

---

① 2018年的机构改革实现了"三局合一"，组建了新的国家市场监督管理总局。虽然许多监管活动仍是市场监督管理总局的下属部门间合作展开的，但整合后统一以市场监督管理总局的名义发文，只从发文单位来看，难以捕捉可能存在的组成部门间合作情况，不利于反映食品安全合作监管的全貌。因此，本研究仅选取2000—2017年的合作监管数据。

年）以及合作战略深化期（2015 年至今）。上述阶段划分是基于重要的历史事件划分的，这些历史事件对合作监管影响深远，构成了阶段转变的关键节点（参见前文）。

21 世纪伊始，食品产业飞速发展，食品链条不断延伸、食品类别日益多样加剧了监管工作的复杂性，加深了对合作监管的需要。然而，与之形成鲜明对照的是，食品安全合作监管尚处于混沌状态，多为针对某项具体任务的临时性安排，尚未内化为基本工作原则。治理需求与制度供给之间的鸿沟为食品安全埋下了隐患；随着对监管所处的生态环境变化的认识加深，政府监管策略做出了适应性调整。2003 年，食药监局成立，明确将"组织协调"作为一项职能赋予该机构。由此，揭开了系统推进合作监管的大幕。2010 年，成立了食品安全委员会这一高层次的、专门性组织协调机构，彰显了高层力图破除协调不力、合作不足这一沉疴痼疾的决心。至此，合作监管步入了快速发展期。期间，长久为人所诟病的分段监管体制终于顺应时势变化做出了制度变迁，统一权威的监管体系初步确立。国家治理体系和治理能力现代化的提出则是合作监管迈向深化发展的关键契机。此时，合作监管不再局限于政府内部机构的合作，而将关注点投向了更为广泛的非政府主体。这一思想被凝练为"社会共治"，作为监管原则写入了新《食品安全法》。由此，开启了统一权威监管与社会共治齐头并进的新阶段。而对合作监管网络的初步描述性分析也显示，上述时段内各部门之间的联系越发紧密（见表 5.1）。基于此，本研究以 2003 年、2010 年、2015 年为节点对考察时段进行划分。

表 5.1　　　　　　　　　不同时段合作监管网络的特征

观测时间	密度	平均度数	关系数量
2000—2002 年	0.039	2.241	65
2003—2009 年	0.078	4.448	129
2010—2014 年	0.142	8.103	235
2015—2017 年	0.319	18.207	528

（三）研究方法

本研究采用随机行动者导向模型（Stochastic Actor-oriented Models，下文简称"行动者模型"）分析合作网络形成的动因，它是针对网络面板数据的统计模型。该模型假定网络演化是一个由行动者驱动的随机过程，① 尤其适用于解释行动者理性选择如何影响其外向关系。因而，该模型十分契合于本研究的研究问题——行动者关于合法性的判断如何影响其选择合作伙伴，进而驱动网络演化。

本研究的分析均基于 Snijders 等人开发的软件 RSiena。本研究考察的是无向网络。RSiena 软件中 5 种模型用于分析无向网络，本研究使用的是单边发起和相互认可模型。它是关于无向合作关系形成过程最贴近现实的描述。② 行动者 i 试图与行动者 j 合作监管以最大化其目标函数，但仅当行动者 j 基于其目标函数接受邀请时，合作才会实现。

行动者模型的建立基于以下假设：第一，网络结构演化是一个马尔可夫链式过程，下一期的网络结构变化仅取决于当前状态。第二，虽然是在离散时间观察网络结构，但网络演化事实上是持续的。换言之，观察到的网络变化是一系列未观察到的微小变化累积的结果。第三，在每个微小变化中，行动者只能改变一个网络连边。

网络演化可以视作由两个随机子过程构成：一是行动者改变关系的机会。二是当行动者有机会时实际做出的改变，③ 此时行动者会尝试最大化目标函数，选择创建新联系或终止现有联系。在模型中，上述过程分别由速率函数（rate function）和目标函数（objective function）表示。由于本研究关注的是合作监管网络演化的动力机制，而非改变发生的速率，因此目标函数是研究的核心部分。目标函数是一系列效应函数的线性组合，④ 效应函数则受行动者属性、行动者关系属性以及现有网络结构制约。在本研究中，目标函数如下：

$$f_i(x^0, x, v_i, w_{ij}) = \sum_k \beta_k s_{ki}(x^0, x, v_i, w_{ij})$$

其中，$s_{ki}(x^0, x, v_i, w_{ij})$ 表示效应函数；x^0 表示网络的当前状态，x 表示网络潜在新状态，v_i 表示行动者特性，w_{ij} 表示二方组关系特

① Snijders T. , Van De Bunt G. , Steglich C. , "Introduction to Stochastic Actor-Based Models for Network Dynamics", *Social Networks*, Vol. 32, No. 1, 2010, p. 44.

② Balland P. , De Vaan M. , Boschma R. , "The Dynamics of Interfirm Networks Along the Industry Life Cycle: The Case of the Global Video Game Industry 1987 – 2007", *Journal of Economic Geography*, Vol. 13, No. 5, 2012, pp. 741 – 765.

③ Snijders T. , Van De Bunt G. , Steglich C. , "Introduction to Stochastic Actor-Based Models for Network Dynamics", *Social Networks*, Vol. 32, No. 1, 2010, p. 46.

④ Snijders T. , Van De Bunt G. , Steglich C. , "Introduction to Stochastic Actor-Based Models for Network Dynamics", *Social Networks*, Vol. 32, No. 1, 2010, p. 47.

性；如果 $\beta_k > 0$，表明网络演化方向与相应效应一致；$\beta_k < 0$ 表明网络演化方向与相应效应相反；$\beta_k = 0$ 表明相应效应在网络演化中不发挥作用。

（四）模型构建

1. 因变量：合作监管网络

文本筛选完毕后，提取发文单位信息并据此构建合作监管网络：监管主体记做网络节点，主体间合作关系记做网络中的连线。需要指出的是，机构 A 与机构 B 联合发文，等同于 B 与 A 联合发文。因此，合作监管网络属于无向非加权网络。此外，此时段内经历了数次机构改革，部门机构发生较大变动，需要进一步合并处理。例如，商务部前身为对外经济贸易合作部，处理数据时将两部门的数据合并。所有机构名称统一采纳 2017 年（或被裁撤前）的提法（以下均使用简称），处理后共获得 58 个机构。合作网络可用 58×58 矩阵 $x = (x_{ij})$ 表示，$x_{ij} = 1$ 意味着行动者 i 与 j 存在合作关系。若行动者 i 在考察年份离开了合作网络（例如：机构撤销）则 $x_{ij} = 10$，表示合作关系不可能存在。

此外，本研究假设合作关系仅在联合发文当年是活跃的。例如，假设在 2000 年行动者 i 与行动者 j 联合发文，那么可以认为，在 2000 年 i 与 j 之间存在合作关系，且仅存在于这一年度。如果在 2006 年 i 与 j 不再联合发文，则合作关系终止。

2. 自变量

本研究构建虚拟变量刻画行动者是否属于权威持有者，具体判断依据源于机构首页关于机构职能的描述，如果描述中与食品安全有关则记为 1，否则记作 0。若机构职能曾发生变动，则根据"北大法宝"网站中机构简介页面的介绍做出判断。对应效应函数为 $V_i = \sum_j x_{ij} v_j$，用于检验权威行动者是否被其他行动者青睐、具有更高的度数中心度。

本研究构建分类变量刻画制度类型。三螺旋模型将机构的制度类型划分为政府、产业与企业，本研究以此为基础并结合研究目的做出适度调整，将制度类型划分为行政机关、党的机关、军队、事业单位及社会团体。本研究认为，相同制度类型的机构存在制度邻近性。对应效应函数为 $SV_i = \sum_j x_{ij} I\{v_i = v_j\}$。如果 $v_i = v_j$，则 $I\{v_i = v_j\} = 1$；否则 $I\{v_i = v_j\} = 0$。

本研究采用传递性三方组的数量表征网络传递性，即行动者 i 与已存在合作关系的两个行动者联系的次数；采用度数流行性（degree popularity）表征优先连接，即行动者 i 合作对象的点入中心度之和。[1] 同时，为了减少该效应与其他结构性效应的共线性，计算时取其平方根。对应效应函数分别为：

$$T_i = \sum_{i<h} x_{ij} x_{ih} x_{hi}$$

$$PA_i = \sum_j x_{ij} \sqrt{\sum_h x_{jh}}$$

二　研究发现

RSiena 剖析网络面板数据时，必须将考察时间至少分为两段。此外，为保证数据稳定性，行动者模型要求理想状态下雅卡尔指数[2]（Jaccard index）应大于 0.3，如不能满足这一要求，则至少不能低于 0.2。否则，将导致参数估计困难。在本研究中，如果以 2003 年、2010 年、2015 年为节点，将难以满足这一要求（见表 5.2）。因此，需要对数据做出进一步处理，最终将数据按照 2000—2002 年、2003—2004 年、2005—2009 年、2010—2012 年、2013—2014 年、2015—2017 年共 6 个时段处理。经过处理后的雅卡尔指数在 0.214—0.286 之间浮动（见表 5.3）。

表 5.2		描述性统计（1）			
时段	0→0	0→1	1→0	1→1	雅卡尔指数
t1—t2	1488	100	36	29	0.176
t2—t3	1362	162	72	57	0.196
t3—t4	1088	346	60	159	0.281

表 5.3		描述性统计（2）			
时段	0→0	0→1	1→0	1→1	雅卡尔指数
t1—t2	1522	66	37	28	0.214
t2—t3	1524	35	60	34	0.264
t3—t4	1478	106	23	46	0.263

---

[1] Snijders T. , Van De Bunt G. , Steglich C. , "Introduction to Stochastic Actor-Based Models for Network Dynamics", *Social Networks*, Vol. 32, No. 1, 2010, p. 48.

[2] $J = \dfrac{N_{11}}{N_{01} + N_{10} + N_{11}}$，$N_{hk}$ 表示某次观察中连线值为 h，且下一次连线值为 k 的连线数量。

续表

时段	0→0	0→1	1→0	1→1	雅卡尔指数
t4—t5	1419	82	85	67	0.286
t5—t6	1132	372	16	133	0.255

图 5.2 直观地展示了各时段合作监管网络的变化。随着时间的推移，网络的节点数逐渐增多，合作监管的参与者显著增加；同时，参与者之间的联系越发紧密。2000—2002 年，合作网络明显地被分割为两

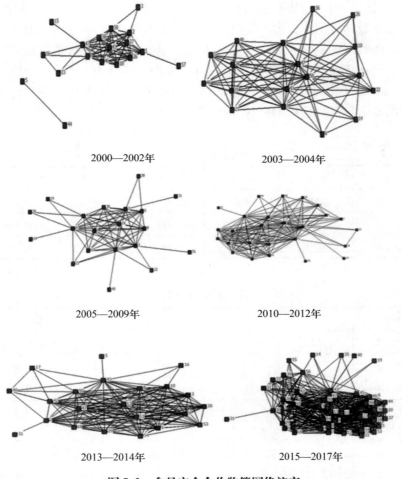

2000—2002年　　　　　　　2003—2004年

2005—2009年　　　　　　　2010—2012年

2013—2014年　　　　　　　2015—2017年

图5.2　食品安全合作监管网络演变

部分：财政部和国家税务总局形成孤立的合作关系，游离于其他参与者之外，而这一现象此后并未再次出现。特别是 2010 年以来，参与者的关系显著强化，且大量关系高度集中于若干参与者之间，构成了合作网络的"中枢集团"；[①] 而且"中枢集团"的成员还在不断增加。例如，2010—2012 年，中枢集团成员主要由图形左下方的成员构成；2015—2017 年，中枢集团主要由图形下方的行动者构成，成员规模显著增强。表 5.4 则从量化角度，更为详细地说明了网络结构变化：总体而言，网络规模呈扩大趋势；与此同时，平均密度亦呈现上升趋势，表明参与者之间联系不断强化。特别是 2015—2017 年，网络规模与平均密度都出现大幅提升，这或许与 2015 年新《食品安全法》颁布以来，国家对合作监管的重视不断增强有关：不仅体现在对部门间合作的重视，[②] 还体现于对社会共治的倡导。

表 5.4　　　　　　　　　　　合作监管网络描述性数据

观察时段	网络规模	关系数	平均度数
2000—2002 年	18	65	7.22
2003—2004 年	18	94	10.44
2005—2009 年	20	69	6.90
2010—2012 年	26	152	11.69
2013—2014 年	22	149	13.55
2015—2017 年	44	505	22.95

　　表 5.5 汇报了模型结果。[③] 模型 1 仅纳入网络结构效应——密度与传递性三方组，结果显示二者均具有显著性。需要指出的是，所有的行动者模型均纳入密度效应，它反映了特定时间内网络连线形成趋势。由于密度会受可用资源、环境不确定性等因素影响，且这些因素通常难以

---

① 此处所言的"中枢集团"类似于社会网络分析中的凝聚子群，但略有不同。凝聚子群主要是指彼此拥有相对频繁联系的次级团体；中枢集团不仅具有上述特点，而且还占据了网络的绝大多数联系。

② 2009 年《食品安全法》中共有 17 项条款涉及部门间协调合作，新《食品安全法》则花了更大篇幅着墨于此，共 34 项涉及部门间合作。

③ 所有模型的参数估计均基于矩估计，$n_3 = 3000$；当且仅当模型总体最大收敛比小于0.25，且收敛 t 比率的绝对值小于 0.1 时，模型有效。否则，结果将具有误导性。

衡量。[1] 因此，在估计其他效应的作用时，需要控制该变量。密度参数系数为 -1.71，表明组织之间形成合作关系的倾向较低，这与稀疏的网络结构密不可分：2000—2017 年，网络密度在 0.039—0.306 之间变化，始终小于 0.5。传递性三方组参数系数为 0.24，表明组织倾向于与存在间接联系的对象合作，H2 成立。

模型 2 增加了与核心监管部门有关的效应——活跃度与趋同性。活跃度衡量了组织在网络中的活跃度、受欢迎程度，相应系数为 0.51，表明核心监管部门的度数中心度增长速度快于非核心部门，在网络中居于中心地位，佐证了 H1。趋同性反映了同类组织之间合作的趋势，虽然相应系数为 0.06，但在统计学上不具有显著性，表明核心监管部门与同类组织合作的倾向并不明显。

模型 3 增加了制度邻近性效应——制度类型趋同性。加入该效应后，核心监管部门趋同性效应仍不具有显著性。制度邻近性系数为 0.26，表明具有相同制度形式的组织之间更易合作，H4 成立。制度邻近性意味着组织之间不仅工作模式类似，还具有类似的激励、约束框架，[2] 促进认知范式或行为脚本趋同，进而形成伙伴关系合法性（interpartner legitimacy）并催生合作。

模型 4 增加了度数流行性效应，结果显示，模型总体最大收敛比为 3.31，远大于 0.25，因此在最终模型中予以剔除，H3 不成立。模型 5 中 H1、H2、H4 仍成立。值得注意的是，权威活跃度在网络形成中的作用强于传递性三方组、制度邻近性，表明权威假设是合作监管网络形成的主导性逻辑。

表5.5　　　　　　　　　随机行动者导向模型

	估计值	标准误	收敛 t 比率	t 比率
模型 1（总体最大收敛比：0.11）				
速率参数				
时段 1	10.32	3.84	0.02	

[1] Koka B., Madhavan R., Prescott J., "The Evolution of Interfirm Networks: Environmental Effects on Patterns of Network Change", *Academy of Management Review*, Vol. 31, No. 3, 2006, pp. 721–737.

[2] Balland P., De Vaan M., Boschma R., "The Dynamics of Interfirm Networks Along the Industry Life Cycle: The Case of the Global Video Game Industry, 1987–2007", *Journal of Economic Geography*, Vol. 13, No. 5, 2012, pp. 741–765.

	估计值	标准误	收敛 t 比率	t 比率
时段 2	6.04	1.79	0.00	
时段 3	10.93	4.18	− 0.10	
时段 4	24.95	12.34	− 0.03	
时段 5	63.03	22.43	− 0.01	
效应				
密度（density）	− 1.71 ***	0.13	− 0.01	− 13.54
传递性三方组（transitive triads）	0.24 ***	0.02	− 0.01	9.65
模型 2（总体最大收敛比：0.22）				
速率参数				
时段 1	12.12	5.06	− 0.07	
时段 2	6.88	1.89	0.00	
时段 3	14.13	6.09	0.04	
时段 4	24.47	8.09	− 0.06	
时段 5	61.96	22.31	− 0.07	
效应				
密度（density）	− 1.82 ***	0.13	− 0.06	− 13.63
传递性三方组（transitive triads）	0.24 ***	0.02	− 0.05	11.00
权威机构活跃度（authority data alt）	0.51 ***	0.14	− 0.05	3.79
权威机构趋同性（same authority data）	0.06	0.10	− 0.07	0.58
模型 3（总体最大收敛比：0.08）				
速率参数				
时段 1	14.14	6.43	0.02	
时段 2	7.78	2.46	− 0.01	
时段 3	18.39	19.01	0.00	
时段 4	23.00	8.73	− 0.05	
时段 5	58.13	15.79	0.02	
效应				
密度（density）	− 1.96 ***	0.17	0.03	− 11.40
传递性三方组（transitive triads）	0.24 ***	0.02	0.02	11.93
权威机构活跃度（authority data alt）	0.32 ***	0.06	0.03	5.02
权威机构趋同性（same authority data）	0.07	0.12	0.02	0.55

续表

	估计值	标准误	收敛 t 比率	t 比率
制度邻近性（same type data）	0.26***	0.09	0.03	3.03
模型4（总体最大收敛比：3.31）				
速率参数				
时段1	36.36	12.48	-0.51	
时段2	9.05	2.63	-0.04	
时段3	67.44	69.53	-0.91	
时段4	20.28	6.64	0.05	
时段5	45.65	9.88	0.06	
效应				
密度（density）	-2.47***	0.16	0.05	-15.26
传递性三方组（transitive triads）	0.23***	0.02	0.04	10.56
权威机构活跃度（authority data alt）	0.37***	0.05	0.18	7.00
权威机构趋同性（same authority data）	0.19**	0.08	0.05	2.29
制度邻近性（same type data）	0.34***	0.07	0.12	4.74
优先连接（sqrt degree of alter）	0.14**	0.06	0.01	2.36
模型5（总体最大收敛比：0.16）				
速率参数				
时段1	14.03	6.54	0.01	
时段2	7.77	2.30	0.01	
时段3	17.62	12.83	-0.03	
时段4	23.13	7.72	0.03	
时段5	58.13	17.01	0.00	
效应				
密度（density）	-1.96***	0.18	0.02	-10.78
传递性三方组（transitive triads）	0.24***	0.02	0.00	10.81
权威机构活跃度（authority data alt）	0.32***	0.06	0.04	5.47
权威机构趋同性（same authority data）	0.08	0.11	0.02	0.68
制度邻近性（same type data）	0.26***	0.09	0.01	2.81

注：*** 统计显著性水平0.01，** 统计显著性水平0.05，* 统计显著性水平0.1。

资料来源：笔者自制。

第三节 本章小结与讨论

本章内容探讨了合法性对合作网络演化的影响。合法性意味着组织行为被他人认可,是组织间合作关系得以形成、存续的基础。在监管活动中,共同体成员通常以遵循规范与否作为合法性的评价标准,而规范信息的差异化分布导致行动者对规范认知程度不尽相同,进而影响其合法性评价,最终驱动合作网络演化。基于此,结合合作关系形成的两种互补性逻辑——制度约束逻辑与关系约束逻辑,本研究提出了权威假设、传递性假设、优先连接假设以及制度邻近性假设,并利用随机行动者导向模型对2000—2017年合作监管网络动态加以考察。结果显示,除优先连接假设因相应模型总体收敛比过大未得到证实,其余假设均成立;同时,权威假设的作用强于传递性假设、制度邻近性假设,构成了合作监管网络形成的主导性因素,表明制度约束逻辑是正式合作网络形成的主导性逻辑。这与科层制的影响密不可分,如前所述,正式网络在某种意义上是科层制的松散复制。这一特性决定了正式网络深受科层制尤其是正式制度安排的影响。基于正式授权,食品安全监管核心职能组织主导了该领域有关合法性的集体认知,成为网络中最活跃的行动者。与此同时,近年来食品安全监管体制改革强调监管权威明晰化,亦助推了制度约束逻辑更好地发挥作用。①

本章以 Leifeld 等人观点为基础,并从社会网络的角度出发,将合作形成逻辑简化为两种:制度约束逻辑与关系约束逻辑。本章证实了,合作关系形成是这两种互补性逻辑作用的结果,而非某种单一逻辑的产物。同时,还说明了制度约束逻辑是正式合作网络形成的主导性逻辑。有研究曾指出,相较于自愿形成的非正式合作网络,正式网络中正式权力对合作网络的形成具有突出贡献,② 本章从量化角度予以证实。同时,这一结论对指导未来食品安全合作监管具有重要意义。权威行动者高度的活跃性意味着其具有扮演政策掮客的潜力。就合作监管持续运转而言,必须形成一种超越个体身份认同的全新认同意识,而知识、文化等差异则造成了潜在的

---

① 从1998年机构改革,到2004年确立分段监管体制,到2013年实行统一权威监管体制,再到2018年"三局合一"改革,权威明晰化的思想一以贯之。

② Ingold K., Fischer M., "Drivers of Collaboration to Mitigate Climate Change: An Illustration of Swiss Climate Policy Over 15 Years", *Global Environmental Change*, No. 24, 2014, pp. 88 – 98.

阻碍。活跃的权威性组织可以充当捭客，为弥合差异、形成心理承诺提供了契机。心理承诺是比认同更为深层的心理状态：当合作网络遭遇困境时，成员大多不会选择退出，而是投入额外的努力来确保渡过难关、获得成功。

为此，一方面，需要针对权威性组织"软硬兼施"塑造合作型组织文化，使其从根本信念上认可合作。在柔性理念方面，应强调公共性角色的回归。与合作型文化相适应的是公共组织公共性的角色定位。公共性要求组织行为应超越狭隘的部门利益，维护公共价值，使之意识到为公共利益而合作乃是职责所在。以此为基础，竭力避免合作异化为强势方支配或貌合神离，促进良性社会资本的积累与再生。在制度建设方面，应重塑组织的行政流程。目前，我国已经形成了部门联席会议、联合执法等一系列组织间合作机制。未来应总结上述机制适用情境的规律，据此形成一套指导性建议，帮助组织权变选择恰当的合作机制。除此之外，还应制定统一、清晰的组织间合作机制的应用流程与标准，并将其纳入绩效评估，倒逼合作参与者切实履职。

另一方面，需要权威性组织发挥捭客作用，构建全新的合作语言。合作的深层意义在于形成一个各骋所长、具有协同效应的新整体。这有赖于成员之间的沟通能力：分享想法和兴趣，从而更好地理解、认可他人的观点，并以此为基础创造新的共同意义和方向。这恰恰需要合作语言的支撑。语言既是社会认同和凝聚力形成的关键因素，又是奠定参与者互动基础的重要因素。对于合作而言，语言在形成凝聚力、积极动员合作、提供支持性的社会基础等方面具有不可小觑的作用。① 权威性组织可以利用其活跃地位，首先以信息沟通为切入点，逐渐深入到共同规范扩散，推动合作语言的形成，继而形成身份认同。之所以从信息沟通着手，是因为它对组织自主权威胁较弱，不易招致抵触。以此为突破点，有助于逐步构建信任，进一步促进沟通，开启相互信任—相互理解—内部合法性—共同承诺的良性演进，② 为深层次的规范共享提供基础。

本研究的贡献在于，第一，运用行动者模型弥补了既往纵贯性研究的不足。既有研究多以不同时间点网络结构的变化作为刻画网络演化的依

---

① Mandell M. , Keast R. , Chamberlain D. , "Collaborative Networks and the Need for a New Management Language", *Public Management Review*, Vol. 19, No. 3, 2017, pp. 326 – 341.

② 有关相互信任、相互理解、内部合法性、共同承诺如何逐级演进可参见 Ansell C. , Gash A. , "Collaborative Governance in Theory and Practice", *Journal of Public Administration Research and Theory*, Vol. 18, No. 4, pp. 543 – 571。

据，却对网络演化的动力机制关注不足。虽然名为演化研究，事实上却是静态研究。它们是针对特定时间节点的"快照式研究"，并未在连续时间内考察网络变化。第二，本研究关注的变量——组织权威、传递性、优先连接与组织制度类型等数据易于收集，有利于将本研究采用的研究方法推广到其他合作网络中，观察合法性逻辑是否适用于其他领域，有助于推动相关研究。

　　本研究的缺陷在于，第一，本研究关注的是正式合作关系，但非正式合作关系同样十分重要。非正式合作中关系形成的主导性逻辑是否不同于正式合作关系，未来有待进一步比较研究。第二，由于客观条件限制，难以对合作网络的参与者进行访谈，从而深度考察网络演化的深层原因。第三，受知识局限，本研究未能关注不同时间段的网络演化遵循的逻辑是否有所不同。即便是正式合作网络，随着网络逐步成熟，合作形成的主导性逻辑或许会由制度约束逻辑转化为关系约束逻辑。未来研究可以通过引入时间变量，考察网络演化逻辑的变化。第四，该模型存在简化现实的风险。随机行动者模型将网络结构演化视作马尔可夫链式过程，[①] 即下一期网络结构变化的条件概率分布仅取决于当前状态。虽然这有助于简化分析过程，但与现实情况存在一定的出入：两机构的联合发文行为很可能是受到更早之前行为的影响。第五，由于文章数据收集方法所限，难以反映2018年机构改革后，市场监督管理总局下属各部门之间的合作关系。从地方经验来看，各部门之间的整合目前还更多属于"物理整合"而非"化学整合"。可以预见，在中央层面，市场监督管理总局的许多监管活动亦是以下属部门间合作形式展开的。而本研究数据来源于中央层面的联合发文，整合后统一以市场监督管理总局的名义发文，难以捕捉可能存在的组成部门间合作情况。

　　同时，本研究还存在拓展空间。当前，食品安全监管领域正积极探索、推行"双随机、一公开"这一新型监管模式，[②] 推进部门合作监管是该模式的重点之一。未来可以采用网络分析视角，借鉴 Provan 等人的研

---

① 另一用于分析网络结构变化的分析工具指数随机图模型（ERGM）也是基于该假设。

② 2015 年，国务院办公厅发布了《国务院办公厅关于推广随机抽查规范事中事后监管的通知》，要求在政府管理方式和规范市场执法中，全面推行"双随机、一公开"的监管模式；2016 年，发布了《食品药品监管总局关于进一步做好食品药品安全随机抽查加强事中事后监管的通知》，要求稳步推进食品药品监管"双随机、一公开"的随机抽查制度，强化事中事后监管；2019 年，发布了《关于在市场监管领域全面推行部门联合"双随机、一公开"监管的意见》，力争实现综合监管、智慧监管。

究成果，根据合作监管网络结构特征，区分不同类型的监管模式（如参与者共享治理、牵头机构治理及专门网络管理机构治理）；① 探寻联合监管模式与监管绩效之间的联系。借此，总结出不同情境下的合作监管模式的一般规律。

---

① Provan K. , Kenis P. , "Modes of Network Governance: Structure, Management, and Effectiveness", *Journal of Public Administration Research and Theory*, Vol. 18, No. 2, 2008, pp. 229 - 252.

第六章　食品安全合作监管网络的结构演变

探讨什么因素将会影响合作监管网络的结构演变是一个重要议题。合作监管网络面临的合法性压力来自两方面：外部合法性与内部合法性。基于此，本章提出若干假设——外部合法性影响网络整体特征（凝聚性、中心性与异质性），内部合法性影响网络群体特征（组织点度中心度和中介中心度、群际交流）。根据2000—2017年中央层级联合发布的食品安全监管文件，建构合作监管网络；并运用社会网络分析法，考察合作监管网络演化脉络，检验上述假设。研究发现，内外合法性均影响了合作监管网络演化。

第一节　食品安全合作监管的网络结构

一　研究背景

新时代以来，党和国家高度重视食品安全问题，将其置于"五位一体"总体布局和"四个全面"战略布局的高站位中筹谋布局。食品安全不但是健康中国战略的重要组成，还成为公共安全的关键要件。2019年出台的《关于深化改革加强食品安全工作的意见》更是明确，保障食品安全是全面建设社会主义现代化国家的重大任务。毋庸置疑，强化监管能力、让人民吃得放心，已成为治国理政的关键事项。

推进合作监管是改善监管能力的必要之策。细究毒奶粉、地沟油等重大食品安全事件爆发的根源，合作监管不力、监管碎片化屡屡成为"元凶罪魁"。我国曾长期实行分段监管体制，将生产、流通、消费的监管职责授予不同部门，不仅难以适应现实需要，还变相增加了协调成本，加大合作监管的难度，致使齐抓共管蜕化为"齐抓不管"。随着合作监管的必要性日渐凸显，中央政府对此给予高度重视，采取了一系列措施，促使合作监管获得长足进步。早期，合作监管侧重于内部导向，即关注政府内部相关部门的协调合作，希冀借此使齐抓共管落到实处，发挥部门间协同优势。原国家食品药品监督管理局、国务院食品安全委员会的成立便是明证，旨在强化部门间交流与协作。随着政府将合作监管置于国家治理现代化的背景之下，监管理念亦从政府管理走向治理，合作监管逐步重视外部导向——社会共治，即强调政府与非政府行动者合作。挖掘市场、社会主体的能动性，推动一元治理走向政府引领的多元治理模式，力图打造共治共享的现代监管格局。2015 年出台的新《食品安全法》将"社会共治"理念制度化，成为监管活动的重要原则。

不难发现，合作监管成为高层部署监管活动的着力点。那么，监管现实是否做出了回应呢？为回答上述问题，有必要引入合法性概念。合法性是驱动包括单一组织、多组织联盟在内的社会系统行为的关键。[①] 它是指在特定规范、价值观、信仰和定义系统内，组织行为被普遍认为是恰当的。[②] 合法性之所以重要，是因为实体总是嵌入特定的制度环境中，难以与之剥离。而各种正式制度和非正式制度就恰当行为达成了一致。对于组织间合作而言，合法性缺失不仅难以获得外部支持，还导致合作伙伴间缺乏认同，不利于合作维系。换言之，合法性是组织间合作的基础，合作监管亦不例外。

我国食品安全合作监管建设曾长期滞后，1993 年虽然开启了现代监管体制建设大幕，但彼时厘清权责更为迫在眉睫，因此无暇顾及合作监管。直至 21 世纪以来，合作监管才逐渐成为监管体制完善的重点。基于此，本章将聚焦于 2000—2017 年食品安全合作监管发展态势。[③] 根据这一时段内中央层面食品安全联合发文，构建合作监管网络。利用社会网络分析法，并结合合法性概念，分析合作监管的演进脉络。

---

① Oliver C. M., "Strategic Responses to Institutional Process", *The Academy of Management Review*, Vol. 16, No. 1, 1991, pp. 145 – 179; Human S. E., Provan K. G., "Legitimacy Building in the Evolution of Small-Firm Multilateral Networks: A Comparative Study of Success and Demise", *Administrative Science Quarterly*, Vol. 45, No. 2, 2000, pp. 327 – 365; Provan K. G., Kenis P., Human S. E., "Legitimacy Building in Organizational Networks", in Lisa Blomgren Bingham and Rosemary O'Leary, eds, second, *Big Ideas in Collaborative Public Management*, London, New York: Routledge, 2015, pp. 121 – 137.

② Suchman M. C., "Managing Legitimacy: Strategic and Institutional Approaches", *Academy of Management Review*, Vol. 20, No. 3, 1995, p. 574.

③ 本研究旨在考察 2000—2017 年食品安全合作监管情况，因此各部门的名称采用 2018 年机构改革前的简称。

二　相关研究的回顾

(一) 合作监管

合作监管一直是食品安全监管领域的重点议题。现有文献大致遵循两种路径：外部导向研究与内部导向研究。

1. 外部导向研究

外部导向研究关注政府与企业、社会合作。理想状态下，政府创造保障市场和社会秩序的制度环境、构建灵活的监管结构、与企业和社会参与者建立合作伙伴关系；企业强化自我监管、利用契约机制确保食品质量、向消费者传达安全信息；社会则监督政府与企业行为。[①] 由此，实现优势互补，发挥协同效应，进而以更低的成本和更有效的资源配置保障食品安全。学者运用共同监管（co-regulation）、强制性自我监管（enforced self-regulation）、元监管（meta-regulation）、混合监管（hybrid regulation）概括这一模式。[②] 早期研究梳理归纳了整个监管过程中各国采纳的合作监管实践。例如，危害分析和关键环节控制点、质量计划和良好做法守则。[③] 随着研究的深入，学者从类型学角度，概括合作监管可能的形式，并将监管过程划分为监管标准设定、实施、执行与监控四个阶段，探讨不同阶段理想的合作监管形式。研究发现，大体存在两种模式：自上而下"强制自我监管"模型和自下而上的"受认可的行业监管（recognized industry-level regulation）"模型，赋予私营部门执行公共政策目标时的自主性水平有所不同。自上而下模型适用于标准设定和执行之中，自下而上模型则适用于实施与监控。[④] 值得注意的是，部分学者结合中观制度以及公私合作伙伴关系研究，将合作监管视作介乎制度与组织安排之间的嵌入性中观制度，将公共和私人行动者合并在一个单一的机构框架内，以应对食物安全事件。同时，还提出能保持其韧性的关键在于，通过目标共享、风险分担

---

① Wu L., Liu P., Lv Y., Chen X., Tsai F. S., "Social Co-Governance for Food Safety Risks", *Sustainability*, Vol. 10, No. 11, 2018, p. 4246.

② Rouviere E., Royer A., "Public Private Partnerships in Food Industries: A Road to Success?", *Food Policy*, No. 69, 2017, pp. 135 – 144.

③ Martinez G., et al., "Co-Regulation as a Possible Model for Food Safety Governance: Opportunities for Public-Private Partnerships", *Food Policy*, Vol. 32, No. 3, 2007, pp. 299 – 314.

④ Garcia Martinez M., Verbruggen P., Fearne A., "Risk-Based Approaches to Food Safety Regulation: What Role for Co-Regulation?", *Journal of Risk Research*, Vol. 16, No. 9, 2013, pp. 1101 – 1121.

以及问责机制协调激励。①

　　随着社会共治理念的提出，采用外部视角的国内研究不断增多，就合作监管的本质是自上而下与自下而上治理模式相结合与西方学者达成共识。② 既有研究多聚焦于社会共治模式畅想以及配套体制机制设计层面。论及理想的社会共治模式，部分学者主张，以网络协同模式取代一元化监管，是实现社会共治、提升监管绩效的可行之道，并提出了相应体制机制设计应关注的重点。诸如推动"多头混治"转变为"多元共治"、推动"网络多维"转变为"单向一维"、推动"协同治理"转变为"分段监管"；③ 或是以提升多元主体行动能力为突破口——培育政府替代组织、发展政府平台协调作用、夯实权责体系、发挥公民作用等思路；④ 还有学者另辟蹊径，将各治理主体与治理环节结合，归纳出食品安全治理体系。⑤ 尽管具体内容有所不同，但均围绕着收缩政府权力触角、调整其角色定位，释放企业、社会活力与潜能，协调政府—市场—社会关系，发挥多元主体协同优势的思路展开。还有部分学者则跳出了网络协同模式的构想，从理论亲缘度更为紧密的监管理论中汲取经验，引入智慧监管视角。例如，刘鹏等认为，应从监管理念、监管主体、监管手段与监管效果层面入手，打造政府、行业企业、社会力量和保障机制体制四位一体的大监管体系框架。⑥ 乍看之下，这一观点似乎与网络协同模式无甚区别。然而，智慧监管并非单纯强调多元主体合作，更加突出权变性策略下的主体优势发挥，形成监管金字塔。相比之下，经验梳理、合作模式类型划分等更具指导性的研究并不多见。而且，经验梳理研究还存在重国外、轻本土的倾向。例如，有学者介绍了日本的多中心

---

① 　Rouviere E., Royer A., "Public Private Partnerships in Food Industries: A Road to Success?", *Food Policy*, No. 69, 2017, pp. 135 – 144.

② 　张曼、唐晓纯等：《食品安全社会共治：企业、政府与第三方监管力量》，《食品科学》2014 年第 13 期；Chen K., Wang X., Song H., "Food Safety Regulatory Systems in Europe and China: A Study of How Co-Regulation Can Improve Regulatory Effectiveness", *Journal of Integrative Agriculture*, Vol. 14, No. 11, 2015, pp. 2203 – 2217。

③ 　李静：《从"一元单向分段"到"多元网络协同"——中国食品安全监管机制的完善路径》，《北京理工大学学报》（社会科学版）2015 年第 4 期。

④ 　丁煌、孙文：《从行政监管到社会共治：食品安全监管的体制突破——基于网络分析的视角》，《江苏行政学院学报》2014 年第 1 期。

⑤ 　胡颖廉：《国家食品安全战略基本框架》，《中国软科学》2016 年第 9 期。

⑥ 　刘鹏、李文韬：《网络订餐食品安全监管：基于智慧监管理论的视角》，《华中师范大学学报》（人文社会科学版）2018 年第 1 期。

治理经验。① 虽在一定程度上提供了可资借鉴的经验，但距离实践仍有不小的差距、其可行性亦缺少现实检验。相形之下，总结本土的经验、教训显得更为紧迫。以"互联网＋"驱动社会共治为例，贵州省于 2013 年推出"食品安全云"，集成了政府监管系统、食品企业服务系统、公众查询系统、检测信息管理系统，已经成为大数据应用典型样本。经过六年的发展，已经积累了大量经验与素材，为提炼本土经验提供了契机。

2. 内部导向研究

内部导向则着重阐述政府部门间或部门下设机构间合作。虽然大部制被视作缓解交叠管辖招致低效率的重要对策，但是部门再大也存在边界。大部制改革看似缓解部门间龃龉，其实质是将部门间问题转化为部门内问题。况且，将多部门架构改革为单一部门在政治上是颇为棘手、难以实现的。② 此外，看似冗余的多部门架构还具有竞争与问责优势。因此，强化合作监管成为更为可行的策略。学者总结了美国的合作监管协调工具：跨部门协商（Interagency Consultation）；跨部门协议（Interagency Agreements）、联合决策（Joint Policymaking）、总统协调管理（Presidential Management of Coordination）。③ 纵然如此，上述机制并未使各部门之间实现"广泛、集中的合作"，制定长期食品安全目标及相应的绩效计划亦落空。对此，研究者提出应从目标责任、组织文化沟通、领导、明晰责任和角色、参与者、资源、书面指南和协议入手改进合作监管。④ 值得注意的是，有学者提出应着眼于更宽泛的食品安全概念——食品系统安全，在此指导下促进食品安全合作监管。食品系统安全超越了褊狭的食品安全视角，将营养、环境保护以及工作场所安全纳入考量，⑤ 反映了大监管思想，其实质是从跨界政策体制层面剖析食品安全问题。食品系统安全为更

---

① 徐飞：《日本食品安全规制治理评析——基于多中心治理理论》，《现代日本经济》2016 年第 3 期。

② Pollans M. J. , Leib E. M. B. , "The New Food Safety", *California Law Review*, Vol. 107, 2019, p. 1237；Freeman J. , Rossi J. , "Agency Coordination in Shared Regulatory Space", *Harvard Law Review*, Vol. 125, 2011, p. 1152.

③ Freeman J. , Rossi J. , "Agency Coordination in Shared Regulatory Space", *Harvard Law Review*, Vol. 125, 2011, pp. 1131 – 1211.

④ GAO (United States Government Accountability Office), Managing for Results：Key Considerations for Implementing Interagency Collaboration Mechanisms, https：//www. gao. gov/assets/650/648934. pdf, 2012 – 09.

⑤ Pollans M. J. , Leib E. M. B. , "The New Food Safety", *California Law Review*, Vol. 107, 2019, p. 1225.

合理地分配资源和评估、权衡相互竞争的优先事项提供了一个平台。这一理念跳出了传统透视合作监管视角的桎梏，从宪政规则层次做出了突破，使用食品系统安全这样一副新的思想眼镜，来观察和归置合作监管。

国内研究大多沿袭了西方研究路径。部分学者主张建立强势协调机构，推动合作落到实处。[①] 还有学者强调以明确立法授权为抓手，强化合作监管的有效性。[②] 此外，学者还借鉴了整体性治理思想，提出从组织结构、责任和激励机制、伙伴关系、组织文化等入手推进合作。[③] 然而上述研究大多是从规范意义上探讨合作监管问题，实证研究相对不足。有一些学者分析了合作监管绩效，指出合作监管并非万应灵丹，必须以绩效为导向，使监管模式与风险类型兼容。[④]

综上，尽管食品安全合作监管是颇为重要的研究议题，但较之于西方同人，国内研究存在重规范阐述、轻实证探索的缺陷，系统梳理我国合作监管的实证研究有待获得更大关注。

（二）合法性与组织间合作

究其本质，合作监管是跨界合作的在特定领域的具体表现形式。为加深对其理解，本研究不欲拘泥于食品安全监管，而是回顾组织间合作研究这一更为宽泛的主题。许多研究都注意到了合法性对组织间合作的影响。例如，库玛（Rajesh Kumar）等探讨了伙伴合法性在战略联盟发展不同阶段的作用。他们将伙伴合法性分解为务实、道德与认知等维度，并提出若干推论；[⑤] 与之类似，普洛文（Keith Provan）等将合法性划分为形式合法性、实体合法性与互动合法性，提出若干有关组织间合作准备、初始以及成熟期，不同类型合法性的相对重要性的推论。[⑥] 后续的实证研究大多采用了库玛等人的合法性分类。例如，佩尔森（Sabine Persson）等通过案

---

① 刘鹏：《中国食品安全监管——基于体制变迁与绩效评估的实证研究》，《公共管理学报》2010 年第 2 期。

② 马英娟：《走出多部门监管的困境——论中国食品安全监管部门间的协调合作》，《清华法学》2015 年第 3 期。

③ 颜海娜：《我国食品安全监管体制改革——基于整体政府理论的分析》，《学术研究》2010 年第 5 期。

④ 胡颖廉：《统一市场监管与食品安全保障——基于"协调力—专业化"框架的分类研究》，《华中师范大学学报》（人文社会科学版）2016 年第 2 期。

⑤ Kumar R., Das T. K., "Interpartner Legitimacy in the Alliance Development Process", *Journal of Management Studies*, Vol. 44, No. 8, 2007, pp. 1425 – 1453.

⑥ Provan K. G., Kenis P., Human S. E., "Legitimacy Building in Organizational Networks", in Lisa Blomgren Bingham and Rosemary O'Leary, eds, second, *Big Ideas in Collaborative Public Management*, London, New York: Routledge, 2015, pp. 121 – 137.

例分析，剖析了伙伴合法性对区域战略合作网络的形成与发展过程的影响。① 研究发现，伙伴合法性的确发挥着举足轻重的作用，左右了有关规则与规范的谈判过程，而这些谈判又创造了组织间合作的可能。伊莫斯（Anna Emmoth）等则将伙伴合法性应用于研究集群的形成与运行。研究发现，形成期务实合法性最为重要，一旦缺少互利前景，合作就无从谈起；运转期道德与认知合法性变得更为关键，以缓和、化解集群协议执行阶段组织间互动所引发的冲突。而且，务实、道德合法性可以独立形成，认知合法性则取决于务实、道德合法性的情况。换言之，务实和/或道德合法性增强或弱化将对认知合法性产生同向影响。②

　　虽然上述研究极具借鉴意义。但这些研究多侧重于伙伴合法性亦即内部合法性对组织间合作的影响，对外部合法性的关注不足。学者也注意到了外部合法性的作用，指出其实现程度将影响内部合法性。③ 然而，研究者并未对此做出详细阐释。因此，需要相关研究兼顾外部合法性与内部合法性。

　　基于此，本章拟采用社会网络法，以便更为直观地刻画组织间合作态势，探讨内外合法性对我国食品安全合作监管的影响。事实上，可将合作监管视作目标导向的、多主体合作网络——行动者构成网络的节点，合作关系则构成网络的连边，采用社会网络分析自是水到渠成之事；而且，为系统展现 21 世纪以来合作监管的相关情况，本研究以联合发文刻画合作监管。这些数据更适合反映合作整体概况，但较少涉及合作过程具体细节。故而，难以采用案例分析法深入挖掘。值得注意的是，可以将食品安全合作监管网络划分为正式网络与非正式网络。前者是有意识创建的产物，附带有关参与事项的约束性协议。后者则是有机衍生的产物，常见于多个行动者共同应对遭遇的突发事件。④ 本研究聚集于正式合作网络，并

①　Persson S. G. , Lundberg H. , Andresen E. , "Interpartner Legitimacy in Regional Strategic Networks", *Industrial Marketing Management*, Vol. 40, No. 6, 2011, pp. 1024 – 1031.

②　Emmoth A. , Gebert Persson S. , Lundberg H. , "Interpartner Legitimacy Effects on Cluster Initiative Formation and Development Processes", *European Planning Studies*, Vol. 23, No. 5, 2015, pp. 892 – 908.

③　Emmoth A. , Gebert Persson S. , Lundberg H. , "Interpartner Legitimacy Effects on Cluster Initiative Formation and Development Processes", *European Planning Studies*, Vol. 23, No. 5, 2015, p. 906.

④　Isett K. , Mergel I. , Leroux K. , Mischen P. , Rethemeyer R. , "Networks in Public Administration Scholarship: Understanding Where We Are and Where We Need to Go", *Journal of Public Administration Research and Theory*, Vol. 21, No. s1, 2011, pp. i157 – i173.

以联合发文作为表征指标。原因在于，第一，获得长时间跨度的非正式合作网络数据难度较大；第二，尽管非正式合作网络颇为重要，但在公共管理领域正式合作网络更为常见，广泛见于应对应急处置、组织间信息共享、整合服务等领域。①

下文内容为：第三部分根据内外合法性概念，提出若干食品安全合作监管网络演化脉络的研究假设；第四部分阐述研究设计；第五部分阐述研究发现；第六部分说明研究结果，据此指出未来实践着力点，并指出研究的缺陷以及有待拓展的话题。

三 理论背景与研究假设

合法性是合作监管的基础。相较于私人领域中的合作（如旨在促进竞争力的战略联盟），公共领域的合作监管网络的合法性要求更高。从合作资金来看，合作监管网络维系、运转所需资金来自于财政拨款，须严格按照网络形成时的规定行事（无论是否真正落实到位，至少在表面看来必须如此）。从合法性缺失可能招致的后果来看，如果说在私人领域合法性赤字带来的更多是竞争力不足或退出市场等经济性损失；显然，对合作监管网络而言，其结果远不止公共资金的损失，更会带来政治上的负面影响。例如，因公共事务治理不力销蚀政绩合法性甚或执政合法性。而这当下对本就脆弱的政府信任而言，显然不是一个好消息。由此可见，合法性对合作监管网络的影响可谓举足轻重。面对合法性压力网络会做出相应调整，表现在成员组织构成、组织间关系改变，继而引发网络结构变化。

合作监管网络面临的合法性压力来自两方面。

一是外部合法性，即网络为其所嵌入的外部环境所接受。② 此时，合法性的评估者是外部利益相关者尤其是关键他人。具体到食品安全监管情境下，关键他人主要指高层决策者。他们框定食品安全问题的方式，尤其是据此形成的相关公共政策，构成监管网络必须遵循的约束性指导方针。这些政策是关键外部利益相关者合法性期望收敛的产物，构成了合法性判断的框架。监管网络必须遵守以表明并未背离其初衷。

① Segato F., Raab J., "Mandated Network Formation", *International Journal of Public Sector Management*, Vol. 32, No. 2, 2019, pp. 191–206.

② Suchman M. C., "Managing Legitimacy: Strategic and Institutional Approaches", *Academy of Management Review*, Vol. 20, No. 3, 1995, pp. 571–610.

　　二是内部合法性，即网络成员组织互相认可其行为是合适的、恰当的。[1] 它直接关系到合作伙伴的选择。如果每个成员认为其合作伙伴具有合法性，那么就更倾向以合作共容的态度参与合作。[2] 否则，合作很难收获预期成效。例如，当缺少足够的政绩共容体刺激时，药监与公安部门联合执法中龃龉不断，既定政策被扭曲执行。[3] 其症结在于，两部门的合法性期望存在较大偏差。作为垂直管理部门，药监部门更关注回应上级命令，对地方利益考量较少，规定的量刑标准较为严苛。与之不同，作为属地管理部门，公安部门更加注重地方利益以及自身办案资源，自然导致其量刑标准相对宽松。如此一来，就导致了政策变通：表面上两部门出台了衔接政策，但对移送标准并未形成共识，滋生了有案不接的怪象。具体到合作监管情境下，内部合法性压力将促使互相认可的组织之间更倾向于形成合作关系（见图 6.1）。

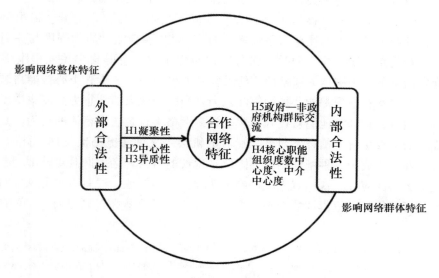

图 6.1　合作监管网络结构演化

---

① Kumar R. , Das T. K. , "Interpartner Legitimacy in the Alliance Development Process", *Journal of Management Studies*, Vol. 44, No. 8, 2007, pp. 1425 – 1453; Persson S. G. , Lundberg H. , Andresen E. , "Interpartner Legitimacy in Regional Strategic Networks", *Industrial Marketing Management*, Vol. 20, No. 6, 2011, pp. 1024 – 1031.

② Kumar R. , Andersen P. H. , "Inter Firm Diversity and the Management of Meaning in International Strategic Alliances", *International Business Review*, Vol. 9, No. 2, 2000, pp. 237 – 252.

③ 王清：《政府部门间为何合作：政绩共容体的分析框架》，《中国行政管理》2018 年第 7 期。

值得注意的是，外部合法性压力也会对内部合法性评价产生影响，继而左右成员的合作对象选择行为。归根结底，成员组织与网络是休戚与共的共同体。外部合法性赤字也会对成员组织资金造成支持缩减、公共形象污名化乃至管辖权收缩等威胁。

（一）外部合法性与监管网络整体特征

究其本质，合法性是一种限制变化并迫使组织遵守其制度环境的现象。① 于实体（组织、网络）而言，合法性是不可或缺的战略性资源。唯其如此，方能拥有立足、发展的空间。而外部合法性源自外部环境的关键他人，他们掌握了评价实体行为是否可取的解释权，并借此左右其行为，使其按照其期望行事。作为回报，符合预期的实体将因此收获由合法性衍生出的资源。例如，公众认可的企业通常将享有良好的声誉、更高的顾客忠诚度、更高涨的员工积极性等。② 合法性在一定意义上转化为一种变相控制手段：实体必须回应外部利益相关者。回应性愈强，就愈可能被视为是合法的。

然而，虽然合法性压力一直存在，但压力强度却存在差异。追根溯源，外部关键他人的注意力总是稀缺的，③ 意味着合法性压力强度与注意力配置关系密切。注意力是关键他人对特性事项信息的集中关注程度。④ 现实情境下，关键他人通常面临纷繁复杂的事项信息，受人类心智能力掣肘，并非所有事项都能获得同等注意力。当关键他人的注意力高度集中于某事项时，意味着他们将投入更多的资源严格审查合法性客体的行为。高强度的审查缓解了信息不对称，后者的机会主义做法更易被发现。此时，合法性压力成为一种刚性约束。因此，理性的行为者会提升其对外部利益相关者的回应性。这一观点也得到了实验研究的佐证，注意力和可见性对行动者的行为有根本性的影响，增加了他们对社会规范的遵从性。⑤ 简言

---

① Chiu S. C., Sharfman M., "Legitimacy, Visibility, and the Antecedents of Corporate Social Performance: an Investigation of the Instrumental Perspective", *Journal of Management*, Vol. 6, No. 37, 2011, p. 1561.

② Chiu S. C., Sharfman M., "Legitimacy, Visibility, and the Antecedents of Corporate Social Performance: an Investigation of the Instrumental Perspective", *Journal of Management*, Vol. 6, No. 37, 2011, p. 1562.

③ Crawford M., *The World Beyond Your Head: How to Flourish in an Age of Distraction*, New York: Farrar, Straus and Giroux, 2015, p. 11.

④ Hogan, Eileen A., *The Attention Economy: Understanding the New Currency of Business*, Boston: Harvard Business Press, 2001, p. 20.

⑤ Dittes J. E., Kelley H. H., "Effects of Different Conditions of Acceptance upon Conformity to Group Norms", *The Journal of Abnormal and Social Psychology*, Vol. 53, No. 1, 1956, pp. 100 – 107.

之，外部关键他人注意力愈强，合法性客体更倾向于从事增强其合法性的行为。

具体到本研究，政府高层是合作监管网络最重要的外部关键他人。后者将根据前者注意力配置强度、配置方向做出回应。2000—2017 年，政府高层对食品安全合作监管的关注度由弱到强、关注重点也经历了从碎片化监管走向整体性监管，从一元治理走向多元共治的变迁。如果监管合作网络的确对此做出回应，从网络角度来看，其网络凝聚性、集中性、异质性等特征会发生相应变化。

网络凝聚性反映了网络中行动者的联结与团结程度。通常，网络凝聚性越强，集体行动的潜在可能就越大。[1] 高度的凝聚性意味着行动者之间沟通、交流更为频繁，有助于构建互信并形成共同的行为准则，继而积累社会资本并促成集体行动。具体到食品安全合作监管，政府高层对合作给予越来越高的注意力。作为回应，行动者之间将形成更为密切的联系，并推动网络凝聚性强化。据此，提出如下假设。

H1：随着政府高层对合作重视的强化，监管网络凝聚性将不断增强。

网络集中性反映了网络在多大程度上围绕其中心行动者组织起来。一般而言，低集中度表示许多行动者在网络中占据较为中心的地位，高集中度表示仅由一个或几个行动者占据核心位置。具体到食品安全合作监管，政府高层早期注意力配置方向是改变监管权限分散的局面，力图构建统一权威的监管体系。在这一目标逐步实现后，注意力转向社会共治，着手构建多元共治模式。这意味着为获取合法性认可，网络中心性可能在初期增大，后期逐步减小。据此，提出如下假设。

H2：随着政府高层对合作重点的转移，监管网络中心性将呈现先增大后减小的变化。

网络异质性反映了网络中异质性主体合作的强度。对合作监管网络而言，高的网络异质性意味着异质性资源、知识交换愈加频繁，能够促进优势互补，进而提升监管绩效。具体到食品安全合作监管，随着政府高层的注意力逐渐转移至社会共治，作为回应，网络的异质性可能会不断增强。据此，提出如下假设。

H3：随着政府高层对合作重点的转移，监管网络异质性将不断增强。

---

① Olsson P., Folke C., Berkes F., "Adaptive Comanagement for Building Resilience in Social-Ecological Systems", *Environmental Management*, Vol. 34, No. 1, 2004, pp. 75 – 90.

（二）内部合法性与监管网络群体特征

在内部合作性作用下，行动者将倾向于和获得其认可的组织合作。就食品安全监管而言，核心职能组织具有正式权威，其存在是遵循社会规范的产物，天然享有合法性。不仅如此，它们还因具备相关专业性知识，掌握了可接受理论（acceptable theory）的评价权。[①] 结合现实政策运作过程，核心职能组织并非仅仅被动适应政府高层的决议，同样也左右了后者有关合法性判断。因此，核心职能组织自然是优先选择的对象。如果监管合作网络的确对此做出回应，那么核心职能组织将成为网络中的核心群体。从网络术语来看，这意味着此类行动者将具有更高的点度中心度和中介中心度。前者是刻画行动者影响力的重要指标。对合作监管网络而言，行动者度数愈大，与其他主体的交际能力愈强；后者则反映了行动者控制资源流动的能力，高的度数中心度意味着该节点具有控制其他行动者互动的能力，可借此位置优势坐享利益。据此，提出如下假设。

H4：在合作监管网络中，核心职能组织的度数中心度与中介中心度更高。

如前所述，外部合法性压力也会对内部合法性评价产生影响，并左右成员的合作行为。就食品安全监管而言，对多元共治模式的关注，将刺激政府机构与非政府机构合作。从网络术语来看，这意味着群际交流将逐步增强。据此，提出如下假设。

H5：随着政府高层对合作重点的转移，政府机构与非政府机构的联系紧密程度将不断强化。

第二节　食品安全合作监管网络结构的实证探索

一　研究设计

（一）数据来源

本章利用政策文本构建食品安全合作监管网络。第一，政策文献具有

[①] Meyer, J. W., Scott, W. R., "Centralization and the legitimacy problems of local government", in J. W. Meyer, & W. R. Scott (Eds.), *Organizational Environments: Ritual and Rationality*, Beverly Hills, CA: Sage, 1983, pp. 201 – 202. 转引自 Deephouse D. L., Bundy J., Tost L. P., *Legitimacy in Organizational Institutionalism in The SAGE Handbook of Organizational Institutionalism*, Beverly Hills, CA: Sage, 2008, pp. 49 – 77。

可追溯性，详细记录了相应阶段的合作监管活动，有助于考察较长历史时期内合作监管情况。第二，本研究旨在考察正式合作监管网络，联合发文是正式合作最为直接、清晰的反映，而且记录了发文单位信息，便于提取信息建构合作网络。

本研究收集的政策文件均来自"北大法宝"数据库。该数据库是迄今我国最成熟、专业的法律数据库，包括中国法律法规、司法案例、法学期刊、英文译本、专题参考五大主题。其中，中国法律法规收录于"法律法规检索系统"，涵盖了 1949 年至今的政策文本，契合本研究需要。

本研究采用以下步骤收集政策文本：首先，在目标数据集"中央法规司法解释中"，将关键词设置为"食品"，时间跨度设置为 2000—2017 年，① 进行精确检索，总计获得 5658 份政策文本。接下来，为确保文本内容与本研究相关，根据以下原则进一步筛选文本。第一，相关性原则。政策文件的主要内容与食品安全监管直接关联，且属于联合发文。第二，规范性原则。所选政策文本必须是法律、行政法规和部门规章等正式文件，不纳入批复、便函等非正式文件。据此剔除 5461 份政策文本。最终共有 197 份文本纳入研究之中。

（二）考察时段划分

2000 年以来，合作监管渐受重视，历经以下阶段：合作监管探索期（2000—2002 年）、合作监管形成期（2003—2009 年）、合作监管快速发展期（2010—2014 年）以及合作监管战略深化期（2015 年至今），这一划分依据的是关键历史节点。

进入 21 世纪后，伴随着快速成长的食品行业，食品品种日益多元、食品企业显著增多、产业链条不断拓展，仅凭监管部门单打独斗难以适应监管挑战，呼唤强化合作监管。虽然间或会以合作监管推进工作，例如《国务院关于加强新阶段"菜篮子"工作的通知》要求农业、工商等 11 个部门配合推进"菜篮子"工程，但只是完成特定事项的临时性安排，并未上升为一般性监管原则。随着政府深化对碎片化监管弊端的认识，合作监管被纳入监管体制建设之中。2003 年，原食药监局成立，专职承担"组织协调"职能。合作监管不再停留于临时性治理安排，进入制度化建

---

① 2018 年的机构改革实现了"三局合一"，组建了新的国家市场监督管理总局。虽然许多监管活动仍是市场监督管理总局的下属部门间合作展开的，但整合后统一以市场监督管理总局的名义发文，只从发文单位来看，难以捕捉可能存在的组成部门间的合作情况，不利于反映食品安全合作监管的全貌。因此，本研究仅选取 2000—2017 年的合作监管数据。

设时期。尤其是 2009 年《食品安全法》中共有 17 项条款涉及部门间协调合作。2010 年国务院食安委成立，负责食品安全议事协调。组成人员不仅包括所有与食品安全相关的部委领导，更是由国务院副总理领衔，借此使综合协调职能"由虚入实"。合作监管随之转入快速发展期。2013 年的机构改革则促使食品安全监管开始走向统一权威的监管模式。随着治理理念影响日渐扩大，治理思想亦型塑了合作监管发展：不仅强调政府部门间合作，还强调政府与社会的合作，据此提出了"社会共治"，并载入2015 年《食品安全法》。由此，促使合作监管进入战略深化期。不仅如此，政府部门间合作也取得重大突破。2018 年机构改革推动"三局合一"，推动体外合作转变为体内合作、降低合作成本，促使一体化监管进一步深化。综上，本研究将根据上述阶段划分，考察合作监管网络发展脉络。

（三）数据预处理

本章旨在借由合作监管网络结构特征变化，剖析监管实践是否回应了高层注意力。因而将根据前文所划分的合作监管阶段，将同时期的政策文本合并。根据文本中的发文单位信息构建合作监管网络：发文单位记作网络节点，联合发文关系记作网络中的连线，仅关注合作关系是否存在。必须说明的是，机构 A 与机构 B 联合发文，等同于 B 与 A 联合发文。因此，合作监管网络属于无向非加权网络。此外，此时段内经历了数次机构改革，部门机构发生较大变动，有必要进一步合并处理。例如，商务部前身为对外经济贸易合作部，处理数据时将两部门的数据合并。

（四）研究方法

鉴于社会网络分析是识别网络结构变化的有力工具，本研究选用该方法考察合作监管网络结构变化，所有计算均基于 UCINET 6.587。它以网络理论与图论为基础，分析社会结构。早在 20 世纪 30 年代，国外学者就已经关注社会网络研究，经过多年积累，形成了丰富的理论成果。例如，社会嵌入理论、结构洞理论以及弱连接优势理论等。20 世纪 70 年代后，统计技术、计算机技术的发展，极大推动了社会网络的量化研究。社会网络分析正是在此基础上发展起来的。得益于此，权力、凝聚力、互惠、派系等众多概念得到了精确测量，极大地改善了此前因概念界定五花八门导致知识积累缓慢、研究成果交流不足的窘境。不仅如此，社会网络分析还逐渐成为能够与经典统计方法一争高低的研究工具。经典统计方法通常假设观察值是彼此独立的，但这一假设在考察社会关系时却很难成立。社会网络分析中的 QAP、指数随机图模型、随机行动者导向模型等方法则弥补了这一缺陷。自此以降，社会网络分析的影响力与日俱增，已成为社会学领域的显学并逐渐应用于其他学科领域。

　　社会网络分析在公共管理领域的应用与合作治理的兴起密切相关。公共事务的复杂化催生了大量问题，仅依靠传统的科层命令或部门单打独斗已难以适应治理挑战。跨部门、跨层级合作、多元主体协同逐渐成为重要的治理策略。较之于科层制的层级节制，其突出特点在于参与主体地位相对平等，主体自愿参与合作实现治理目标，呈现出网络化特征。如此一来，如何有效管理网络成为公共管理领域的重要议题。学者发出"严肃对待网络"的疾呼，[1] 网络研究也成为热点话题。早期学者大多侧重定性研究，遵循人类学的研究路径深入考察网络。以考察网络成员特性为主，忽视了网络特性。[2] 与其说将网络看作实实在在的社会结构，毋宁说不过只是一种隐喻。对此，道丁（Dowding）批评道："若想切实形成网络理论，即以网络特性而非成员特性作为解释机制，政治科学必须汲取社会学的分析传统，借用并调整其代数方法。"[3] 这一主张获得学者的热切回应，以普罗文、肯尼斯为代表的优秀学者投身于此，开辟了公共管理领域的网络量化学派。目前已成功应用于公共服务管理、危机管理、自然资源管理等众多领域。[4] 不仅如此，研究质量也在不断提升。一方面，许多学者将关注点从一模网络转向更为复杂的二模网络；[5] 另一方面，从描述性分析

① O'Toole Jr L. J. , "Treating Networks Seriously: Practical and Research-Based Agendas in Public Administration", *Public Administration Review*, Vol. 57, No. 1, 1997, pp. 45 – 52.

② David K. , Tetiana K. , *Power Structures of Policy Networks in The Oxford Handbook of Political Networks*, London: Oxford University Press, 2018, pp. 91 – 114.

③ Dowding K. , "Model or Metaphor? A Critical Review of the Policy Network Approach", *Political Studies*, Vol. 43, No. 1, 2010, pp. 136 – 158.

④ Kapucu N. , "Interagency Communication Networks during Emergencies: Boundary Spanners in Multiagency Coordination", *American Review of Public Administration*, Vol. 36, No. 2, 2006, pp. 207 – 225; Milward H. B. , Provan K. G. , Fish A. , "Governance and Collaboration: An Evolutionary Study of Two Mental Health Networks", *Journal of Public Administration Research & Theory*, Vol. 20, No. s1, 2010, pp. i125 – i141; Provan K. G. , Huang K. , "Resource Tangibility and the Evolution of a Publicly Funded Health and Human Services Network", *Public Administration Review*, Vol. 72, No. 3, 2012, pp. 366 – 375; Sayles J. S. , Baggio J. A. , "Who Collaborates and Why: Assessment and Diagnostic of Governance Network Integration for Salmon Restoration in Puget Sound, USA", *Journal of Environmental Management*, Vol. 186, No. pt1, 2017, pp. 64 – 78.

⑤ Powell W. W. , et al. , "Network Dynamics and Field Evolution: The Growth of Interorganizational Collaboration in the Life Sciences1", *American Journal of Sociology*, Vol. 110. No. 4, 2005, pp. 1132 – 1205.

转向推断性分析。① 毋庸讳言,社会网络分析已成为研究合作网络的重要工具。

(五) 变量测量

就网络整体特征而言,本研究运用密度、度数中心性以及跨域交流指标分别衡量网络凝聚性、集中性与异质性。密度是网络中实际存在的连线数量与可能存在的最大连线数量的比值;② 度数中心性是网络中实际的点度中心度差异之和与最大可能差异之和的比值;③ 跨域交流是网络中不同类型主体间连线占网络总连线的比值。④ 需要说明的是,发文单位有行政机关、党的机关、军队、检察机关、审判机关、事业单位、社会团体及企业等不同类型。由于该指标是用于考察社会共治的实行情况,本研究将所有发文单位划分为两类:政府机构 (广义上) 与非政府机构。前五类属于政府机构,后三类属于非政府机构。

就网络群体特征而言,本研究运用度数中心度与中介中心度衡量群体地位。前者是网络中节点拥有连线的数量;⑤ 后者是网络中其他"点对"之间的测地线中,经过该节点的测地线所占比例。⑥ 在判断组织是否属于核心职能部门时,主要根据该部门官方网站有关其职能的介绍,如果与食品安全有关则记为核心职能部门,否则记作非核心职能部门。若机构职能曾发生变动,则参考"北大法宝"机构简介页面的描述判断。⑦ 通过比较两类部门的度数中心度与中介中心度的平均值,衡量影响力差异。

本研究运用群体密度 (density by group) 衡量群际交流程度。它是实际连线数与群内和群际最大可能连接数的比例。⑧ 其中,群际密度越高,群体间集体行动的潜力越大。该指标用于考察政府机构与非政府机构合作。

---

① Arya B. , Lin Z. , "Understanding Collaboration Outcomes From an Extended Resource-Based View Perspective: The Roles of Organizational Characteristics, Partner Attributes, and Network Structures", *Journal of Management*, Vol. 33, No. 5, 2007, pp. 697 – 723.

② 刘军:《社会网络分析导论》,社会科学文献出版社 2004 年版,第 101—102 页。

③ 刘军:《社会网络分析导论》,社会科学文献出版社 2004 年版,第 121 页。

④ Sandström A. , Rova C. , "Adaptive Co-management Networks: a Comparative Analysis of Two Fishery Conservation Areas in Sweden", *Ecology & Society*, Vol. 15, No. 3, 2010, pp. 634 – 634.

⑤ 刘军:《社会网络分析导论》,社会科学文献出版社 2004 年版,第 117 页。

⑥ 刘军:《社会网络分析导论》,社会科学文献出版社 2004 年版,第 122 页。

⑦ 具体网址详见 http://www.pkulaw.cn/cluster_form.aspx? check_gaojijs = 1&menu_item = law&EncodingName = &db = introduction。

⑧ Johnson J. C. , Borgatti S. , Everett M. , *Analyzing Social Networks*, London: SAGE Publications Limited, 2018, p. 176.

二　食品安全合作监管网络结构的变化特征

（一）网络整体特征

表 6.1 说明了四个时段网络整体特征变化。2000—2017 年，合作网络节点数量从 18 个增加至 47 个。从节点构成来看，非政府机构数量稳步提升，反映了参与主体的多样化。随着节点数量增多，网络的连线数也从 65 条增至 585 条。

表6.1　　　　　　　**2000—2017 年网络整体特征**

年份	政府机构	非政府机构	网络规模	连线数	群体类型	网络密度	度数中心性	不同群体间连线	跨域交流
2000—2002	18	0	18	65	1	0.425	38.24%	0	0
2003—2009	20	4	24	129	2	0.467	48.62%	18	13.95%
2010—2014	25	8	33	250	2	0.473	46.07%	81	32.40%
2015—2017	35	12	47	585	2	0.541	45.65%	207	35.38%

资料来源：笔者自制。

从网络凝聚性来看，2000—2017 年，网络密度从 0.425 增加至 0.541。鉴于网络规模在不断扩大，网络密度不减反增的趋势，反映了行动者交流不但并未因此减少，反而更为密切，意味着合作强度进一步深化。考虑到 2000—2017 年高层将注意力不断倾注于合作监管，且注意力配置强度不断强化，这一变化实属意料之中。2003 年，提出了食品安全监管应注重综合协调，为此成立了食药监局履行该职能；2004 年爆发的安徽阜阳毒奶粉事件将部门缺乏协调沟通暴露无遗，推动高层提出分段监管、强化部门协调；"十一五"规划将"统筹兼顾，整合资源"纳入基本原则，着力构建协同作战、齐抓共管的监管机制；2010 年，食安委的成立进一步凸显了对综合协调的重视，其构成人员不仅行政级别高，而且囊括了与食品安全相关的所有职能部门；随后，更是提出建立统一权威的食品安全监管体制。密度的变化趋势反映了合作监管网络对政府高层的回应。这与前文提出的 H1 保持一致：随着政府高层对合作重视的强化，监管网络凝聚性将不断增强。

从网络集中性来看，2000—2017 年，度数中心性初期显著上升，从 38.24% 增至 46.07%；此后，度数中心性略有回落，下降至 45.65%。这一趋势反映了监管网络虽然对高层注意力配置方向转换做出了回应，但具有一定的滞后性，H2 部分成立。2003—2013 年，注意力更多地投向如何将过度分散的监管权限逐渐集中，根源在于诸多食品事件爆发与碎片化监管存在莫大关联。2004 年，确立了多部门分段监管体制，将权限逐渐集中于某几个核心部门；2013 年机构改革后，进一步整合监管职能。食药总局升格为正部级单位，并将食安委、质检总局、工商总局的食品安全监管职能收入麾下。此后，高层的注意力逐渐转移至构建社会共治监管格局，激发社会活力，与之联袂推进治理能力提升。不过从网络集中性来看，监管网络虽然顺应了这一变化，但与高层的重视相比，其步伐稍显滞后，未来仍有待继续深入。

从网络异质性来看，2000—2017 年，跨域交流指数显著跃升，经历了从无到有、从弱到强的变化过程，从 0 增加至 35.38%，表明异质性群体互动明显增强。这与共治理念在食品安全监管中逐渐受到重视密不可分，H3 得到证实。事实上，鼓励非政府行动者积极参与，一直是食品安全监管的重要策略。例如，动员公众举报不法企业、鼓励行业自治等。新《食品安全法》更是以法律形式对其予以认可，将其纳入展开工作的基本原则。诸如"互联网 +"、大数据等技术发展还为深度挖掘社会共治潜力提供了新契机。例如，淮安市试行了"透明共治"模式，建设了"透明安全餐饮""透明放心菜市场""透明合格食品生产""透明食品流通"四位一体平台，整合食品生产经营过程信息、执法信息、消费者评价信息，有效提升了信息透明度，提升了监管绩效。"透明放心菜市场平台"运行后，蔬菜入市前检测合格率由 92.1% 提升至 99.6%。① 对于合作监管而言，异质性主体拥有的资源、知识等存在较大差异，相互交流能够促进非冗余的知识传递，进而推动优势互补。与此同时，高的网络凝聚性助力信任与互惠等良性社会资本的积累。而这正是合作取得预期成效并持续运转不可或缺的先决条件。

（二）网络群体特征

表 6.2—6.5 说明了群体地位。平均而言，2000—2017 年间核心职能组织的度数中心度、中介中心度②均高于非核心职能组织，H4 得到验证。不过，2015—2017 年，核心职能组织与非核心职能组织的差异显著缩小。

① 新华网：淮安"透明共治"模式保卫食品安全，http://www.xinhuanet.com/food/2018 – 04/11/c_ 1122664211. htm, 2018 – 04 – 11。

② 为进行跨期比较，采用的是标准化度数中心度与中介中心度。

同时,在考察时间范围内,公安部虽然是非核心职能组织,但始终发挥着较大的作用。直观上表现为,其度数中心度、中介中心度均高于整体平均水平。这或许与公安部在打击犯罪上的专业性有关。它是实现行政执法与刑事司法衔接不可或缺的参与者。自"四个最严"标准提出后,公安部的功能进一步凸显,以落实最严厉的处罚。2015 年出台《食品药品行政执法与刑事司法衔接工作办法》则以法规形式给予保障。

表 6.2　　　**2000—2002 年核心职能组织与非核心职能组织度数**
中心度、中介中心度

	组织名称	度数中心度	中介中心度
总体平均值		0.4408	0.0331
核心职能组织（N = 7）	卫生部	**0.765**	**0.184**
	工商总局	**0.706**	**0.081**
	粮食局	**0.647**	**0.103**
	农业部	**0.647**	**0.048**
	国家出入境检验检疫局	**0.647**	**0.048**
	对外贸易经济合作部	0.118	0
	国家国内贸易局	0.059	0
	小组平均值	**0.5127**	**0.0663**
非核心职能组织（N = 11）	公安部	**0.588**	0
	教育部	**0.588**	0
	经贸委	**0.588**	0
	药监局	**0.588**	0
	铁道部	**0.588**	0
	总后卫生部	**0.588**	0
	环保部	0.176	0
	住建部	0.176	0
	财政部	0.059	0
	税务总局	0.059	0
	总后勤部	0.059	0
	小组平均值	0.3688	0

注:加粗数据表示高于总体平均值。
资料来源:笔者自制。

表6.3　　　　2003—2009 年核心职能组织与非核心职能组织度数中心度、中介中心度

	组织名称	度数中心度	中介中心度
总体平均值		0.4739	0.0282
核心职能组织（N＝11）	食药监局	**0.913**	**0.112**
	卫生部/卫计委	**0.913**	**0.112**
	质检总局	**0.870**	**0.071**
	商务部	**0.826**	**0.131**
	工商总局	**0.826**	**0.059**
	农业部	**0.652**	**0.105**
	认监委	0.435	0
	海关总署	0.304	0
	国标委	0.261	0
	绿色食品中心	0.043	0
	中国食品土畜进出口商会	0.043	0
	小组平均值	**0.5533**	**0.0536**
非核心职能组织（N＝13）	科技部	**0.522**	0.010
	发改委	**0.478**	0.005
	工信部	**0.478**	0.005
	公安部	**0.478**	0.011
	环保部	**0.478**	0.003
	财政部	0.435	0
	监察部	0.435	0.001
	交通部	0.435	0
	铁道部	0.435	0
	中国人民银行	0.391	0
	教育部	0.261	0
	全国整规办	0.217	0
	国家中医药局	0.087	0
	小组平均值	0.3946	0.0027

注：加粗数据表示高于总体平均值。

资料来源：笔者自制。

表 6.4　　　　2010—2014 年核心职能组织与非核心职能组织度数中心度、中介中心度

	组织名称	度数中心度	中介中心度
总体平均值		0.5001	0.0252
核心职能组织（N=11）	食药总局/食药监局	**0.906**	**0.146**
	卫计委	**0.875**	**0.132**
	工商总局	**0.844**	**0.079**
	农业部	**0.813**	**0.088**
	食安委	**0.813**	**0.041**
	质检总局	**0.813**	**0.041**
	粮食局	**0.531**	0
	商务部	**0.531**	0
	认监委	0.188	0.002
	国标委	0.031	0
	绿色食品中心	0.031	0
	小组平均值	**0.5796**	**0.0481**
非核心职能组织（N=22）	共青团	**0.750**	0.017
	教育部	**0.750**	0.017
	工信部	**0.563**	0.002
	公安部	**0.563**	0.012
	广电总局	**0.531**	0
	科协	**0.531**	0
	中央文明办	**0.531**	0
	中央网信办	**0.500**	0
	铁总	**0.500**	0
	发改委	0.469	0.001
	国家网信办	0.469	0
	财政部	0.438	0
	妇联	0.438	0
	供销总社	0.438	0
	监察部	0.438	0
	审计署	0.438	0
	中宣部	0.438	0
	国家民委	0.125	0
	住建部	0.125	0.002
	国家禁毒委	0.094	0
	环保部	0.094	0
	旅游局	0.031	0
	小组平均值	0.4206	0.0023

注：加粗数据表示高于总体平均值。

资料来源：笔者自制。

表6.5　2015—2017 年核心职能组织与非核心职能组织度数中心度、中介中心度

	组织名称	度数中心度	中介中心度
总体平均值		0.5491	0.0171
核心职能组织（N = 12）	食药总局	**0.978**	**0.126**
	卫计委	**0.913**	**0.065**
	质检总局	**0.891**	**0.049**
	商务部	**0.870**	**0.030**
	工商总局	**0.783**	**0.013**
	食安委	**0.630**	**0.025**
	海关总署	**0.609**	0.001
	农业部	**0.565**	**0.055**
	粮食局	0.413	0
	国标委	0.065	0
	认监委	0.043	0
	绿色食品中心	0.022	0
	小组平均值	**0.5652**	**0.0303**
非核心职能组织（N = 35）	保监会	**0.783**	**0.013**
	妇联	**0.783**	**0.013**
	工信部	**0.783**	**0.013**
	广电总局	**0.783**	**0.013**
	中央文明办	**0.783**	**0.013**
	共青团	**0.761**	**0.011**
	中宣部	**0.674**	0.005
	司法部	**0.630**	**0.011**
	最高人民法院	**0.630**	0.002
	最高人民检察院	**0.630**	0.002
	发改委	**0.609**	0.003
	公安部	**0.609**	**0.014**
	中央网信办	**0.609**	0.001
	财政部	**0.587**	0
	国土资源部	**0.587**	0
	国资委	**0.587**	0
	科技部	**0.587**	0

续表

	组织名称	度数中心度	中介中心度
非核心职能组织（N＝35）	全国工商联	**0.587**	0
	全国总工会	**0.587**	0
	中国人民银行	**0.587**	0
	税务总局	**0.587**	0
	银监会	**0.587**	0
	证监会	**0.587**	0
	教育部	0.522	0.008
	铁总	0.500	0.005
	旅游局	0.478	0.004
	国家网信办	0.413	0
	科协	0.413	0
	住建部	0.326	0.004
	民航局	0.283	0
	民政部	0.283	0
	人社部	0.283	0
	中央综治办	0.109	0
	全国普法办公室	0.065	0
	国家中医药局	0.043	0
	小组平均值	0.5330	0.0039

注：加粗数据表示高于总体平均值。

资料来源：笔者自制。

表6.6说明了群体密度。2000—2017年，群际密度显著增强，大幅跃升至0.493。验证了H5：随着政府高层对合作重点的转移，政府机构与非政府机构联系紧密程度将不断强化。就群内密度与群际密度比较而言，我们发现政府机构显然更倾向于群内合作，非政府机构则更偏好与政府机构合作。这或许与监管格局转变仍处于过渡期有关：虽然提出了社会共治的原则，但监管模式转换并非一夕之功。政府放权的前提是社会有足够的能力承接，贸然放权可能造成不可逆料的恶果。因此，现阶段非政府机构主要发挥的是辅助与协同作用。

表 6. 6　　　　　2000—2017 年政府机构与非政府机构的群体密度

2000—2002 年		2003—2009 年		2010—2014 年		2015—2017 年	
0	1	0	1	0	1	0	1
0*	—	—	0	0	0.225	0	0.214	0.405	0	0.424	0.493
1**		0.425	1	0.225	0.584	1	0.405	0.543	1	0.493	0.588

＊非政府机构　＊＊政府机构

资料来源：笔者自制。

第三节　本章小结与讨论

本章探讨了合法性对合作监管网络发展的影响。合法性是指在特定规范、价值观、信仰和定义系统内，组织行为被普遍认为是恰当的。[①] 对于组织间合作而言，合法性缺失不仅难以获得外部支持，还导致合作伙伴间缺乏认同，不利于合作维系。由此观之，合法性是合作监管的基础。合作监管网络面临的合法性压力来自两方面：外部合法性与内部合法性。基于此，本研究提出若干假设——外部合法性影响网络整体特征（凝聚性、中心性与异质性），内部合法性影响网络群体特征（组织点度中心度和中介中心度、群际交流）。本研究根据 2000—2017 年中央层级联合发布的食品安全监管文件，建构合作监管网络；并利用社会网络分析法，考察合作监管网络演化脉络，检验上述假设。

本章从量化角度证实了内外合法性均会影响合作监管网络。研究发现，随着对合作监管日趋重视，在高强度的合法性压力下，监管实践的确做出了相应调整；这一点可从网络结构变化予以佐证。具体表现为，外部合法性压力对网络凝聚性、集中性以及异质性等整体特征造成了影响，内部合法性则对合作伙伴的选择产生了影响，进而造成了网络群体特征的变化。尽管如此，在考察监管网络集中性时，我们发现在合法性压力下，网络虽然根据高层注意力方向进行了调整，但在社会共治方面步伐稍显滞后，未来仍有待继续深入。

上述结论也指明了未来推进合作监管的着力点——社会共治。对此，须从以下方面着手。

---

① Suchman M. C. , "Managing Legitimacy: Strategic and Institutional Approaches", *Academy of Management Review*, Vol. 20, No. 3, 1995, p. 574.

第一，调整政府机构定位，强化整合式领导角色。整合式领导是指，将不同的团体和组织聚集在一起，以解决复杂的公共问题，实现共同利益。[①] 其本质是凸显政府机构的催化剂角色，需要政府以合作思维行事。就社会共治发起而言，运用各种正式、非正式手段（如委员会、研讨会、私人联系），使不同的行动者聚集起来，提供合作平台；就社会共治运行过程而言，从平等的讨论机会、自由提出主张、平等且认真地考虑每个议题入手，培育沟通理性、营造相对平等的合作氛围，促进协商与讨论。由此，整合差异性观点、促成彼此理解，进而达成共识，并为食品安全监管创新提供可能。需要指出的是，强调整合式领导并不意味着摒弃层级式领导角色，二者并不矛盾。社会共治也能从层级式领导中获益。以社会共治为例，社会组织的参与有赖于层级式领导授权，赋予其参与许可证（license to operate）。

第二，权变性地选择合适的社会共治治理结构。大体存在三种治理结构：参与者共享治理、牵头机构治理以及专门机构治理。[②] 共享治理完全由参与者自治，通常适用于参与者为数不多、成员互信度高、目标共识度高的情境，如社区支持农业（Community Supported Agriculture）。社区支持农业目标颇为明晰：生产者承诺采用生态友好型种植技术，消费者承诺购买农产品。同时，将治理单元限定在地方性食品安全系统，强调土地管理、社区、小农以及城乡合作精神，[③] 消费者与生产者高度互信、共担风险，与共享治理结构极为契合。牵头机构治理由单一主导参与者负责决策与协调，专门机构治理由专门成立的机构负责决策、协调。这两种治理模式适用于参与者规模中等及以上、信任水平处于中等及较低的情境，如全国性或国际性食品安全合作倡议。以"各地平价食品安全供应"（The Safe Supply of Affordable Food Everywhere）倡议为例，该倡议汇聚了国际食品公司、非政府组织、政府间组织和研究机构。由于参与者数量众多，采用了专门机构治理的形式。

第三，培育集体行动能力。集体行动能力要义在于"集体"二字，因此必须凸显跨组织特性。就合作准备阶段而言，应形成结果导向的综合性战略规划。与潜在的参与者协商，就社会共治的预期目标与产出、具体实

[①] Crosby B. C. , Bryson J. M. , "Integrative Leadership and the Creation and Maintenance of Cross-Sector Collaborations", *The Leadership Quarterly*, Vol. 21, No. 2, 2010, pp. 211–230.

[②] Provan K. , Kenis P. , "Modes of Network Governance: Structure, Management, and Effectiveness", *Journal of Public Administration Research and Theory*, Vol. 18, No. 2, 2008, p. 9.

[③] 刘飞:《制度嵌入性与地方食品系统——基于 Z 市三个典型社区支持农业（CSA）的案例研究》,《中国农业大学学报》（社会科学版）2012 年第 1 期。

施策略、行动者的角色与责任达成共识，并提供所需的技能、资金等资源支持。就合作过程而言，应通过正式或非正式手段（联席会议、电子邮件等）持续跟踪并通报合作进展情况，及时解决合作推进中遭遇的问题，防止执行过程中出现目标扭曲。就合作评估而言，根据绩效状况奖励或惩罚行动者，分享合作过程中的最佳做法，改进组织间合作策略以纠正缺陷。

本研究的贡献在于，利用社会网络分析法，较为全面地勾勒出我国食品安全合作监管发展脉络，弥补了纵贯性实证研究相对不足的缺陷。不过，本研究也存在诸多不足。第一，囿于研究水平，本研究仅关注内外合法性是否影响合作监管，并未考虑哪种形式的合法性影响更大，也未考虑不同阶段中内外合法性的相对影响力。第二，本研究聚焦于正式合作，但非正式合作亦不容忽视。一个值得思考的问题是，非正式合作是有机衍生的产物，常见于多个行动者共同应对遭遇的突发事件，往往是行动者自愿互动的结果，并不伴随着具有法律约束力的参与协议。由此观之，非正式合作网络受主体间关系影响更大。那么，内部合法性会是影响非正式合作的主导性因素吗？这一点有待未来实证检验。第三，囿于数据收集方法，无法呈现市场监督管理总局成立后其下属部门间合作概况。"三局合一"改革后，许多监管活动从体外合作转变为体内合作。而本研究采用的是联合发文数据，整合后统一以市场监督管理总局的名义发文，难以反映下属部门间合作。

本研究仍具一定的可待拓展之处。第一，本研究大篇幅着墨于合作监管网络在合法性压力下的适应性调整，但并不意味着合法性客体的能动性仅体现为感知、回应等应激式策略。事实上，通常存在两种策略：被动接受与主动说服合法性评估者调整期望。[①] 作为社会建构的产物，合法性是在一个实体与其利益相关者通过交流互动中逐渐构建的。作如是观，合法性客体也会对合法性期望发挥不容小觑的作用。但受收集材料的限制，本研究未能将这一复杂的过程展现出来。今后研究中或许可以以特定焦点事件为切入点，聚焦形成合法性判断过程中，各方展开的激烈斗争与谈判。第二，本研究虽然探讨了合作监管的结构性变化，但并未将其抽象为一般的监管模式。未来可以借鉴合作网络模式研究，将监管模式划分为参与者共享治理、牵头机构治理及专门网络管理机构治理，[②] 进一步剖析监管模式和绩效的关联。

① Suchman M. C. , "Managing Legitimacy: Strategic and Institutional Approaches", *Academy of Management Review*, Vol. 20, No. 3, 1995, pp. 571 –610.

② Provan K. , Kenis P. , "Modes of Network Governance: Structure, Management, and Effectiveness", *Journal of Public Administration Research and Theory*, Vol. 18, No. 2, 2008, pp. 1 –24.

第七章　食品安全合作监管
网络的议题演变

本章将探讨什么因素影响食品安全合作监管的议题变化。根据2000—2017年中央层级联合发布的食品安全监管文件，建构合作监管的议题网络；并运用社会网络分析法，考察合作监管网络演化脉络，检验务实合法性如何驱动食品安全合作监管网络的议题变化。

进入21世纪，食品安全合作监管成为主流趋势；既有文献围绕监管主体、生成逻辑、发展趋向等主题进行研究。然而，关于食品安全合作监管的议题还有待探究。本章根据2000—2017年中央层级联合发布的食品安全监管文件，通过运用社会网络分析方法，从整体、群体与个体层面上分别构建分析了食品领域不同监管阶段所形成的合作议题网络，并对议题演变背后的原因与逻辑进行了探讨。研究发现：专项整治、安全标准、生产经营安全监督、执法稽查等节点处于网络中心，更容易形成合作，原因可能是基于重大责任以及议题的专业性；核心议题的偏好由群内合作向群际合作转移，非核心议题一直以来都更倾向于群际合作；相比监管与执法议题群体，建设与服务这两大议题群体几乎不存在群内行动的潜力，倾向于与其他议题群体交流合作。此外，本章基于内部和外部动因两个不同视角对新时代以来食品安全合作议题演变背后的原因与逻辑展开讨论。可以发现，监管议题的演变与各利益主体地位的凸显，政策缺陷的弥合以及理念、范式与技术的变迁有关。

第一节　食品安全合作监管的网络议题

一　研究背景

近年来，食品安全问题备受关注。"民者，国之根也，诚宜重其食，爱其命。"进入21世纪以来，随着经济发展、生活水平的逐渐提高以及国内人口老龄化速度的加快，人们对健康愈加重视，人们不再仅仅只需要足够数量的食品饱腹，更需要高质量的食品保证身体健康。根据中商产业研究院发布的《2018—2023 年中国食品行业市场前景及投资机会研究报告》，可以看到，我国食品市场规模呈现"井喷式"增长。中国食品行业总收入由 2013 年的 9.2 万亿元增至 2017 年的 12.1 万亿元，年均复合增长率为 7.1%。直至 2019 年为止，仅我国保健食品的市场规模就高达4000 亿元人民币，成为全球第二大市场。① 此外，2020 年是全面建成小康社会目标实现之年；而没有全民健康就没有全面小康，在这样一个特殊的时间节点，人民群众对健康的渴望不断升温，愈加重视"舌尖上的安全"。面对形势严峻的食品安全问题，政府作为监管者，其监管能力的深化在保障食品安全方面具有重要的现实意义。

　　基于历史演进可以窥探到我国政府食品安全监管能力的深化路径，即碎片化监管逐渐被合作监管所替代。具体而言，我国曾长期实行"以分段监管为主、品种监管为辅"的食品安全监管体制，而后，"三鹿奶粉事件""地沟油事件""苏丹红事件"等重大食品安全事件的爆发凸显了食品监管的漏洞，我国逐渐认识到单打独斗的部门组织很难适应日益多元化的食品安全监管挑战。为避免监管低效、各部门推诿扯皮等现象，国家进一步对监管权限进行整合优化，至此，合作监管模式"由虚入实"。2015年，新《食品安全法》颁布。该法提到"社会共治"概念，强调在食品安全工作过程中，不仅要注重政府内部各部门间的合作，更要开展政府与社会的合作，进一步深化了合作监管的内涵。2018 年，"三局合一"改革的公布更是推进我国食品安全合作监管向前迈进了一大步。

　　毋庸讳言，合作监管已成为推进食品监管体系和监管能力现代化的助力点，一再地被推到社会舆论的风口浪尖和学术研究的前沿。但是，在国内外学术界已有的研究成果中，或者介绍食品安全合作监管的主体、体制、工具、技术等，或者分析食品安全合作监管的生成逻辑，或者探讨食品安全合作监管的未来发展趋向，鲜少联系监管现实细究食品安全合作监管背后的机理。立足于此，有必要从现实中政府关注的食品安全议题切入，对食品安全合作监管模式下所形成的政策议题网络进行聚焦讨论，具体分析监管议题网络的结构特征，以及政策议题在历史浪潮中的演变过程，以期深入认识食品安全合作监管背后的逻辑机理，为我国食品安全合

---

① 中国经济网：《我国保健食品市场规模达 4000 亿，成全球第二大市场》，2019－11－26，http：//www.ce.cn/xwzx/gnsz/gdxw/201911/26/t20191126_33707479.shtml。

作监管格局的未来发展提供依据。

基于此，本章尝试通过运用内容分析法以及社会网络分析方法，从实证的角度回答以下问题：在食品安全合作监管的不同发展阶段中，何种议题是处于中心位置的？哪些议题更容易形成合作？政策议题网络的结构特征是什么？议题的演化的背后原因是什么？为解决以上问题，本章梳理了2000—2017 年期间所有关于食品安全的中央法规文本，运用社会网络分析方法，构建分析我国食品安全合作监管议题网络在不同合作监管阶段下的结构特征以及核心议题的演变过程和显著特征，并对政策议题演变背后的原因进行系统性的深入研究。

二　相关研究的述评

本节从纵横两个维度展开文献综述：纵向从文献计量的角度关注食品安全合作监管研究主题的变迁；横向则基于"研究内容 + 研究视角"的双重视角深入梳理关于食品安全合作监管文献的进展。

（一）食品安全合作监管的文献计量分析

为透视我国学界有关食品安全合作监管现状、热点以及未来发展趋势的相关研究情况，本章以"食品安全""合作监管""食品安全合作监管"等为主题词在 CNKI 数据库中进行主题检索，得到检索结果共计 80条（为确保所选取的样本具有一定的权威性，删除报纸及重复文献，共获得期刊论文 30 篇，硕博士论文 32 篇）；运用 CiteSpace 软件对检索的文献进行可视化分析，呈现出研究热点。其中，聚类标签和高频关键词汇直接展现出食品安全合作监管领域的研究热点（见图 7.1）。由图 7.1 可知，多主体博弈、食品安全、犯罪防控、社会共治、监管体系、公私合作、整体性治理等研究主题是国内学者持续追逐的热点问题。

此外，研究前沿是指在某一领域研究中最先进且最有发展潜力的研究主题，在一定程度上代表了研究领域未来的热点以及发展趋势。本章利用CiteSpace 软件得到 2007—2021 年"食品安全合作监管"领域突现词（见图7.2），并且尝试通过对突现词的分析来揭示食品安全合作监管领域的研究前沿。根据图 7.2，可得出以下三个结论：第一，关键词"风险分类监管""国家质检总局""工商局""流通环节""监管体系""监管模式"等时间跨度在 1—3 年，表明这些研究主题曾受到学界的重点关注，由此一定程度上也从侧面反映出这一时期公共部门和学界更加重视探究食品安全监管主体的构成以及监管模式与过程的建立。第二，"整体性治理""政府监管""网络餐饮""多元主体"等高突现性关键词代表了该领域近五年来的研究热点。这与我国现实的研究状况较为相符。近年来，随着信息化时代的来临及互联网的全面普及应用，网络餐饮行业蓬勃发展，网络食品安全问题随之而来，网络食品安全监管也逐渐成为专家学者关注的焦点。同时，为进一步克服分散管理、重复低效的弊病，2018 年，国务院机构改革方案公布。方案提出，为打通市场监管全流程，解决过去"上面三根线，下面一根针"的局面，进一步提高治理能力与效率，需要聚焦"三局合一"改革。即工商、质监、食药监"三合一"，组建国家市场监督管理总局，整合各部门涉及价格监督检查和反垄断的职责等。至此，我国食品安全合作监管主体由现行"政府一元体制内的多头混治"转变为包括政府、企业、社会公众等在内的"多元共治"。① 第三，关键词"协同治理""社会共治"等的高突现性揭示了如今乃至今后极为可能持续的一种演进趋势。在未来，如何基于社会共治理念合理完全实现"协同治理"对"分类监管"的替代，很大可能成为众多学者关注的热点问题之一。

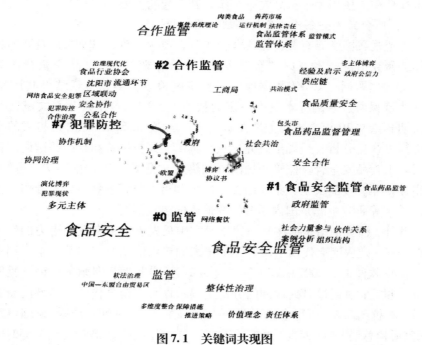

图 7.1　关键词共现图

资料来源：笔者根据 Citespace 软件生成。

---

① 李静：《从"一元单向分段"到"多元网络协同"——中国食品安全监管机制的完善路径》，《北京理工大学学报》（社会科学版）2015 年第 17 卷第 4 期。

Keywords	Year	Strength	Begin	End	2007-2021
风险分类监管	2007	0.70	2007	2010	
国家质检总局	2007	0.66	2007	2007	
食源性疾病	2007	0.66	2007	2007	
沈阳市	2007	0.65	2008	2008	
协作机制	2007	0.65	2008	2008	
工商局	2007	0.65	2008	2008	
区域联动	2007	0.65	2008	2008	
安全协作	2007	0.65	2008	2008	
流通环节	2007	0.65	2008	2008	
监管体系	2007	1.13	2000	2011	
监管模式	2007	0.65	2010	2010	
兽药市场	2007	0.65	2010	2010	
策略	2007	0.65	2010	2010	
政府	2007	0.80	2011	2014	
食品安全监管	2007	1.94	2014	2014	
博弈	2007	1.18	2014	2014	
食品药品监督管理	2007	1.18	2014	2014	
食品质量安全	2007	1.18	2014	2014	
公私合作	2007	0.76	2014	2015	
整体性治理	2007	1.19	2015	2015	
政府监管	2007	1.01	2017	2021	
网络餐饮	2007	0.95	2019	2021	
多元主体	2007	0.72	2019	2021	
协同治理	2007	1.14	2020	2021	
社会共治	2007	1.07	2020	2021	

图 7.2　2007—2021 年"食品安全合作监管"领域突现词

资料来源：笔者根据 Citespace 软件生成。

综上所述，国内学术界更加重视对食品安全合作监管主体、生成逻辑以及发展趋向等议题的追踪。然而，对标监管现实，发现诸如风险评估、监管技术、安全教育、公民监督等议题在食品安全合作监管的"中国方案"中也频频出现。因此，基于理论研究滞后于实践的需要，以实际合作监管政策议题作为切入点，挖掘学界未来可能需要进一步挖掘的研究主题。

（二）食品安全合作监管的研究内容和理论视角

1. 基于不同主题内容的食品安全合作监管研究

梳理文献可以发现，现有关于食品安全合作监管的研究，主要围绕监管主体、生成逻辑、发展趋向等研究主题进行探讨。

监管主体方面，既有文献表明，政府不再是单一的监管主体，而是由政府、市场和社会的多元监管主体构成我国食品安全监管治理体系。[1] 随着社会经济的发展，食品供需两端的多元化加大了食品安全监管的难度，Martinez 等认为政府难以单独完成对食品安全的监管，政府、市场和社会的共同参与能够以更低的成本提供更安全的食品。[2] Kong 对中国食品市场的一项实证研究表明，食品安全监管的制度与执法并不能够完全消除食品安全隐患，而具有社会责任感的企业主体往往能够将食品安全视为己任，降低食品安全风险。[3] 国内学者对监管主体的研究大多集中在模式、机制的探索与改革上。[4] 这与我国食品安全监管模式从"管理"转向"治理"的实践有关。[5] 分段监管的碎片化导致职能部门在监管时的掣肘与推诿，造成行政效率的低下和食品安全监管的缺位。[6] 总的来看，我国食品安全合作监管主体的多元化在协同方面还面临着诸多困难。针对这一现状，相关研究正如雨后春笋般涌出。

生成逻辑方面，早期的研究指出，合作正在成为社会治理中的一个显著现象，力求积极地促成公众、私营组织和非政府组织间的合作关系。[7] 合作治理是社会治理变革的归宿，[8] 其背后的生成逻辑主要是制度制约与政府引导。[9] 具体地看，当议题进入政策议程时，多元主体间的利益博弈往往会使多方产生不可避免的矛盾与冲突，这时就需要在全局信息与公共权力掌控方面具有既定优势的政府提供必要的利益平衡机制和交流平台，[10] 以促进利益主体的相互妥协与合作，加快政策的输出。具体到食品

① 汪全胜、宋琳璘：《现代治理视野下食品质量安全监管机制的完善路径》，《宏观质量研究》2021 年第 9 卷第 1 期。

② Martinez M. G. , et al. , "Co-regulation as a Possible Model for Food Safety Governance: Opportunities for Public-private Partnerships", *Food Policy*, Vol. 32, No. 3, 2007, pp. 299 –314.

③ Kong D. M. , "Does Corporate Social Responsibility Matter in the Food Industry? Evidence from A Nature Experiment in China", *Food Policy*, Vol. 37, No. 3, 2012, pp. 323 –334.

④ 伍琳：《中国食品安全协同治理改革：动因、进展与现存挑战》，《兰州学刊》2021 年第 2 期。

⑤ 张曼、唐晓纯、普蓂喆等：《食品安全社会共治：企业、政府与第三方监管力量》，《食品科学》2014 年第 35 卷第 13 期。

⑥ 韩忠伟、李玉基：《从分段监管转向行政权衡平监管——我国食品安全监管模式的构建》，《求索》2010 年第 6 期。

⑦ 全钟燮：《公共行政的社会建构：解释与批判》，孙柏瑛等译，北京大学出版社 2008 年版，第 165 页。

⑧ 张康之：《合作治理是社会治理变革的归宿》，《社会科学研究》2012 年第 3 期。

⑨ 张振波：《论协同治理的生成逻辑与建构路径》，《中国行政管理》2015 年第 1 期。

⑩ 金太军、袁建军：《政府与企业的交换模式及其演变规律——观察腐败深层机制的微观视角》，《中国社会科学》2011 年第 1 期。

安全合作监管领域，在最新的研究中，国内有学者基于合法性理论，尝试构建食品安全合作监管网络，从而剖析我国食品安全合作监管的生成逻辑，研究证实了合作关系是由两种互补性逻辑——制度约束逻辑与关系约束逻辑共同作用的结果，更进一步的研究发现，制度约束逻辑是正式合作网络形成的主导性逻辑。① 这一结论对食品安全合作监管未来的发展具有重要意义。

发展趋向方面，最新研究认为，我国的食品安全监管在经历"九龙治水""九加一"时期后，市场监督管理局的成立使得政府机构的监管职责不再呈现碎片化的态势，壁垒问题得以消除，从而加强了食品安全的监管力度。② 尽管整体性治理取得一定成效，但我国食品安全监管还有待发展。一是社会共治的程度不高。有研究发现我国食品安全合作监管的形式仍以政府一元监管为主导，政府与非政府机构合作、非政府机构间合作的频率还很低。③ 二是信息时代，大数据技术的出现为食品安全监管难题提供了可行的方案。例如，美国食品药品监督管理局（FDA）发布数据共享平台 Open FDA，政府、市场、社会各界都可以在该平台上对相关数据进行上传、检索和使用，平台还能通过挖掘、分析海量的数据来有效控制食品安全。④ 总的来看，我国食品安全合作监管的未来发展有两个趋向，一是形成社会共治的监管体系，二是将大数据技术嵌入食品安全合作监管的技术支撑体系。

2. 基于不同理论视角的食品安全合作监管研究

纵观现有关于我国食品安全合作监管的研究文献，基于不同研究视角及研究重点，以"食品安全合作监管"为主题词的现有文献可分为三大类。

第一类主要是基于社会共治视角的食品安全合作监管研究。社会共治理念的提出有效回应了合法性危机以及市场缺陷和公民社会的多元化诉求，区别于自上而下的官僚管理过程，其强调多元主体通过对话、合作、

---

① 徐国冲、霍龙霞：《食品安全合作监管的生成逻辑——基于 2000—2017 年政策文本的实证分析》，《公共管理学报》2020 年第 17 卷第 1 期。
② 孟庆杰、尧海昌：《大数据环境下基于神经网络技术的食品安全监管》，《食品与机械》2021 年第 37 卷第 1 期。
③ 徐国冲：《从一元监管到社会共治：我国食品安全合作监管的发展趋向》，《学术研究》2021 年第 1 期。
④ 王春婷：《社会共治：一个突破多元主体治理合法性窘境的新模式》，《中国行政管理》2017 年第 6 期。

集体行动等机制共同提供公共服务或解决公共问题。[1] 换句话说，实现社会多元主体对政府部分功能的代替，政府逐渐放权、赋权，逐渐退出那些不适宜、力不从心的领域，而在适当的时机吸纳更多社会多元主体逐渐参与、介入这些领域，从而在多元监管主体的持续互动与交流过程中实现更多的公共价值，进而创建社会共治新格局。具体到食品安全合作监管领域，国外学者较早地尝试提出了基于社会共治视角的食品安全合作治理模式。Henson 等探讨了私营部门如何应对管理食品安全的挑战，并且最早提出了公共部门与私营部门合作的食品安全共治模式。[2] Martinez 等的研究指出，公众对食品安全的关注正使政府部门面临越来越大的压力，鉴于公共部门资源的稀缺，作者提出公共和私营部门可以携手合作、共同监管，构建食品安全共治模式，以此提高监管的绩效，实现较低监管成本的同时提供更安全的服务。[3] 国内学者汲取已有研究文献的养分，对食品安全社会共治模式进行深入挖掘，认为从社会管理到社会共治，其实质是从自上而下的管控模式转变为上下结合、国家与社会合作的治理模式；在食品安全问题中，公众与第三方等监管力量可对政府监管进行补充。[4]

第二类主要是基于整体性治理视角的食品安全合作监管研究。整体性治理是对新公共管理范式的一种修正。在新公共管理的浪潮席卷全球长达20 年之后，针对政府追求效率所带来"碎片化"的一系列问题，英国学者佩里·希克斯等人提出了"整体性治理"（holistic governance）的新理念，其主要强调合作的"跨界性"，反对"碎片化政府"，主张实行持续高效的制度化合作，包括上下级政府之间、同级政府之间、公私部门之间的协同行动，以发挥整体效能。具体到食品安全合作监管领域，国外学者不仅基于整体性治理理论对食品安全问题的成因、监管主体、监管机制等进行研究，更将研究视野扩展到全球范围内，提出建立全球化的食品安全合作治理模式。例如，Hoffman 等建议，经济全球化带来的食品安全问题需要各国政府对于食品供应链进行合作治理，应在尊重各国主权并充分考

① 牛亮云、吴林海：《食品安全监管的公众参与与社会共治》，《甘肃社会科学》2017 年第6 期。

② Henson S. , Hooker N. H. , "Private Sector Management of Food Safety：Public Regulation and the Role of Private Controls", *The International Food and Agribusiness Management Review*, Vol. 4, No. 1, 2001, pp. 7 – 17.

③ Martinez M. G. , et al. , "Co-regulation as a Possible Model for Food Safety Governance：Opportunities for Public-private Partnerships", *Food Policy*, Vol. 32, No. 3, 2007, pp. 299 – 314.

④ 谢康、刘意、肖静华、刘亚平：《政府支持型自组织构建——基于深圳食品安全社会共治的案例研究》，《管理世界》2017 年第 8 期。

虑各国文化差异的基础上，建立跨全球化的食品安全合作治理模式。[①] 国内学者主要结合整体性治理的理念重新审视我国食品安全监管领域中存在的问题，提出想要避免"十几个部门管不好一桌饭""七八个部门管不好一头猪"等现象的出现，想要提高食品安全合作监管的效率与质量，就必须从根本上解决监管理念碎片化、监管资源碎片化、监管主体碎片化、监管体制碎片化等问题，重塑食品安全的整体监管，进而打造信息畅通、技术共享的无缝隙监管。[②] 新近的研究中，有学者从整体性治理理论的视角出发，基于市场主体之间的价值链、涉及食品安全的整个过程以及监管主体间的利益关系等三个维度，从整合治理结构、协调利益冲突、整合行动问责和多重监管信息四个方面提出了促进中国食品安全监管体系完整性创新的"四位一体"治理框架。[③]

第三类主要是基于网络分析视角的食品安全合作监管研究。随着公共管理与公共政策学科的发展与进步，相关研究一直在积极探索崭新的研究方法的运用。目前，公共管理与公共政策学科正处于积极吸收其他学科研究成果、探索与公共管理研究对象相匹配的跨领域研究理论与方法的发展阶段。社会网络分析作为研究社会关系的一种社会学领域的新兴研究方法，可以极大地增强公共管理与公共政策相关研究的科学准确度以及实践应用价值。具体地说，社会关系是当今网络信息化时代的关注重点，社会网络分析通过绘制能够详细反映行动者之间联系的网络关系图来尝试深入讨论人与人之间的交互关系。值得一提的是，社会网络分析方法还可以提供量化的工具来检验中层理论的实证命题，搭建"宏观和微观"之间的纽带桥梁。[④] 具体到食品安全合作监管领域，国外学者多将网络分析作为提升食品安全监管能力的有力工具之一，[⑤] 而国内学者往往基于网络分

① Hoffman J. T., Kennedy S., "International Cooperation to Defend the Food Supply Chain: Nations are Talking; Next Step-action", *Vanderbilt Journal of Transnational Law*, No. 40, 2007, pp. 1169 – 1178.

② 颜海娜：《我国食品安全监管体制改革——基于整体政府理论的分析》，《学术研究》2010 年第 5 期；宋强、耿弘：《整体性治理——中国食品安全监管体制的新走向》，《贵州社会科学》2012 年第 9 期。

③ 杨建国、盖琳琳：《食品安全监管的"碎片化"及其防治策略——基于整体性治理视角》，《地方治理研究》2018 年第 4 期。

④ 康伟、陈茜、陈波：《公共管理研究领域中的社会网络分析》，《公共行政评论》2014 年第 7 卷第 6 期。

⑤ Naughton D. P., Nepusz T., Petróczi A., "Network Analysis: A Promising Tool for Food Safety", *Current Opinion in Food Science*, No. 6, 2015, pp. 44 – 48.

析的视角，主动把握和了解食品安全合作监管多元主体间的互动以及关系网络形成的成因与规律，试图更深层次地认识监管主体在关系网络中的角色定位，并且预判网络未来的发展趋势。例如，刘毅等学者就通过运用社会网络分析方法对中国食品安全监管的"机构—职能"关系进行描述，并且尝试对政策网络的类型演变、权力分配、合作层次进行理论解释。[①]

综上可知，通过对"研究内容 + 研究视角"相关文献的梳理发现，既有文献大部分都是在宏观上探究食品安全合作监管的监管主体、生成逻辑以及发展趋向，而缺少微观层次的讨论。基于此，本章聚焦具体的食品安全合作监管议题研究，引入社会网络分析方法，尝试在合作监管不同发展阶段下探讨我国食品安全合作监管的具体议题，量化分析食品安全合作监管议题网络，从而详细描绘网络的结构特征与政策议题演变趋势，为我国现行的食品安全合作监管机制提供更为科学化、立体化的历史视界。

第二节　食品安全合作监管网络议题的实证探索

一　数据来源及方法

（一）数据来源与编码

政策的核心构成要素是政策文本，深度挖掘政策文本内容有助于梳理政策议题演变轨迹并客观剖析政策与实践存在的脱节问题。[②] 本章选取2000—2017 年中央层级联合发布的食品监管文件作为研究样本，引入社会网络分析方法，对食品安全合作监管政策议题网络的结构特征及议题演变趋势进行分析。

本章处理分析的政策文本文件皆来自 "北大法宝"（https：//www.pkulaw.com）数据库。北大法宝数据库收录了自 1949 年至今的全部法律法规，包括中央法规、地方法规、立法资料、中外条约、外国法规、香港法规、澳门法规、台湾法规、法律动态、合同范本、法律文书等。其中，截

---

① 刘毅、西宝、李鹏：《中国食品安全监管的政策网络研究》，《中南民族大学学报》（人文社会科学版）2012 年第 32 卷第 3 期。
② 张宝建、李鹏利、陈劲、郭琦、吴延瑞：《国家科技创新政策的主题分析与演化过程——基于文本挖掘的视角》，《科学学与科学技术管理》2019 年第 40 卷第 11 期。

至 2022 年 12 月 31 日，中央法规共有 345040 篇，一定程度上保证了研究样本的全面与权威。此外，所有研究样本皆为已公开发布的政策文本文件。

检索政策文本文件的具体步骤如下：首先，在"中央法规"条目中将关键词设置为"食品"，经过初步检索，获得共计 5974 份政策文本。其次，根据以下三个标准对政策文本进行更为细致的筛选。第一，选取的政策文本需排除便函、批复等非正式文件，保留与法律法规、部门规章有关的且现行有效的正式文件；第二，所选政策文本的时间跨度为 2000—2017 年；① 第三，政策文本的主要内容需与食品安全监管直接相关，同时属于联合发文。基于此，剔除不符合条件的政策文本共 6569 份。最后，本章共选取了 129 份政策文本作为研究的数据基础。图 7.3 展示了 129 份政策文本的时间分布。

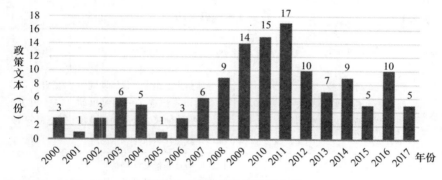

图 7.3　政策文本的时间分布

资料来源：笔者自制。

接下来对政策文本样本进行编码处理。本章以政策文本标题和具体文本内容为主要依据进行手动编码。编码过程中，为避免议题重叠交叉问题，笔者首先参考国家市场监督管理总局各机关部门的关键职能提炼出核心政策议题，再结合具体文本内容找到非核心政策议题。例如，食品生产安全监督管理司和食品经营安全监督管理司作为国家市场监督总局的下属机关，其主要职能分别为分析掌握生产领域食品安全形势以及流通和餐饮服务领域食品安全形势。由此，笔者提炼出食品生产安全监督与食品经营

① 鉴于 2018 年的机构改革开始实行"三局合一"，为避免因监管主体的合并导致机构改革前后监管网络的客观差异，因此，本研究仅选取 2000—2017 年的合作监管政策文本数据进行深入研究。

安全监督两个核心政策议题。需要说明的是，对于内容稍有关联交叉的议题，有必要进一步处理合并。最终，将食品生产安全监督与食品经营安全监督归纳合并为生产经营安全监督。基于此，得到 22 个一级编码点，包括综合规划、抽检督查、安全标准、信用监督、广告监督、价格监督、生产经营安全监督、食品质量安全监督、特殊食品安全监督、登记注册认证监督、国际食品贸易与执法稽查共 12 个核心议题以及公民监督、安全教育、风险监督、卫生管理、专项整治、信息公开、监管技术、监管机构、示范创建与资金支持共 10 个非核心议题。在此基础上，模拟聚类过程，将一级编码点进一步提炼归纳，得到监督、执法、建设与服务 4 个二级编码点。表 7.1 展示了部分编码点，表 7.2 展示了 2000—2017 年食品安全合作监管议题及频次统计。

表 7.1　　　　　　　　　　　政策文本编码示例

编号	政策文本	发文时间	具体内容	编码点
006	《卫生部、国家经贸委、工商总局、药品监管局关于开展保健食品专项整治工作的通知》	2002.07.16	在专项整治工作中，我们发现保健食品市场出现了一些突出问题，如：有的保健食品中擅自添加药物甚至违禁药品……	监督—专项整治/特殊食品安全监督
091	《国家质量监督检验检疫总局、国家认证认可监督管理委员会关于成立国家食品质量监督检验中心（广东）的通知》	2012.09.24	国家质检总局批准你局依托广东省产品质量监督检验研究院筹建的"国家食品质量监督检验中心（广东）"已按要求通过了国家认监委组织的"三合一"评审和授权，并经总局组织的专家组验收合格。现批准国家食品质量监督检验中心（广东）正式成立	建设—监管机构
095	《国务院食品安全委员会办公室、中央精神文明建设指导委员会办公室、教育部等关于开展 2013 年全国食品安全宣传周活动的通知》	2013.05.09	各地区、各有关部门要以党的十八大精神为指引，以食品安全监管体制改革为契机，紧扣宣传周主题，全面开展食品安全科普宣教活动	服务—安全教育

续表

编号	政策文本	发文时间	具体内容	编码点
128	《农业部办公厅、国家食品药品监管总局办公厅关于组织开展严厉打击危害肉品质量安全违法违规行为"百日行动"的通知》	2017.10.13	为党的十九大胜利召开营造良好环境，决定自即日起至12月底组织开展严厉打击危害肉品质量安全违法违规行为"百日行动"	执法—执法稽查；监督—食品质量安全监督

资料来源：笔者根据政策文本编码随机抽取整理。

表7.2　　　　2000—2017年食品安全合作监管议题及频次统计

一级议题	二级议题	三级议题	频次	三级议题	频次
食品安全合作监管	监督	**综合规划**	7	**特殊食品安全监督**	7
		安全标准	31	**登记注册认证监督**	8
		信用监督	1	**国际食品贸易**	9
		广告监督	2	风险监督	7
		生产经营安全监督	25	卫生管理	15
		食品质量安全监督	15	专项整治	32
	执法	**执法稽查**	15	**抽检督查**	11
		价格监督	2		
	建设	监管机构	4	资金支持	1
		示范创建	6	监管技术	2
	服务	公民监督	8	信息公开	4
		安全教育	13		

注：加粗议题为核心议题。

数据来源：笔者自制。

（二）监管阶段划分

21世纪以来，我国食品行业迅速发展，食品安全监管体制在艰辛探索中发生了重大变化。参考学者徐国冲与霍龙霞发表的《食品安全合作监管的生成逻辑——基于2000—2017年政策文本的实证分析》一文，[1]

---

[1] 徐国冲、霍龙霞：《食品安全合作监管的生成逻辑——基于2000—2017年政策文本的实证分析》，《公共管理学报》2020年第17卷第1期。

结合关键历史节点及监管特征对食品安全合作监管发展阶段进行划分，将2000年以来食品安全合作监管发展过程分为合作监管探索期（2000—2002年）、合作监管形成期（2003—2009年）、合作监管快速发展期（2010—2014年）以及合作监管战略深化期（2015年至今）四个阶段。综上，本章将根据上述阶段划分，考察食品安全合作监管政策议题网络特征以及演变逻辑。

（三）研究方法与分析维度

本章的研究重点是食品安全合作监管议题的关系网络，因此，采用社会网络分析方法进行相关研究。社会网络是社会行动者及其间关系的集合，社会网络分析则是对该集合进行量化分析的一种新的社会科学研究范式，[1] 其作为社会科学领域的重要概念之一，为从心理学到经济学的各种学科领域中的社会现象提供了有效解释。[2] 目前，在公共管理领域中，众多研究对社会网络分析方法有着大量需求。这种需求与近年来新公共治理理论的兴起有着较大程度上的相关。在新公共治理范式之下，公共利益的创造被认为是包括政府部门、市场、非营利组织、公民等合作生产的过程，由多元主体共同构建成的合作网络则逐渐成为社会关注的焦点。[3] 在这种情况下，如何科学合理地搭建合作网络就成为公共管理领域的热点议题之一。

此外，本章分析的对象是食品安全领域的中央法规，因为几十年以来持续颁布的政策法规不仅反映了食品安全监管领域的制度嬗变，同时也是政府监管部门活动的重要"足迹"，为研究政府部门间关系提供了一扇观测窗口。同时，鉴于由食品各监管部门联合发布的部门规章，既是监管网络的抽象呈现，又是其运行依据，因此，通过对政府部门发布的政策法规进行社会网络分析可以帮助我们了解不同食品安全合作监管阶段下主要聚焦于哪些政策议题，同时更好地根据议题网络的结构特征和核心议题的变化与主要特征初步确定政府部门下一步的着力点以及食品安全合作监管的方向，用以改进和优化我国食品安全监管政策，进而推进中国食品安全治理现代化。必须强调的是，根据编码议题构建合作监管议题网络：议题记做网络节点，议题关系记做网络中的连线，议题A与议题B关联，等同于B与A关联。因此，合作监管议题网络属于

---

①　Borgatti S. P. , et al. , "Network Analysis in the Social Sciences", *Science*, Vol. 323, No. 5916, 2009, pp. 892 – 895.

②　安卫华：《社会网络分析与公共管理和政策研究》，《中国行政管理》2015年第3期。

③　黄萃、任弢、李江等：《责任与利益：基于政策文献量化分析的中国科技创新政策府际合作关系演进研究》，《管理世界》2015年第12期。

无向网络。

本研究使用 Ucinet 6.0 软件将"议题—法规"二模网络转化为"议题—议题"的一模网络，并且分别针对整体网络、群体网络和个体网络进行量化分析。关于整体网络，通过网络密度及聚类系数这两个指标进行测量分析；关于群体网络，通过衡量群体地位和群体密度探讨网络特征；关于个体网络，通过测量社会网络的度数中心度和中间中心度来分析其网络特征。此外，将借助 Net Draw 的可视化功能呈现不同议题网络的结构特征，分析监管议题之间的互动行为。

1. 整体网络分析

（1）整体网络密度。它被用来描述网络主体之间连接的紧密程度，等于网络中实际存在的关系总数除以理论上最多可能存在的关系总数。换言之，密度越大，该网络对其中行动者的态度、行为等产生的影响也越大。

（2）聚类系数。聚类系数作为小世界研究中的一个测量指标，指的是一个集体的全部成员通过社会关系在一起的程度。聚类系数越大，该网络的凝聚力越强，网络中信息或资源的流动就越快。

2. 群体网络分析

本章通过对核心议题与非核心议题的度数中心度与中间中心度进行计算来衡量群体地位。同时，本研究还采用群体密度这一指标来衡量群际交流程度。密度是一个群体的结构形态指标中的重要变量，紧密团体的社会行为不同于疏离团体的社会行为。群体密度是指实际连线数与群内和群际最大可能连接数的比例。其中，群体密度越趋向于 1，表示群体内部互动越频繁，群体集体行动的潜力越大。该指标用于考察监督、执法、建设与服务等二级议题间的合作。

3. 个体网络分析

（1）度数中心度。它是在社会网络分析中最简单、最具有直观性的指标。在社会网络图中，一个点具有较高的度数中心度，意味着该点与其他许多点直接相连，社会关系更多，社会影响力更大。在本研究中，需要注意以下两点：一是鉴于本研究所研究的社会网络为无向图，因而没有点入度与点出度的区分；二是为了比较不同规模网络图的点的中心度，需要使用标准化后的绝对度数中心度指数，即"相对度数中心度指数"，指的是某点的实际度数与社会网络图中最大可能的度数之比。因此，在研究网络中，其中一点 i 的相对度数中心度的表达式可记为：

$C'_{RD}(i) = (i\text{ 的度数}) / (n-1)$，其中，$n$ 是网络的规模。

（2）中间中心度。这个指标是测量一个行动者在多大程度上居于其他两个行动者之间，是一种评估行动者的"控制能力"指数。在社会网络图中，一个点具有较高的中间中心度，说明该点处于网络的核心，可以较大程度地控制其他行动者。在社会网络中，其中一点 i 的中间中心度的表达式可记为：

$$C_{ABi} = \sum_{j}^{n} \sum_{k}^{n} b_{jk}(i), j \neq k \neq i \text{ 并且 } j < k$$

二　研究发现

（一）整体网络分析

图7.4中每一个节点代表我国食品安全合作监管的议题，节点位置无任何意义，节点大小表示该节点在议题网络中的度数中心度的大小。通过可视化网络可以清晰地看到食品安全监管领域中政策议题的互动关系。在2000—2017年，专项整治、安全标准、生产经营安全监督、执法稽查、食品质量安全监督、卫生管理、国际食品贸易、特殊食品安全监督等22个政策议题参与到议题网络中，其中，专项整治、安全标准、生产经营安全监督、执法稽查等节点处于网络中心，度数中心度较大，更容易形成合作。结合具体政策文本来看，针对食品安全的专项整治行动、安全标准体系建设、生产经营管理办法制定等更容易获得更多监管部门的支持。比如《国务院食品安全办等五部门关于印发畜禽水产品抗生素、禁用化合物及兽药残留超标专项整治行动方案的通知》《国家标准化管理委员会、国家发展和改革委员会、农业部、商务部、卫生部、国家质量监督检验检疫总局、国家食品药品监督管理局关于加强食品安全标准体系建设的意见》《卫生部、工业和信息化部、商务部、国家工商行政管理总局、国家质量监督检验检疫总局、国家粮食局、国家食品药品监管局公告2011年第4号——关于撤销食品添加剂过氧化苯甲酰、过氧化钙的公告》等政策文本都是由5个及以上的监管部门联合发布。

事实上，专项整治、安全标准、生产经营安全监督、执法稽查等政策议题更容易形成合作的原因可能是基于重大责任以及议题的专业性。毋庸置疑，政策议题背后所承担的重大监管责任必定是促成议题合作的主要原因之一。另外，政策议题本身的专业性或许也对合作的形成起着一定的"催化"作用。所谓"术业有专攻"，议题的专业性很大程度上会使监管职责碎片化，因此，具有专业性的政策议题更需要与其他议题广泛合作，以长期持续地顺利通过我国庞大科层体系的"检验"与"磨炼"，到达政策执行层。①

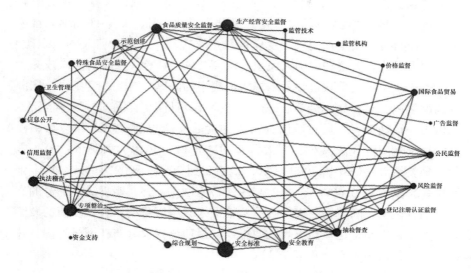

图7.4 2000—2017年食品安全合作监管议题网络图谱
资料来源：笔者根据 Ucinet 6.0 软件生成。

其次，网络规模与连线数从最直观的视角描述了网络的表面特征。网络规模代表社会网络中所包含的全部节点，即食品安全合作监管议题的数目。而连线数则表示政策议题（节点）两两之间的连接互动频次。这两项指标的数值越大，说明网络节点之间的互动行为越多，网络的结构愈加复杂。可以看到，2000—2017年期间，尽管网络规模上下波动，但总体仍保持较明显的上升趋势。这表明越来越多的议题开始进入政策网络当中，食品安全合作监管逐渐走向政治舞台中心。

同时，整体网络密度和聚类系数这两项指标的测量可以初步体现网络的凝聚性大小。网络密度越小，聚类系数越低，网络联系越分散，网络的存在对于核心节点的影响就越小。具体来看，在2000—2017年间，一方面，网络密度具有波动迹象，但总体来看较为平稳。在合作探索期向合作形成期演变的过程中，网络密度由原本的0.250下降到0.170，而后在合作监管的快速发展期又稳步回升至0.257，紧接着再次呈现降低的态势，回落至0.088。这一反复变化或许与食品安全事件的集中爆发以及国家的

① 杨晓培：《从身份到契约：食品安全共治主体协同之进阶》，《江西社会科学》2017年第7期。

重视程度有关。2003 年，浙江省卫生监督部门查获了 48 吨含有剧毒氰化物的"毒狗肉"。此后，食品安全问题大规模频繁出现，大有"你方唱罢我登场"之势。"毒奶粉""红心咸鸭蛋""地沟油"等事件陆续大规模爆发，使得食品安全在当时一度成为热点议题。一个较为直观的表现是，在全国人民代表大会和中国人民政治协商会议上，食品安全曾多次成为人大代表、政协委员反映最强烈、提案最集中的问题。对此，党中央、国务院高度重视，对食品安全事故进行严肃处理并且围绕食品安全事件监管专题做出一系列部署。通过政府强有力的食品安全规制，2015 年以后，食品安全曝光问题大大减少，广大群众的"进口"焦虑大大降低。另一方面，聚类系数由最开始 2000—2002 年的 0 到 2003—2009 年的 0.418，到2010—2014 年的 0.407，再到 2015—2017 年的 0.525，明显呈现上升的态势。综合说明，随着食品安全合作监管进入战略深化期，有更多新的政策议题产生，然而，这些新出现的政策议题目前还仅仅分布在网络外围，并没有进入到网络中心（见表 7.3）。

表7.3　　　　　　　　2000—2017 年议题网络整体特征

发展时段	网络规模	连线数	网络密度	聚类系数
合作探索期（2000—2002 年）	8	7	0.250	0.000
合作形成期（2003—2009 年）	18	25	0.170	0.418
快速发展期（2010—2014 年）	17	35	0.257	0.407
战略深化期（2015—2017 年）	14	7	0.088	0.525

资料来源：笔者自制。

（二）群体网络分析

表 7.4—7.7 展示了监管议题群体网络的结构特征。首先，表 7.4 和表 7.6 说明了核心议题与非核心议题的群体地位和群体密度。群体地位方面，平均而言，2000—2017 年间核心议题的度数中心度和中间中心度大都高于非核心议题，这与监管实践相一致。不过，近年来，核心与非核心议题的度数中心度及中间中心度的差距越来越小，表示食品安全问题更加复杂，非核心议题也逐渐引起政府重视。群体密度方面，表 7.6 说明了核心议题与非核心议题的群体密度。2000—2017 年，群际密度总体呈现先增后减的趋势，就群内密度与群际密度比较而言，结果发现，核心议题的偏好由群内合作向群际合作转移，在战略深化期逐渐倾向于与非核心议题

合作，而非核心议题一直以来都更倾向于群际合作。

表 7.4 　　　2000—2017 年核心议题与非核心议题的度数中心度、中间中心度

发展时段	核心议题	非核心议题	总体平均值
合作探索期（2000—2002 年）	0.229（0.191）	**0.286（0.318）**	0.257（0.254）
合作形成期（2003—2009 年）	**0.187（0.067）**	0.143（0.021）	0.165（0.044）
快速发展期（2010—2014 年）	**0.266（0.110）**	0.250（0.025）	0.258（0.067）
战略深化期（2015—2017 年）	**0.086（0.014）**	0.077（0.000）	0.081（0.007）

注：总体平均值计算了某一时段所有政策议题的平均度数中心度和平均中间中心度；括号里为核心议题的中间中心度，加粗数据表示高于总体平均值。

资料来源：笔者自制。

表 7.5 　　　2000—2017 年监督、执法、建设与服务的度数中心度、中间中心度

发展时段	监督	执法	建设	服务	总体平均值
合作探索期（2000—2002 年）	**0.286**（**0.318**）	0.143（0.000）	—	0.143（0.000）	0.190（0.106）
合作形成期（2003—2009 年）	**0.198**（**0.083**）	**0.176**（0.015）	0.089（0.000）	0.088（0.015）	0.138（0.028）
快速发展期（2010—2014 年）	0.250（0.041）	**0.407**（**0.047**）	0.083（0.001）	**0.354**（**0.037**）	0.273（0.031）
战略深化期（2015—2017 年）	0.085（**0.012**）	**0.154**（**0.007**）	—	0.039（0.000）	0.093（0.006）

注：总体平均值计算了某一时段所有政策议题的平均度数中心度和平均中间中心度；括号里为核心议题的中间中心度，加粗数据表示高于总体平均值。

资料来源：笔者自制。

表 7.6 　　　2000—2017 年核心议题与非核心议题的群体密度

2000—2002 年			2003—2009 年			2010—2014 年			2015—2017 年		
	0	1		0	1		0	1		0	1
0	0.300	0.133	0	0.425	0.321	0	0.286	0.250	0	0.083	0.111
1	0.133	0.667	1	0.321	0.393	1	0.250	0.250	1	0.111	0.000

注：0、1 分别表示核心议题与非核心议题。

资料来源：笔者自制。

表7.7 2000—2017年监督、执法、建设与服务议题的群体密度

	2000—2002年				2003—2009年				2010—2014年				2015—2017年			
	0	1	2	3	0	1	2	3	0	1	2	3	0	1	2	3
0	0.333	0.167	0.000	0.167	0.236	0.212	0.091	0.091	0.036	0.333	0.000	0.222	0.089	0.150	0.000	0.000
1	0.167	0.000	0.000	0.000	0.212	0.333	0.000	0.000	0.333	1.000	0.000	0.625	0.150	0.000	0.000	0.250
2	0.000	0.000	0.000	0.000	0.091	0.000	0.000	0.250	0.000	0.000	0.000	0.000	0.000	0.000	0.000	0.000
3	0.167	0.000	0.000	0.000	0.091	0.000	0.250	0.000	0.222	0.625	0.000	0.667	0.000	0.250	0.000	0.000

注：0、1、2、3分别表示监督、执法、建设和服务。

资料来源：笔者自制。

其次，表7.5和表7.7描述了监督、执法、建设与服务的群体地位和群体密度。群体地位方面，2000—2017年，执法的度数中心度和中间中心度逐渐超过监督、建设及服务，顺利进入到议题网络的中心位置。这或许与依法治国的进程有关。伴随合作监管体制的持续发展以及食品安全政策法规的不断完善，各地区专注解决法律执行中存在的问题，不断改进和加强执法工作，加大对食品安全违法案件查处力度，认识到法治化手段在建立健全保障食品安全长效机制过程中的重要作用。群体密度方面，根据表7.7可知，2000—2017年，监督与执法、建设间的群际密度先增后减，与服务间的群际密度总体呈现下降的趋势，表明群体间联系紧密程度逐渐降低，形成合作的潜力逐步减小。就群内密度与群际密度比较而言，结果显示，相比建设与服务群体，监督与执法群体更加倾向于单独行动、群内合作，相反，建设与服务这两个群体几乎不存在群内行动的潜力，需要与其他议题群体交流合作。

（三）个体网络分析

在议题网络中，度数中心度越高的议题与其他议题的联系越多，就越可能拥有更多的机会获得社会支持并且成为网络的中心，从而成为某一阶段食品安全合作监管的关键议题。与之同时，议题的中间中心度越高，该议题的地位就越重要，因为它具有控制其他议题之间交流合作的能力。2000—2017年，度数中心度最高的前五个政策议题分别是生产经营安全监督、食品质量安全监督、专项整治、安全标准以及安全教育（见表7.8）。表7.9展示了这五个政策议题的度数中心度和中间中心度。可以看到，这五大核心议题度数中心度的演变态势已然与倒"U"形曲线相吻合。不过，必须注意的是，不同议题频繁互动的峰值期是不尽相同的，例如，不同于专项整治、安全标准等，在2003—2009年，生产经营安全监督这一议题就已经进入到政策网络的中心位置，与其他核心议题或非核心议题进行大量的交互合作。这一趋势可能与社会舆论有关。

众所周知，社会舆论是食品安全合作监管议题演变的触发因素之一。报纸、媒体、广播等媒介在食品安全政策制定中发挥重要的作用：通过报道的形式，利用"焦点效应"，反映社会问题，[①] 形成巨大的社会舆论引导力量，推动食品安全问题进入政策议程设置。特别是微信、微博、论坛、网站等新媒体的发展促使食品安全问题的相关信息及时、迅速地传

---

① 黄新华、赵荷花：《食品安全监管政策变迁的非线性解释——基于间断均衡理论的检验与修正》，《行政论坛》2020年第27卷第5期。

播，引起信息受众"滚雪球"式的增长，从而引起政策社群的关注，最终加速了食品安全合作监管议题的演变。从监管实践来看，21世纪以来，毒奶粉、三聚氰胺等震惊全国的食品安全事件引发了极大关注。2008年，《人民日报》对于"三鹿奶粉事件"的相关报道多达一百多次，引发了一波舆论热潮，加快了政策议程设置的速度，缩短了相关政策法规出台的周期。也正是因为此类食品安全事故的爆发，引起中央、地方政府的高度重视，促使食品生产经营监督这一议题快速进入政策网络中心。

表7.8　　　　　　　　　2000—2017年政策议题度数中心度

序号	政策议题	度数中心度
1	生产经营安全监督	0.524
2	食品质量安全监督	0.524
3	专项整治	0.524
4	安全标准	0.429
5	安全教育	0.429
6	执法稽查	0.381
7	公民监督	0.333
8	风险监督	0.333
9	卫生管理	0.333
10	抽检督查	0.294
11	登记注册认证监督	0.286
12	国际食品贸易	0.286
13	特殊食品安全监督	0.190
14	信息公开	0.190
15	示范创建	0.190
16	综合规划	0.143
17	价格监督	0.095
18	监管技术	0.095
19	信用监督	0.048
20	广告监督	0.048
21	监管机构	0.048
22	资金支持	0

资料来源：笔者自制。

表 7.9　　　　　不同阶段核心议题网络的度数中心度、中间中心度

发展时段	生产经营安全监督	食品质量安全监督	专项整治	安全标准	安全教育
合作探索期 （2000—2002 年）	0.286 （0.286）	——	0.429 （0.667）	——	0.143 （0.000）
合作形成期 （2003—2009 年）	0.412 （0.184）	0.294 （0.225）	0.353 （0.096）	0.294 （0.123）	0.176 （0.029）
快速发展期 （2010—2014 年）	0.375 （0.111）	0.438 （0.059）	0.438 （0.060）	0.313 （0.079）	0.375 （0.052）
战略深化期 （2015—2017 年）	0.000 （0.000）	0.077 （0.000）	0.077 （0.000）	0.000 （0.000）	0.000 （0.000）

注：括号里为核心议题的中间中心度。

资料来源：笔者自制。

第三节　食品安全合作监管议题的演变动因

食品安全监管涉及的利益相关者遍布各个领域。在监管政策制定以及政策执行等过程中，中央政府、地方政府、食品生产加工方、企业、专家学者、消费者、新闻媒体、社会组织、民众等不同利益群体遵循各自价值取向，通过持续不断的合作博弈，最终影响政策变迁，政策议题亦随之演变。基于上述对食品安全合作监管的议题网络特征研究，本节尝试解读我国食品安全合作监管的议题演变过程，并"透过现象看本质"，基于内部和外部动因两个不同视角对 21 世纪以来食品安全合作议题演变背后的原因与逻辑展开讨论。

一　内部动因——利益主体与政策缺陷

从内部视角来看，剖析食品安全合作议题的演变过程，这两类解释逻辑值得重视，即是利益主体与政策缺陷。

监管议题的演变与各利益主体地位的凸显有关。政府部门及官员、民间组织、企业、公民个人等不同的利益主体均具有不同的利益结构，利益

结构的差异必然带来行为策略选择的差异。① 为谋取自身利益，各利益主体会在体制允许的范围内，对政策议题的拟定施加影响，使其能够符合自身的利益需求。在食品安全合作监管的不同发展时段中，均可发现背后各利益主体的利益意愿输出及相互博弈。在合作监管探索期，政府监管部门作为具有主导地位的利益主体，更加重视对食品安全的监督工作，生产经营安全监督、专项整治、卫生管理等成为这一阶段的核心议题。随着合作监管的深入推进，食品安全的"社会共治"模式已初见成效。面对日益严峻的食品安全监管形势，政府单方面的一元管控日益捉襟见肘。为追求食品安全"共治"主体间合作的利益平衡，建设和服务等相关议题被迅速吸纳到政策网络的中心位置，形成"监督—执法—建设—服务"相互合作的监管议题网络。

而在政策缺陷的解释路径中，不少学者认为监管议题的演变与政策缺陷的弥合有关。政策自身质量低劣包括政策目标模糊、政策内容混乱、政策标准不合理、政策缺乏历时性调整等。② 这些政策本身的缺陷使得有些政策议题被移出"议程"且有些重新进入"议程"，进而引发议题的演变。具体到食品安全合作监管领域，21世纪以来，生产经营安全监督、安全标准、专项整治等政策议题一直处于网络中心，但是随着食品安全事故的复杂化，越来越多的政策缺陷暴露出来，为快速解决政策缺陷与问题，大量的非核心议题比如风险监督、公民监督、安全教育等渐渐走进监管机构的视野当中，核心议题与非核心议题的联系也逐渐紧密化。不过，研究结果表明，2010年以来，核心议题与非核心议题间联系紧密程度逐渐降低，形成合作的潜力逐步减小，这一现象的发生可能与监管政策的不断完善有关。

二 外部动因——理念、范式与技术的变迁

从外部视角来看，新时代以来，伴随食品安全监管理念、范式与技术的变迁，食品安全合作议题也随之演变。

（一）理念变迁——从"吃得饱"到"吃得好"

公众理念的变迁对我国食品安全合作监管议题的演变有着直接影响。

---

① 高秦伟：《科学民主化：食品安全规制中的公众参与》，《北京行政学院学报》2012年第5期。

② 宁国良：《论公共政策执行偏差及其矫正》，《湖南大学学报》（社会科学版）2000年第3期。

食品安全是关乎民生的基本社会问题。一直以来,国家出台的众多法律法规都表现出政府对于公众诉求的高度关注以及加强食品安全管理的决心。早期,公众对食品方面的需求更侧重于"吃得饱",目的是更好更快地成为百姓的"菜篮子""米袋子"。伴随着我国食品行业的迅速发展,公众的理念发生了改变,公众在食品安全方面的需求不断增加,从"吃得饱"逐渐转向了"吃得好",从仅仅关注食品供应是否充足逐渐转向了对食品质量和营养健康的关注。保健食品作为食品的一种特殊类别,其产生和发展历程就很好地体现了公众在食品消费的理念及需求方面的变化,即从对食品量的追求发展为对其质的追求。

随着公众理念由"吃得饱"转向"吃得好",我国食品安全合作监管议题网络的核心也从单一监督执法向"监督—执法—建设—服务"多元议题演变,强调公民监督与安全教育在食品安全监管中起到的重要作用。2009年2月28日,我国出台的《食品安全法》中第十条明确规定:任何组织或者个人有权举报食品生产经营中违反本法的行为……对食品安全监督管理工作提出意见和建议。① 2010年,国务院颁布《关于加强法治政府建设的意见》,强调了政策制定过程中公众参与、专家论证的重要性,并在议案形成之后进行风险评估以及合法性审查等程序要求。② 2012年7月3日,《国务院关于加强食品安全工作的决定》正式颁布,其中第七点提到:动员全社会广泛参与食品安全工作……组织动员社会各方力量参与食品安全工作……充分发挥新闻媒体、消费者协会、食品相关行业协会、农民专业合作经济组织的作用。③

（二）范式变迁——从"全管理"到"全治理"

监管范式的变迁对我国食品安全合作监管议题的演变具有重要影响。具体而言,我国食品安全合作监管范式经历了从"全管理"到"全治理"的转移过程。最初在"全管理"范式中,食品安全问题被作为一种安全问题,也是升华为以政府责任为核心的政治性问题。该范式下的监管目标是:保证食品安全,保障公众身体健康和生命安全。更进一步地,在"全治理"范式中,食品安全问题不再仅仅是安全问题和政治性问题,更

① 中华人民共和国食品安全法,http：//www.gov.cn/flfg/2009 – 02/28/content_ 1246367.htm。
② 关于加强法治政府建设的意见,http：//www.gov.cn/zwgk/2010 – 11/08/content_ 1740765.htm。
③ 《国务院关于加强食品安全工作的决定》,http：//www.gov.cn/zwgk/2012 – 07/03/content_ 2175891.htm。

是作为一个社会性的治理问题。其监管目标是：保障公众身体健康和生命安全的前提下，更加注重在政府多样化监管手段、多渠道的合作与协调机制基础上进行的社会性治理。伴随监管范式从"全管理"到"全治理"的变迁过程，食品相关产业规模的不断扩大及食品市场的繁荣，食品安全监管的内容也不再局限于事后的消费环节，而是逐步转向贯穿于事前、事中、事后的监管。同时，政府对"使用少量钱预防，而不是花大量钱治疗"这一范式有了更深刻的认识，它将目光由事后补救转移到事前预防上。联系监管现实，政府与学界开始注意到风险监管的迫切性与必要性，尤其自《"十三五"国家食品安全规划》颁布后，风险监管的重要性进一步凸显，并明确指出强化风险预警和风险交流。

（三）技术变迁——从"工具化"到"数字化"

监管技术的变迁对我国食品安全合作监管议题的演变具有显著影响。运用大数据技术优化食品安全合作监管是目前提高监管质量与监管效率的重要方向。值得强调的是，传统的监管技术着重于"用数据监管"，而随着数字型政府的建设，传统的数据分析或者会忽略一些潜在信息，或者不能从海量数据中筛选有效信息并进行整合。总之，已经不能满足现今食品安全合作监管的要求，因此，监管技术的主要特征也从"工具化"逐渐向"数字化"转移，并且尝试用"对数据监管"替代"用数据监管"，做到食品安全事故的"未发先预"。具体到食品安全合作监管领域，早在合作监管形成期，监管技术这一议题就已经出现在议题网络的边缘位置，随着监管技术从"工具化"到"数字化"的发展，监管技术逐渐向网络核心位置移动。联系监管现实，近年来我国突出强调大数据、云平台、人工智能等新技术手段在食品安全合作监管领域的运用，而运用以上新技术手段挖掘到的信息具有前瞻性，同时新型技术能够透过事件的表象发现潜藏在背后的规律与联系，以此更加方便政策制定者们根据整体趋势预测未发生的食品安全问题，把风险解决在萌芽之时。

第四节　本章小结与讨论

作为一种政策分析工具，政策网络关注网络的构建过程和行动者策略等要素，融合了传统政策"自上而下"和"自下而上"的模式，强调了多元利益主体之间的资源互赖和利益博弈对政策制定、执行以及结果的影响。① 同时，政策网络分析关注政策过程中行动者间的结构关系、相互依赖和动态变化。② 通过确定网络议题的相对位置，即确定哪些政策议题处于网络中心，更容易形成合作，哪些政策议题又位于网络外围，尚未进入网络中心。

　　本章对食品安全合作监管领域监管主体联合发布的 129 份政策文本中所形成的政策议题网络进行了整体、群体、个体网络分析，并且对合作监管议题演变背后的逻辑进行了深入探讨。研究发现：第一，在 2000—2017 年间，共有 22 个政策议题参与到议题网络中，其中，专项整治、安全标准、生产经营安全监督、食品质量安全监督等节点处于网络中心，度数中心度较大，更容易形成合作，原因可能是基于重大责任以及议题的专业性。第二，与监管实践相一致，群体地位方面，核心议题的度数中心度和中间中心度均高于非核心议题；执法的度数中心度和中间中心度逐渐超过监管、建设及服务，顺利进入议题网络的中心位置。群体密度方面，核心议题的偏好由群内合作向群际合作转移，非核心议题一直以来都更倾向于群际合作；相比监管与执法议题群体，建设与服务这两大议题群体几乎不存在群内行动的潜力，而更倾向于与其他议题群体交流合作。第三，本章基于内部和外部动因两个不同视角对新时代以来食品安全合作议题演变背后的原因与逻辑展开讨论。可以发现，监管议题的演变与各利益主体地位的凸显、政策缺陷的弥合以及理念、范式与技术的变迁有关。

　　综上所述，本章通过对食品安全合作监管领域共 129 份中央法规的量化分析，绘制出我国食品安全合作监管议题网络的主要形态，由此对网络的结构特征与演变趋势进行观察与总结，归纳出不同监管阶段的政策议题，并且模拟聚类的过程得到监督、执法、建设与服务四大二级议题，最后尝试探索政策议题网络特征与演变背后的现实逻辑。同时，本研究也存在一定的局限性。受研究样本限制，可能无法完全呈现出食品安全合作监管议题网络的真实形态，同时，对于政策议题的聚类总结也存在着一定的主观性。

---

① 赵荷花：《基于政策网络理论的食品安全监管政策变迁》，《社会建设研究》2019 年第 1 期。
② 毛寿龙、郑鑫：《政策网络：基于隐喻、分析工具和治理范式的新阐释——兼论其在中国的适用性》，《甘肃行政学院学报》2018 年第 3 期。

第八章　食品安全合作监管的
工具选择*

从本章开始至第十章，是对食品安全合作监管进行探索性研究，涉及食品安全合作监管的工具、路径与趋向等维度，具体内容包括合作监管的工具特征与选择优化、合作监管路径的 QCA 分析与未来监管重点，以及合作监管的发展趋向——社会共治的理论探讨。

政策工具的选择是合作监管的重要载体。本章通过中央层面 121 篇政策文本的内容分析，探讨了 21 世纪以来食品安全合作监管中政策工具选择的类型特点与变迁趋势，并从理性和社会互动的决策逻辑来分析工具选择背后的驱动力，建立基于有效性—可接受性的理论框架。2000 年以来，我国食品安全合作监管政策工具选择模式分别历经封闭延续型、分类改进型与优效共治型模式。未来应该充分提高政策工具选择的有效性与可接受性，以实现全面向优效共治型模式的转变。

第一节　食品安全政策工具的特征研究

食品安全监管是公共治理的棘手难题。作为食品安全监管的重要主体，政府通过出台各项政策进行市场监管。无疑地，一项公共政策要想发挥理想的最优效果，必须科学、有效地运用合适的政策工具。那么，21 世纪以来，我国食品安全合作监管是如何选择政策工具的？食品安全监管政策工具经历了何种变迁？这些问题的回答无疑对正确使用政策工具、提高食品安全监管绩效具有重要的意义。因此，本章选取 21 世纪以来食品

---

* 注：本章的主要内容来自徐国冲、田雨蒙《食品安全政策工具选择的类型特点与变迁逻辑：基于政策文本的内容分析》，《中国公共政策评论》2021 年第 1 期，稍有修改。

安全政策文本作为研究对象，探讨我国食品安全合作监管中政策工具的选择与运用规律。

一　相关研究的评述

（一）政策工具的选择

政策工具的研究已有许多成熟的主题，如工具的特性、工具的执行、工具的分类、工具的选择等。本研究关注的是食品安全合作监管中的政策工具选择，因此聚焦于这一主题。政策工具的选择是政府治理中的一项重要抉择，不仅在实践中是政策制定者的一个典型难题，也是研究中反复出现的主题。① 因为政策工具的选择关系到政策目标的实现和政策实施的效果。然而，现有的文献很少能为决策者提供准确无误的指引。② 面对不同的政策工具，决策者会做出多种多样的选择，这是一个复杂的过程，因此对于此复杂过程的影响因素的研究就尤为重要。学界关于政策工具选择的研究视角呈现多样化，有经济学视角、政治学视角、规范视角和法律视角等。经济学的视角主要关注政策工具选择的成本与收益，以效率为导向；政治学视角注重研究支配政策选择的政治力量，以合法性、回应性等为价值取向；规范视角下的政策工具选择主要考虑意识形态和伦理道德等价值因素；而法律视角下政策工具选择的影响因素主要是法律框架，强调正当程序、个人权利、公平等法律价值因素。③ 表 8.1 梳理了已有的关于政策工具选择影响因素的研究。

表 8.1　　　　　　　　　　政策工具选择的影响因素

研究视角	研究主张	代表	影响因素
经济	关注政策工具选择的成本与收益，以效率为导向	福利经济学模型	基于成本效益分析，允许使用强制工具和混合工具
		新古典经济学模型	基于公共选择理论，推崇自愿工具

---

① Mees, Heleen L. P., Di J. K., et al., "A Method for the Deliberate and Deliberative Selection of Policy Instrumentmixes for Climate Change Adaptation", *Ecology and Society*, Vol. 19, No. 2, 2014, p. 58.

② ［美］B. 盖伊·彼得斯、［美］弗兰斯·K. M. 冯尼斯潘：《公共政策工具——对公共管理工具的评价》，顾建光译，中国人民大学出版社 2007 年版，第 8 页。

③ 杨代福：《政策工具选择研究：基于理性与政策网络的视角》，中国社会科学出版社 2016 年版，第 64—65 页。

研究视角	研究主张	代表	影响因素
政治	注重研究支配政策选择的政治力量，以合法性、回应性等为价值取向	彼得斯的5I模型	观念、制度、利益、个人、国际环境
		斯蒂尔曼	不同的国家类型
		林格林	治理模式
规范	主要考虑意识形态和伦理道德等价值因素	林格林	意识形态
		巴格丘斯	政策共同体中大多数成员共有的心理构造
		胡德	伦理道德准则（正义、公平等）
法律	主要是法律框架，强调正当程序、个人权利、公平等法律价值因素	福勒	合法性、法律价值
综合	政策工具选择是多因素合力作用的结果	赫利特与拉米什	国家能力、政治子系统的复杂性
		陈振明	政策目标、工具特性、应用背景、以前的工具选择、意识形态
		丁煌、杨代福	理性、政策网络

资料来源：笔者自制。

在政策工具选择的影响因素方面，近年来的国外研究趋向以具体案例的实证研究为主，如 Feiock R. C. 等以经理制市政府为例研究了影响政策工具选择的因素，认为不同形式的政府有着不同的政策工具选择的模式；[1] Borrás S. 等以不同时间、不同国家和地区运用的不同的创新政策为例，提出以问题为中心选择政策工具。[2] 此外，也有研究从理论上探讨影响政策工具选择的内在驱动力，并以此为标准划分不同的工具选择模式：如 Capanol G. 等认为政策工具的选择存在两股相互矛盾的内在驱动力，即基于工具的有效性和基于合法的共识性，划分了四种政策工具选择模

[1]　Feiock R. C., Jeong M. G., Kim J., "Credible Commitment and Council-Manager Government: Implications for Policy Instrument Choices", *Public Administration Review*, Vol. 63, No. 5, 2003, pp. 616 – 625.

[2]　Borrás S., Edquist C., "The Choice of Innovation Policy Instruments". *Technological Forecasting & Social Change*, Vol. 80, No. 8, 2013, pp. 1513 – 1522.

式：杂交、分层、污染、常规化。① 又有研究以理论来透析实践中的政策
工具选择的影响因素，Krause R. M. 等在地方政府层面研究了环境治理中
政策工具选择的驱动因素，将地方管理机构的结构、社区和目标人群的特
征以及政策问题的性质与工具选择联系起来。② 或者直接分析已实施政策
中的工具选择模式，如 Ahrens P. 以欧盟 1982 年至今的性别平等政策计划
为例，运用政治社会学的方法分析了其中的工具选择模式。③

　　国内研究集中在两方面，一是从理论上探讨政策工具的选择，二是对
实际政策中所运用的工具进行分析。理论研究方面，国内学者既有学习又
有创新，并结合新公共管理的实践来更新政策工具选择的理论：吕志奎将
政策工具的选择视为研究政策过程的新视角，并结合新公共管理探讨如何
进行工具的选择与运用；④ 丁煌、杨代福总结了政策工具选择的研究视角
与途径，并提出新的基于理性和政策网络的选择模型。⑤ 政策实践层面的
研究，大多基于已颁布的政策文本进行内容分析，集中在教育政策⑥、环
保政策⑦、创新政策⑧、医疗卫生政策⑨、社会政策⑩等领域。

　　总体上，近年来国外研究大多结合现实中的工具选择来探讨具体情境
的影响因素，而国内研究大多是对既有政策文本的内容分析，或是对相关
领域政策工具运用的归纳与总结，或是在理论上探讨影响工具选择的因

①　Capano G. , Lippi A. , "How Policy Instruments Are Chosen：Patterns of Decision Makers'
　　Choices", *Policy Sciences*, Vol. 50, No. 20, 2017, pp. 269 – 293.

②　Rachel M. K. , Christopher V. H. , Park A. Y. S. , et al. , "Drivers of Policy Instrument Se-
　　lection for Environmental Management by Local Governments", *Public Administration Review*,
　　Vol. 79, No. 3, 2019, pp. 477 – 487.

③　Ahrens P. , "The Birth, Life, and Death of Policy Instruments：35 Years of EU Gender E-
　　quality Policy Programmes", *West European Politics*, Vol. 42, No. 1, 2019, pp. 45 – 66.

④　吕志奎：《公共政策工具的选择——政策执行研究的新视角》，《太平洋学报》2006 年第
　　5 期。

⑤　丁煌、杨代福：《政策工具选择的视角、研究途径与模型建构》，《行政论坛》2009 年第
　　3 期。

⑥　徐赟：《"双一流"建设中政策工具选择与运用的问题及对策》，《教育发展研究》2018
　　年第 1 期。

⑦　姜玲、叶选挺、张伟：《差异与协同：京津冀及周边地区大气污染治理政策量化研究》，
　　《中国行政管理》2017 年第 8 期。

⑧　张韵君：《政策工具视角的中小企业技术创新政策分析》，《中国行政管理》2012 年第
　　4 期。

⑨　李阳、段光锋等：《构建分级诊疗体系的政策工具选择——基于省级政府政策文本的量
　　化分析》，《中国卫生政策研究》2018 年第 1 期。

⑩　孙萍、刘梦：《我国城镇弱势群体就业政策工具选择——基于政策文本的分析》，《东北
　　大学学报》（社会科学版）2017 年第 6 期。

素，而较少结合理论以实际的政策实施来探究工具选择背后的逻辑与驱动因素，尤其缺少对食品安全合作监管的政策工具选择的研究，对政策工具选择的理论维度也还有拓展的空间。

（二）食品安全合作监管中的政策工具选择

国外对于食品安全问题的研究起步较早，将食品安全合作监管看作是政府管制的一项重要内容，主要研究议题有：（1）食品安全问题成因，如 Nelson P. 认为食品安全问题产生于食品市场的信息不对称所引起的逆向选择和道德风险。[①]（2）食品安全监管技术，注重从技术上寻求有效解决食品安全问题的方法，并应用到食品安全的监管实践中去。[②]（3）食品安全监管模式，如 Martinez M. G. 等认为公共部门和私人部门共同监管是食品安全治理的一种可能模式且监管成本较低。[③]（4）食品安全政策，如 Millstone E. 通过实证和概念分析说明了食品安全政策制定如何同时实现科学性和民主合法性。[④]

国内对于食品安全监管的研究虽然起步晚，但成果不少，主要集中在以下几个方面：（1）食品安全问题的成因探讨，诸如不健全的食品质量安全标准体系、低效率的监管体制、缺失社会责任的企业、落后的冷链物流设施等。[⑤]（2）食品安全政策与体制变迁，关注我国食品安全监管政策、体制的变迁与内在的规律。[⑥]（3）国外政策学习，总结、借鉴国外的治理经验。[⑦]（4）食品安全治理模式，近年来侧重食品安全合作监管中的多元主体合作，从食品安全的大数据角度探讨了构建多中心治理的社会共治机制。[⑧]

[①] Nelson P. , "Information and Consumer Behavior", *Journal of Political Economy*, Vol. 78, No. 2, 1970, pp. 311 –29.

[②] Antle, John M. , "Efficient Food Safety Regulation in the Food Manufacturing Sector", *American Journal of Agricultural Economics*, Vol. 78, No. 5, 1996, pp. 1242 –1247.

[③] Martinez M. G. , Fearne A. , Caswell J. A. , et al. , "Co-regulation as a Possible Model for Food Safety Governance: Opportunities for Public-private Partnerships", *Food Policy*, Vol. 32, No. 3, 2007, pp. 299 –314.

[④] Millstone E. , "Can Food Safety Policy-making Be Both Scientifically and Democratically Legitimated? If So, How?" *Journal of Agricultural and Environmental Ethics*, Vol. 20, No. 5, 2007, pp. 483 –508.

[⑤] 张蓓、马如秋、刘凯明：《新中国成立 70 周年食品安全演进、特征与愿景》，《华南农业大学学报》（社会科学版）2020 年第 1 期。

[⑥] 胡颖廉：《食品安全理念与实践演进的中国策》，《改革》2016 年第 5 期。

[⑦] 郭家宏：《欧盟食品安全政策述评》，《欧洲研究》2004 年第 2 期。

[⑧] 黄音、黄淑敏：《大数据驱动下食品安全社会共治的耦合机制分析》，《学习与实践》2019 年第 7 期。

（5）食品安全监管体系的构建，如张红凤等以平衡计分卡为理论基础，构建了食品安全监管效果评价指标体系。① 综上，国内外对食品安全治理已有大量的研究，在食品安全问题成因、监管体系、监管模式、政策分析等方面积累了丰硕的成果，形成共同的研究议题，但是总体上聚焦到食品安全监管中的工具选择上还没有形成体系，研究较少且分散。

聚焦食品安全合作监管中的政策工具选择，国外研究较多采用经济学的研究途径，评估一些现行的具体政策工具的成本与收益，如 Antle 等从经济学的角度对美国的食品安全监管政策及法规进行评估。② 有研究通过比较来筛选出更有效率的食品安全政策工具，提出未来的政策设计与工具选择途径，如 Cho 等比较了食品安全治理中的自愿型政策工具和强制型政策工具，③ Starbird 则聚焦到了更为具体的审查政策和违规处罚对食品加工者行为的影响，研究指出，内部惩罚在激励方面比外部惩罚在经济上更为有效。④ 除了关注效率与效益，也有研究关注法律层面工具的影响因素，Henson S. 和 Caswell J. 介绍了发达国家中影响现代食品安全法规发展的一系列问题。⑤ 除了经济、法律的视角，还有不少具体的案例研究，如 Priefer C. 等研究指出欧盟国家主要运用软工具如宣传运动、圆桌会、网络和信息平台等，未来要运用更加严格的工具如取消食品补贴、修订欧盟法规和采取经济激励措施等。⑥

相比而言，国内这方面的研究较少，但学者的关注度日益提高。已有研究探讨食品安全监管中的工具分类，并指出未来需要关注不同类型政策

---

① 张红凤、吕杰、王一涵：《食品安全监管效果研究：评价指标体系构建及应用》，《中国行政管理》2019 年第 7 期。

② Antle, John M., "Efficient Food Safety Regulation in the Food Manufacturing Sector", *American Journal of Agricultural Economics*, Vol. 78, No. 5, 1996, pp. 1242 – 1247.

③ Cho B. H., Hooker N. H., "Voluntary vs. Mandatory Approaches to Food Safety: Considering Heterogeneous Firms", *Foodborne pathogens and disease*, Vol. 4, No. 4, 2007, pp. 505 – 515.

④ Starbird S. A., "Designing Food Safety Regulations: The Effect of Inspection Policy and Penalties for Noncompliance on Food Processor Behavior", *Journal of Agricultural & Resource Economics*, Vol. 25, No. 2, 2000, pp. 616 – 635.

⑤ Henson S. J., Caswell J. A., "Food Safety Regulation: An Overview of Contemporary Issues", *Food Policy*, Vol. 24, No. 6, 1999, pp. 589 – 603.

⑥ Priefer C., Jörissen J., Bräutigam K. R., "Food Waste Prevention in Europe-A Cause-driven Approach to Identify the Most Relevant Leverage Points for Action", *Resources, Conservation and Recycling*, Vol. 109, 2016, pp. 155 – 165.

工具的综合运用。① 此外，学者们还关注政策工具选择的标准，朱明春从科学理性和社会认知两方面探讨政府该如何对食品安全监管政策进行选择，认为好的食品安全监管政策应同时考虑科学理性和社会认知两方面。② 还有对食品安全政策文本进行量化分析的研究，发现我国食品安全监管所运用的政策工具仍以管制类为主，未来需要更多采用社会共治类型的工具，并且指出未来的政策工具需要关注需求侧的工具应用，以优化未来的政策工具组合。③

综上所述，国外已有许多结合食品安全治理具体实践对政策工具的选择进行研究，而国内大多聚焦于既有文本与政策的描述和解释规律，而未能探究工具选择的驱动机制，对于政策工具是如何选择的还有待探究，同时对该领域政策工具选择模式的探讨较少。因此，本研究从政策工具选择的视角出发，结合食品安全合作监管的实际情境，试图探究政府选择特定政策工具的模式和逻辑机制。

二　数据来源与研究方法

（一）数据来源

选用北大法宝数据库，搜索条件：一是以"食品安全"为关键词，二是时间范围为 2000 年 1 月 1 日至 2019 年 12 月 31 日，搜索结果包括中央层面 628 篇、地方层面 1807476 篇。本研究按照以下条件对搜索结果进行了筛选：一是选取中央层面的政策文本，由于地方政府的政策文本数量巨大，且地方政府的政策大多以中央政府层面的政策文本为指导；二是与食品安全合作监管密切相关，主要保留了对食品安全治理领域及影响较大的法律、办法、规范、实施细则、五年规划等类型的文本；三是体现直接的政策工具的运用；四是剔除了旧版法律法规、重复和无关的政策文本。最终得到 121 篇相关政策文本作为研究对象。政策文本的类型及数量分布如图 8.1 所示，包括部门规范性文件 63 篇，部门工作文件 21 篇，国务院规范性文件 16 篇，部门规章 8 篇，行业规定 6 篇，团体规定④ 3 篇，行

---

① 岳经纶：《食品安全问题及其政策工具》，《中国社会科学院院报》2006 年 5 月 11 日第 3 版。

② 朱明春：《科学理性与社会认知的平衡——食品安全监管的政策选择》，《华中师范大学学报》（人文社会科学版）2013 年第 4 期。

③ 倪永品：《食品安全、政策工具和政策缝隙》，《浙江社会科学》2017 年第 2 期。

④ 团体规定指海峡两岸食品安全协会以及中国科学技术协会与国务院食品安全委员会的联合发文。

政法规 2 篇，法律 2 篇。图 8.2 展示了 121 篇政策文本的时间分布。

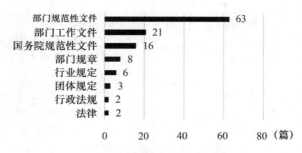

图 8.1　政策文本类型及数量

资料来源：笔者自制。

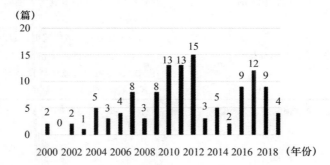

图 8.2　政策文本的时间分布

资料来源：笔者自制。

(二) 研究方法

运用 Nvivo 软件对所选取的 121 篇关于食品安全合作监管的政策文本进行内容分析。

1. 文本编码

将 121 篇政策文本按照时间进行排序、编号，然后在 Nvivo 11 软件中对每一篇政策文本内容进行详细阅读，开始手动编码。编码过程中，文本内容会出现同一段文字叙述中出现多种监管方式的情况时，倘若此文字段落在文中有所侧重，则将其归入一种监管方式；倘若各有侧重，就将其拆分，归入几种不同的监管方式中。据此得到了 42 个三级指标，在 Nvivo 软件中建立节点，再按照时间顺序对政策文本中的内容进行编码，得到 2673 个编码点，形成最终的三级指标体系，表 8.2 展示了部分编码点。

表8.2   政策文本编码示例

编号	政策文本	时间	具体内容	编码点
73	国家质量监督检验检疫总局关于宣传贯彻食品安全法进一步加强普法工作的通知	2009.05.08	宣传贯彻食品安全法是"质量和安全年"活动的重要组成部分,也是当前质检系统普法工作的重点	宣传
94	国家食品药品监管总局办公厅关于食品安全行政处罚法律适用有关事项的通知	2016.11.29	综合运用《食品安全法》和《行政处罚法》的相关规定,切实做到处罚法定、过罚相当、处罚与教育相结合	行政处罚
102	国务院办公厅关于加快发展冷链物流保障食品安全促进消费升级的意见	2017.04.13	加强对冷链物流基础设施建设的统筹规划,逐步构建覆盖全国主要产地和消费地的冷链物流基础设施网络	基础设施建设
116	《中华人民共和国食品安全法》	2018.12.29	根据国家食品安全风险监测计划,结合本行政区域的具体情况,组织制定、实施本行政区域食品安全风险监测方案	风险监测

资料来源:笔者根据政策文本编码随机选取、整理。

2. 文本聚类

运用 Nvivo 11 软件对已经生成的 42 个编码点进行聚类分析,将其提炼为二级指标。但是 Nvivo 的自动聚类功能所依据的是编码点名称的相似性或者是材料来源的相似性,聚类的效果较差。因此,本研究仅以其结果为参考,根据政策文本的内容和编码点的具体含义进行手动聚类的修改,将 2673 个编码点聚类得到 17 个二级类别指标,分别代表 17 个具体的政策工具品种。政策工具的定义多种多样,本研究采取陈振明的定义,政策工具是人们为解决某一社会问题或达成一定的政府目标而采取的具体手段和方式。[①] 政策工具的分类也有众多的划分方法,本研究依据工具的作用方式,将政策工具分为管制类、经济类和信息传递类这三大"家族"。[②]管制类工具是那些限制或允许人们的行为选择来发生作用的工具,经济类工具通过更改人们这些选择的成本收益比来发生作用,而信息类工具通过

---

① 陈振明等:《政府工具导论》,北京大学出版社 2009 年版,第 8 页。
② [美] B. 盖伊·彼得斯、[美] 弗兰斯·K. M. 冯尼斯潘:《公共政策工具——对公共管理工具的评价》,顾建光译,中国人民大学出版社 2007 年版,第 204 页。

告知、沟通等信息传递与合作的方式来引导人们的行为。① 据此将 17 个政策工具归入这三大类目中，如表8.3 所示。

表8.3 政策工具类别

工具类别 （一级指标）	具体工具 （二级指标）	编码点 （三级指标）	解释说明
强制类	标准规范	质量标准	针对食品安全问题制定的相关硬性质量标准
		操作标准	针对食品服务业制定的流程操作规范
		技术标准	针对食品质量监测制定的技术标准
	行政许可	资格审查与许可	针对食品生产者、提供者、运输者等进行的相关资质审查与对其经营行为的认定
	法律法规	制定法律法规	制定相关法律法规
		修订法律法规	修订相关法律法规
	处罚	行政处罚与罚款	对食品安全违法犯罪活动进行处罚与罚款等
强制类	执法检查	抽检	对食品原料、半成品、成品进行抽检
		专项检查	对学校食堂食品、农村食品、旅游景区餐饮、大型单位餐厅等相关领域进行的专项检查活动
		日常检查	对食品生产经营活动的例行检查
		进出口贸易管控	专门针对进出口贸易领域的食品安全检查及贸易管控
	风险管理	风险监测	对可能发生食品安全事故的领域进行风险监测
		风险评估	对影响食品安全的风险因素如污染因素、有毒有害物质等进行科学评估、分析
	直接提供	基础设施建设	完善食品运输体系、储存设备体系如冷藏设施、食品安全检测能力建设项目等
		人才培养	培养食品安全领域的人才，增强人才储备
		技术研发	以政府为主体组织研发食品安全领域的关键技术
		环境建设	建设食品安全相关工程，营造积极健康的食品安全社会环境
		经费投入	政府投入的抽检费用、科研费用、基础设施建设费用等

---

① Mees, Heleen L. P., Di J. K., Soest J. V., et al., "A Method for the Deliberate and Deliberative Selection of Policy Instrument Mixes for Climate Change Adaptation", *Ecology and Society*, Vol. 19, No. 2, 2014, p. 58.

续表

工具类别 (一级指标)	具体工具 (二级指标)	编码点 (三级指标)	解释说明
激励类	补贴	财政补贴	国家财政对食品产业、企业、检测机构等所进行的财政补贴
	税收管理	税收管理	对食品行业、企业等实行税收减免优惠或因违法行为减免税收优惠
	政府购买	政府购买	政府购买与食品安全治理相关的服务与技术
	奖励	奖励	针对食品安全的积极行为给予企业或个人现金或称号的奖励
	技术发展	鼓励技术研发	鼓励企业、第三方机构等研发食品检测等技术
		技术应用与转化	鼓励技术投入应用与转化
	企业发展	质量认证	鼓励企业推行国际先进质量管理体系
		鼓励企业帮扶	鼓励食品企业之间相互帮扶
		引导企业完善经营活动	引导企业完善管理制度、明确岗位责任、细化管理措施等来保障食品安全
		引导企业制定标准	督促企业建立生产过程标准、流程标准、检验标准、操作规范等来保障食品质量安全
		鼓励企业承担社会责任	鼓励企业通过加强能力建设、建立诚信体系、组织宣传活动等来承担社会责任
信息类	信息公开	信息收集	利用听证会、网格化管理等途径向公众征求意见
		信息传递	主动发布与食品安全治理相关的信息和数据，接受社会监督
		信息公开	将食品安全标准、责任主体、执法等有关信息向社会进行公开
	社会共治	群众监督	动员群众、基层群众性自治组织等参与食品安全社会监督
		社会媒体舆论监督	建立与媒体的沟通合作机制，支持新闻媒体参与食品安全的社会监督
		专家团队	聘用食品安全领域的相关专家，指导食品安全的监管工作和企业经营活动
		诚信体系建设	建立食品安全诚信体系，建立统一的征信平台
		保险制度	通过食品安全责任保险来承担社会风险

续表

工具类别 (一级指标)	具体工具 (二级指标)	编码点 (三级指标)	解释说明
信息类	宣传教育	宣传	宣传食品安全相关知识、政策及法律法规
		教育	通过形式多样的教育活动使食品行业从业人员提高食品安全知识储备，现在逐步扩展到将食品安全纳入国民教育体系
		专业培训	对食品行业从业人员、检测人员等进行的专业食品安全知识培训
	自我管理	行业自律	食品行业通过自我管理来保障食品安全
		私人市场协议	鼓励和引导超市、商场等与食品生产商或食品生产加工基地签订市场级别的准入协议或合同，依据协议和合同各自有序进行交易

资料来源：笔者整理。

三　食品安全政策工具的特征分析

(一) 食品安全政策工具的总体特征

从 17 个具体的政策工具编码参考点数量占比来看，2000—2019 年用于食品安全合作监管的政策工具中，强制类政策工具占比最高，在其具体工具中，执法检查、标准规范、直接提供、处罚、法律法规这五种政策工具排名前五，占比 53.73%（见图 8.3）。

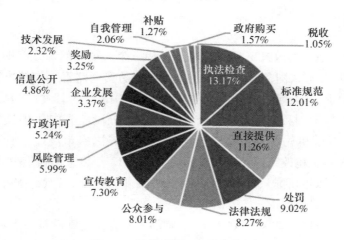

图 8.3　具体政策工具种类占比

资料来源：笔者自制。

从三种政策工具大类上看，强制类政策工具占比64.95%，激励类占比12.83%，信息类占比22.22%，强制类政策工具的使用频率大于其他两类政策工具之和，可见其使用频率之高。

（二）食品安全政策工具使用的阶段性特征

从时间变化来看，食品安全合作监管政策工具的选用随着时间推移相应地变化，如图8.4所示，2000—2019年，信息类、激励类工具占比呈波动性上升，强制类工具占比呈波动性下降，三类工具的占比差距逐渐缩小。

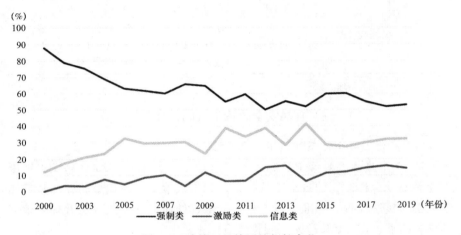

图8.4　政策工具使用的年份变化

资料来源：笔者自制。

综合考虑三类政策工具的选用情况和三个关键时间节点，即2004年9月国务院发布《国务院关于进一步加强食品安全监管工作的决定》，确立了多部门、分环节的食品安全监管体制；2013年3月食品药品监督管理总局的挂牌，标志着食品安全监管由多头分段监管向集中监管转变；2018年国务院机构改革进一步整合职能，组建国家市场监督管理总局。由于2018年机构改革距今时间较短，其与2013年以来加强集中监管的趋势一致。所以本研究只选取2004年和2013年为两个分界点，将食品安全政策工具的选用变化分为三个阶段。

在第一阶段（2000—2004年），食品安全合作监管政策文本数量和政策工具总量较少，以强制类政策工具运用为主，占比高达72.18%，激励类、信息类工具使用不足，分别占11.67%和16.15%。从图8.4中可以看出，该阶段强制类工具占比随时间呈现显著下降的趋势，信息类、激励类工具占比则逐渐提升，但信息类政策工具增长速度快于激励类政策工具。从具体工具品种的使用情况来看，强制类工具的使用主要集中在标准规范、处罚、行政许可、执法检查这些传统强制类工具，激励类和信息类政策工具的使用频率低且分散在各政策文本中。

在第二阶段（2005—2013 年），政策工具的使用仍偏向强制类工具，三类工具的比例分布虽然随年份略有波动，但没有明显的增减趋势，因此总体趋向稳定。从表 8.4 中的数据可以看出，与第一阶段相比，强制类工具的使用比例有所降低，激励类、信息类工具的使用比例有所增加，尤其是信息类政策工具，由 16.15% 增长到 23.03%。从各类具体工具的使用来看，强制类工具中直接提供和风险管理这两种非传统强制类工具使用频率明显提高，政府更倾向于直接提供服务，非传统强制类工具得到重视，政策工具的强制性色彩有所减弱。激励类工具的使用中，企业发展、技术发展、政府购买这三种工具的使用频率增加，政府更倾向于使用鼓励和引导企业发展的方式；政策文本较少直接提及税收和补贴的使用，侧重于促进企业的发展和技术的发展。信息类工具的使用开始集中在信息公开、宣传这两项工具上。在此阶段，更加注重食品安全合作监管信息的传递，通过这两项工具的运用来解决信息不对称的问题。

表 8.4　　　　　　　　　　三个阶段的政策工具数量及占比

年份	强制类	激励类	信息类	总计
第一阶段	532	86	119	737
	（72.18%）	（11.67%）	（16.15%）	（100.00%）
第二阶段	777	152	278	1207
	（64.37%）	（12.59%）	（23.03%）	（100.00%）
第三阶段	427	105	197	729
	（58.57%）	（14.40%）	（27.02%）	（100.00%）

注：表中有些数据四舍五入取整。
资料来源：笔者整理。

在第三阶段（2014—2019 年），三类政策工具的占比差距显著缩小，强制类工具在该阶段中的占比较之前两个阶段更为降低。与之相比，激励类工具使用占比提升，信息类工具的使用则呈现稳定趋势。具体来看，强制类工具的使用集中在标准规范、执法检查和直接提供这三类，其中直接提供作为强制性色彩较弱的工具，地位较第二阶段显著提高。激励类工具仍集中在鼓励企业发展和技术发展、补贴与税收的使用频率有所提升方面。信息类工具除第二阶段集中使用的信息公开、宣传外，教育和自我管理的使用频率逐渐提高。"宣传教育"作为食品安全合作监管的政策工具，可以提升政策目标群体对相关法律法规的认知："自我管理"作为食品安全治理的政策工具可以培养主体自主性，更好地促进其他工具作用的发挥。

第二节 食品安全政策工具的演变逻辑

论及政策工具的演变逻辑，可以从影响监管方式选择的因素中获得启发。通常存在三种解释：工具主义观点、公共选择观点以及情境论观点。工具主义观点主张，监管主体会选择最恰当的可用工具应对监管难题。①以此而论，至少有两个因素左右着工具选择：工具自身特性与监管能力。工具特性影响工具与待解决问题的匹配性，监管能力则关乎可选工具的多样性、监管主体识别问题根源的准确性。许多有关替代性监管方式或更好地监管的争论正是沿袭了这一观点。通过剖析各类监管工具的特点、比较其优劣，并从中抽象出特定工具适用情境的一般规律，试图借此提升监管效能。尽管工具主义观点颇具裨益，但仍存在不小的缺陷使之为人指摘——高估技术理性的作用，低估乃至忽视政治理性的影响。如果工具选择仅仅是纯粹的循证决策产物，又该如何解释实践中监管主体在工具选择中表现出的非理性现象呢？事实上，工具选择还是一个政治过程（Feiock，Jeong & Kim，2003②；Borrás & Edquist，2013③；Yi & Feiock，2014④；

---

① 陈振明：《政府工具研究与政府管理方式改进——论作为公共管理学新分支的政府工具研究的兴起、主题和意义》，《中国行政管理》2004 年第 6 期。

② Feiock R. C., Jeong M. G., Kim J., "Credible Commitment and Council-Manager Government: Implications for Policy Instrument Choices", *Public Administration Review*, Vol. 63, No. 5, 2003, pp. 616 – 625.

③ Borrás S., Edquist C., "The Choice of Innovation Policy Instruments", *Technological Forecasting and Social Change*, Vol. 80, No. 8, 2013, pp. 1513 – 1522.

④ Yi H., Feiock R. C., "Renewable Energy Politics: Policy Typologies, Policy Tools, and State Deployment of Renewables: Renewable Energy Politics", *Policy Studies Journal*, Vol. 42, No. 3, 2014, pp. 391 – 415.

Feiock & Yi, 2018①）。监管工具的最终目的是实现目标，而对此的评价存在多元标准，如何权衡是一个政治过程。而且，它嵌入治理模式逻辑这一更大的框架下，无可避免地会受其影响。而工具主义观点恰恰忽视了这一点，使之成为全面解释工具选择缺失的一块拼图。

相形之下，公共选择观点则着力阐述了政治理性尤其是行动者利益的重要性。主张监管主体是理性的经济人，其利己偏好是影响选择监管工具的主要因素，以期实现个人效用最大化。② 对于监管主体而言，其核心利益通常包括获取选举胜利、预算最大化等。在上述利益驱使下，监管机构与监管对象、其他公共权力机构互动博弈，进而选定了能够最大化其利益的监管工具。最终招致的后果是工具选择偏离整体社会福利、政策失败频现。然而，这种观点又显得过于悲观，将政治过程片面理解为由利益最大化逻辑主导，还忽视了技术理性的作用。更重要的是，这一理论更适用于解释工具使用偏好的稳定性而非变化性。③

显然，工具主义与公共选择观点均只关注了监管工具选择的某些侧面，产生了某种割裂。对此，学者们逐渐转向寻求更为综合的解释，情境论观点由此应运而生。该观点主张工具选择是特定监管情境下诸如问题结构、治理逻辑等多种因素相互作用的结果，试图做出全景式解释。例如，豪利特（Howlett M.）建立了监管工具、政策制度逻辑与治理模式这一递进的多层嵌套模型，指出用于实现具体目标的工具选择范围受到有关政策目标和实现这些目标的适当工具的决策限制；而这些因素又受到规定了一般政策目标和实施偏好的最高决策限制。④ 简言之，工具选择受到治理模式与政策制度逻辑影响。除此之外，豪利特还构建了能力强弱—问题复杂程度的综合模型，作为工具选择的判断框架。⑤ 姚莉则依据公共服务的类

① Feiock R. C., Yi H., "Politics of Environmental Policy Instrument Choice" In Edward Elgar *Encyclopedia of Environmental Law*, edited by Kenneth R. Richards and Josephine Van Zeben. Northampton, MA: Edward Elgar. 2020 Forthcoming.

② Bodansky D., Brunné E. J., Hey E., *The Oxford Handbook of International Environmental Law*, London: Oxford University Press, 2008.

③ Böcher M., "A Theoretical Framework for Explaining the Choice of Instruments in Environmental Policy", *Forest Policy and Economics*, Vol. 16, 2012, pp. 14 – 22.

④ Howlett M., "Governance Modes, Policy Regimes and Operational Plans: A Multi-Level Nested Model of Policy Instrument Choice and Policy Design", *Policy Sciences*, Vol. 42, No. 1, 2009, pp. 73 – 89.

⑤ ［加］迈克尔·豪利特、M. 拉米什：《公共政策研究：政策循环与政策子系统》，庞诗等译，生活·读书·新知三联书店 2006 年版，第 281 页。

型、行动者、制度安排构建了工具选择模型。[①] 王辉则认为政策项目的公共产品类型和政策环境（政府能力、政策认可度、市场与社会发育程度）共同决定了工具选择。[②] 从中可以看出，工具选择至少与监管主体能力强弱、问题自身性质与制度环境等因素密切相关。

　　基于此，本研究认为监管能力、问题性质、治理模式等因素促成了监管方式（政策工具）的变化。同时，考虑到信息问题对于食品安全监管的重要性，本研究也将其纳入影响监管工具选择的重要变量之一。归根结底，信息是食品安全监管的核心。第一，信息不对称是诸多食品问题爆发的"元凶"。虽然信息问题伴随着所有的监管活动，但在食品安全领域尤为凸显。食品行业的技术复杂性、监管链条的冗长性以及我国长久以来的碎片化监管，导致监管主体与对象之间存在严重的信息不对称，埋下食品安全事件频现的隐患。第二，监管活动受制于信息条件约束。例如，专项行动本质上是监管者在缺乏针对监管对象的持续、有效信息流情况下的无奈之举。既然监管机构不能获得被监管对象的系统性知识，那么食品安全事件在一定程度上转化为粗糙的"代表标记"，导致在问题暴露后"报复性"地投入大量监管资源。第三，诸多监管举措是为了改善信息分布状态。例如，食品安全信用档案就是一种典型的良性文牍主义。[③] 试图通过将治理对象行为信息编码化，改善监管主体的信息能力。社会共治的目的之一也是延伸监管主体的信息边界，减少盲区。

　　综合上述考量，本研究认为监管政策工作的变迁与四个维度的因素密不可分：从监管主体来看，监管能力逐步强化为采用多样化监管方式提供了可能；从监管环境来看，信息不对称状况逐步缓解促进了监管方式多元化；从食品安全问题性质来看，问题结构从食品卫生深化为食品安全意味着仅依靠强制型监管显得不合时宜；从国家治理模式来看，从传统管控型模式向现代合作治理型模式过渡决定了监管工具选择偏好呈现出路径依赖基础上的渐进调整。

①　姚莉：《中心镇公共服务供给的政策工具选择与创新——以浙江省为例》，《长白学刊》2013 年第 1 期。

②　王辉：《政策工具选择与运用的逻辑研究——以四川 Z 乡农村公共产品供给为例》，《公共管理学报》2014 年第 3 期。

③　吴元元：《食品安全信用档案制度之建构——从信息经济学的角度切入》，《法商研究》2013 年第 4 期。

一　监管能力由弱增强

（一）政府监管机构

监管能力关乎监管主体能否做出可预测的、极具专业知识的判断，直接影响到监管工具选择。一般而言，监管能力越弱，则越倾向使用无自由裁量权的工具，[①] 即强制型监管工具，希冀规避利益相关者的干预或影响。反之，则青睐使用更为柔性、合作性工具，推动监管对象反思性地认可监管主体目标，并为之付出相应努力。监管能力由分析能力、管理能力与政治能力组成。[②] 具体而言，分析能力关乎监管机构高效地生成并调查备选监管工具的能力；管理能力关乎监管机构有效利用资源应对监管问题的能力；政治能力则关乎监管机构获得必要支持的能力。

21 世纪以来，我国食品安全监管能力建设在上述维度均有所建树，由此推进监管能力由弱到强。在分析能力上，集中体现为信息收集、处理等能力的提升。分析能力强弱取决于能否收集到充分、有效的信息，并加以恰当应用。21 世纪以来，信息建设经历了从散、孤、小到大数据集成的深入发展。在监管体制发展初期，食品安全监管领域信息建设呈现分散建设、信息孤岛、小格局等不利局面。随着电子政府建设加速，从信息化标准、基础设施云平台、应用系统门户集成和数据治理四个层面全面推进信息化建设；[③] 与此同时，大数据的蓬勃生长也勾勒出食品安全监管从信息化监管走向智慧化监管的未来图景。国家级食安信息平台建设可以看做是拥抱大数据技术的开端；2018 年《政府工作报告》则明确提出"创新食品药品监管方式，注重用互联网、大数据等提升监管效能"。[④] 在此契机下诸多省份成立大数据监管系统，进一步强化了信息生成、运用与使用能力。

在管理能力上，集中体现为法治建设与问责体系构建趋于完善。它们

---

① Jordan A. , "The Problem-Solving Capacity of the Modern State: Governance Challenges and Administrative Capacities", *West European Politics*, Vol. 39, No. 4, 2016, pp. 908 – 909.

② Howlett M. , Ramesh M. , "Achilles' Heels of Governance: Critical Capacity Deficits and Their Role in Governance Failures: The Achilles Heel of Governance", *Regulation & Governance*, Vol. 10, No. 4, 2016, pp. 303 – 313.

③ 黄星星：《信息化建设：大数据打造监管大格局》，《中国食品药品监管》2017 年第 2 期。

④ 新华网：政府工作报告，http://www.xinhuanet.com/politics/2018lh/2018 – 03/22/c_1122575588.htm, 2018 – 03 – 22。

关乎是否存在明确法律规则指导监管活动、能否发挥韦伯式管理体系功能。[1] 在法治建设方面,食品安全监管的法律法规体系日趋完备。早期,与食品安全相关的法律较少,仅有《食品卫生法》。并且,其关于部门履责的规定颇为笼统。随着时间推移,对食品安全监管的强烈需求使法律体系逐步完善。这一点可从诸如《食品安全法》《产品质量法》《国境卫生检疫法》等相关单行法陆续出台中窥见一二。此外,法律规定的内容也在逐步细化。以《食品安全法》为例,其中与部门履责相关的条款远远多于《食品卫生法》[2],且相关规定更为细致。例如,详细阐述了何种情况下部门间须信息共享或合作制定食品安全标准。除了高位阶法律外,还通过出台行政法规、"三定"方案对机构履职方式、范围作出详细阐述。就问责体系构建而言,一方面,食品安全监管职责逐步厘清,为有效问责提供了前提。受路径依赖制约,我国食品安全监管领域长期由多部门共享管辖权。深受职能越位、错位,机构重叠、交叉等现象困扰,使部门问责难以落到实处。历次与食品安全监管相关的机构改革,无不与明晰部门监管职责、优化权责配置有关。从 1998 年机构改革,到 2004 年确立分段监管体制,到 2013 年实行统一权威监管体制,再到 2018 年"三局合一"改革,厘清机构职责的思想一以贯之。另一方面,问责制度也在逐步严苛化。2013 年提出"最严肃的问责"确保食品安全;紧随其后便出台《2014 年食品安全重点工作安排》,将食品安全作为地方政府年度综合目标、党政领导干部政绩考核、社会管理综合治理考核的内容;2016 年《食品安全工作评议考核办法》将食品安全工作纳入省级政府考核评议;2019 年,出台《地方党政领导干部食品安全责任制规定》,利用跟踪督办、履职检查、考核评议三管齐下,确保问责发挥应有功效。

在政治能力上,集中体现为监管机构行政级别的提升与食品安全事项重要性的强化。行政级别的提升意味着该事项得到高层更为密切的重视,即获得更强的政治支持度。起初,食品安全监管仅作为卫生管理的具体事项由卫生部负责,并未成立专门机构进行管理。随着该问题逐步得到重视,2003 年成立了国家食品药品监督管理局。彼时,该部门权限较小制约了其开展工作。2008 年机构改革则将其划归卫生部管理,影响其独立

---

[1]　Howlett M. , "Administrative Styles and Regulatory Reform: Institutional Arrangements and Their Effects on Administrative Behavior", *International Public Management Review*, Vol. 5, No. 2, 2004, p. 23.

[2]　《食品卫生法》中关于监管责任的条款共计 40 条,《食品安全法》(2015) 相关内容共计 97 条。

性。2013 年升格为正部级单位,此后又陆续将相关监管权限收归帐下,充分展现了政府高层的支持。就食品安全事项重要性而言,党的十八届三中全会将食品安全上升至公共安全层面;"十三五"规划明确以"四个最严"标准实施《食品安全法》;党的十九大报告进一步提出"实施食品安全战略,让人民吃得放心",高层重视程度可见一斑。

(二)社会中介机构

除政府监管机构外,消费者协会、行业协会等社会中介组织也是重要的补充性监管力量。其成长有助于分担部分监管责任,为政府释放监管空间创造了有利条件。从数量上来看,1999 年共有 155 个食品类社会组织,2009 年则激增至 549 个,2019 年则继续稳步增加 1573 个。[1] 从类型上来看,成立了维权类、服务类、行业自律类等类型多样、较为齐备的社会组织或协会,基本涵盖了食品安全的方方面面。

更进一步地看,社会组织的分析能力、管理能力与政治能力也在不断提升。在分析能力上,集中展现为知识生产、运用能力强化。以中国食品工业协会为代表的社会组织不仅拥有大量知名企业加入,还邀请了大量专家学者坐镇。得益于此,它们不仅掌握了大量相关行业发展动态数据,还具有较强的理论支撑与引导,使其在把握行业发展趋势上具有极大优势。社会组织以相对较低的成本获取了高质量的数据信息,并加以处理转化为政策建议或专题报告,发挥建言献策、传播政策动态、联系政府与利益相关者等一系列智库功能。以中国营养保健食品协会为例,虽然成立时间不过四年,但已经承担政府委托课题 14 项、举办专题研讨会 67 场、报送政府部门政策建议及研究报告 30 件、反馈行业建议 1.5 万余条。[2]

在管理能力上,集中表现为内部管理制度逐步健全与完善,包括组织运转的制度化程度、人员构成以及责任制度等。在组织运行上,早期社会组织的运作随意性较大,既有组织以法律法规作为依据的,也有遵循章程运作的,还有受上级指令控制的,甚至少数组织运作直接由领导

① 数据来源于中国社会组织公共服务平台 http://www.chinanpo.gov.cn/search/orgindex.html,通过检索名称中包含"食品"的社会组织获得。虽然这一检索方式可能导致遗漏,但由于缺少相关专门统计报告,因此仍采用此方法。同时,此处社会组织包括社会团体、民办非企业团体、基金会、外国商会。需要指出的是,由于论文写作时间所限,2019 年数据仅统计 2019 年 7 月 4 日前成立的社会组织数量。
② 中国营养保健食品协会:"数"说 CNHFA,http://www.cnhfa.org.cn/about/51.html,2019-06-20。

人拍板。① 随着发展，社会组织的运作依据逐步统一、规范和制度化，绝大多数食品类社会组织依据国家法律法规制定了运作章程，就其愿景使命、会员资格、治理架构、理事会选任等做出了详尽的规定。在人员构成上，专业技能人员与专职人员比重不断增加。发展之初，食品类社会组织面临高素质、专职人员匮乏这一困境。以深圳市为例，得益于各项扶持政策，深圳市社会组织从业人员学历层次虽仍以大专以下学历者为主，但大专及以上学历的人才占比逐年上升，截至 2017 年增加至 32.50%；同时，过去以兼职工作人员为主、专职工作人员为辅的状况得以扭转。2017 年，在 146258 名社会组织工作人员中，专职工作人员有 118770 人，占总数的 81%。② 虽然这一调查是针对整体社会组织概况，但也在一定程度上折射出食品类社会组织的状况。在责任制度上，社会组织逐步探索制定针对成员违规行为的奖惩措施。新《食品安全法》将行业协会纳入食品安全社会治理主体之一，将行业自律作为保障食品安全的举措之一。得益于此，业内开始摸索从严格行业规范、建立声誉机制等入手，倒逼企业自律。例如，国家奶业科技创新联盟通过发起"国家优质乳工程"，利用声誉机制推动企业主动采用国家领先标准与技术。

在政治能力上，集中体现为食品类社会组织的合法性稳步提升。一方面，从整体环境上来看，政府对社会组织的认可和扶持力度逐步增强。自党的十七大将社会协同纳入社会管理的重要力量后，政府就不断发出鼓励社会组织发展的信号：党的十八大筹划建立现代社会组织体制社会组织，党的十九大则进一步将发展社会组织纳入推进国家治理现代化的范畴，强调发挥其政治功能。地方政府亦纷纷加快政策落地步伐，早在 2005 年深圳等城市就采用备案制度、改革双重管理体制为社会组织发展松绑。另一方面，具体到食品安全监管领域，社会组织作为治理主体之一的地位获得认可。2009 年出台的《食品安全法》强调发挥社会组织行业自律、科普宣教的功能；③ 新《食品安全法》则对其寄予更大的期望，将社会组织功能进一步扩展至帮扶企业、信息报送、风险交流、标准制定等领域。④ 同时还对其发挥行业自律提出了更深层的要求——建立行业规范和奖惩机

---

① 中国行政管理学会课题组：《我国社会中介组织发展研究报告》，《中国行政管理》2005年第 5 期。
② 陈德明：《深圳社会组织人才队伍建设报告（2018）》，社会科学文献出版社 2019 年版，第 158 页。
③ 参见《食品安全法》（2009）第 7、8、61 条。
④ 参见《食品安全法》（2015）第 9、10、23、28、32、100、116 条。

制，并纳入食品安全五年规划重点建设内容。① 许多行业组织也纷纷回应，试图推动行业自律功能由虚入实。例如，为响应 2017 年开展的全国食品保健食品欺诈和虚假宣传专项整治行动，食品行业 40 家国家级行业组织联合发布《食品行业组织反欺诈和虚假宣传公约》，希冀借此刷新行业风气。

二　信息不对称逐步改善

信息透明度关乎监管机构对监管对象活动的了解程度，进而影响监管工具的选择。一般而言，信息透明度越低，则越倾向于运用强制性监管工具。根源在于，信息不对称加剧了不确定性和对监管对象的猜疑。为规避风险，监管机构赋予监管对象的自主性将大大减少，转而使用检查、行政许可等颇为单一的刚性手段。反之，则青睐于运用回应式监管、后设监管、智慧监管等更具调适性、合作性的监管策略，监管机构、监管对象同时纳入治理框架，因地制宜地选择恰当的工具组合。

21 世纪以来，信息不对称的改善离不开两方面的努力：食品标准规范的完善与社会共治的强化。从信息经济学的角度来看，食品标准规范是一项缓解信息不对称的制度。食品标准将企业至少划分成两类：合格与不合格，借此释放了类型信号，并为监管机构和公民采取因应行为提供了参考依据，为监管方式多元化、情境化创造了条件。不仅如此，统一的标准规范提供了各方监管协调合作的基础，避免了因判断标准不同而产生龃龉。此外，对企业而言，食品标准还赋予了企业一定的自主权，为企业自律提供了空间：能力不足的企业可选择以最低标准作为行为底线，行业精英则可以采取更为严苛的标准（例如，良好生产规范、危害分析和关键控制点分析等），并通过国家认证树立企业声誉、获得更大市场。

论及社会共治，一方面，新闻媒体、公民、企业等多元主体共同参与食品安全监管，缓解了监管机构与监管对象之间的信息不对称。具体而言，新闻媒体、公民发挥社会监督优势，企业则践行自律要求，弥补监管机构不足，延伸监管触角。历数重大食品安全事件揭露缘由，新闻媒体的暗访调查在其中功不可没。央视财经频道的"3·15"晚会更是成为揭露品质黑幕的代表性品牌，为消费者、经营者与监管者共同关注。新《食品安全法》更是以法律形式将社会共治确立为食品安全工作的原则之一，足见高层对该原则的认可与重视。与此同时，得益于经年的科普教育，消

---

① 参见《国家食品安全监管体系"十二五"规划》第 3 部分第 9 条、《"十三五"国家食品安全规划》第 3 部分第 10 条。

费者具有较强的维权意识。调查显示，97.7% 的受访者在进行线上消费前都会查阅或参考相关评论，98.3% 的受访者面对经营者失信或违法违规行为会采取维权行动。① 此外，部分企业探索创新性方式推进自律。例如，许多餐饮企业推出 "神秘食客" 活动，与第三方合作招募体验者。体验者到指定门店消费，将消费过程录音、拍照，并在体验结束后完成调查问卷。餐饮企业则通过反馈信息总结各环节不足，作为改进依据。另一方面，政府运用 "互联网 +" 技术使社会共治焕发活力。各级政府纷纷以互联网技术为依托，编织起囊括了消费者、监管者、监管对象的监管网，推进社会共治。例如，淮安市试行了 "透明共治" 模式，建设了 "透明安全餐饮" "透明放心菜市场" "透明合格食品生产" "透明食品流通" 四位一体平台，整合食品生产经营过程信息、执法信息、消费者评价信息，有效提高了信息透明度，提升了监管绩效。"透明放心菜市场平台" 运行后，蔬菜入市前检测合格率由 92.1% 提升至 99.6%。②

三　问题结构转变

问题结构的实质内容会左右工具选择。③ 市场经济体制改革后，食品问题结构逐渐发生了深刻的转变——从食品卫生转向食品安全。在食品卫生概念下安全标准较低，追求的是短期内迅速解决问题，忽视促进企业发展等长远问题。在此背景下，强制型工具因其见效快而备受青睐。然而，伴随着市场经济体制改革的推进，食品产业迅速发展、门类分化越发明显、产业链条不断延长，食品安全理念逐渐取代了食品卫生。上述变化意味着，食品安全涉及的环节更多——涵盖从农场到餐桌的全过程；监管对象更为复杂——企业异质性程度不断增加；任务更为多样——不仅需要控危害，还要关注促发展。显然，仅依靠强制型监管难免力有未逮，必须以更具灵活性的监管方式影响监管对象行为。

问题结构的转变也激发了替代型监管方式的学术讨论和政治讨论，扩大了可供选择的政策工具的范围，为工具的选择与变迁提供了契机。现有文献中，经济学、法学和公共管理学者对强制型监管方式的批评尤为重

---

① 中国消费者协会：中消协发布《信用消费与认知情况调查报告》，http：//m. cca. cn/zxsd/detail/28428. html，2019 - 03 - 15。

② 新华网：淮安 "透明共治" 模式保卫食品安全，http：//www. xinhuanet. com/food/2018 - 04/11/c_ 1122664211. htm，2018 - 04 - 11。

③ Böcher M. ，"A Theoretical Framework for Explaining the Choice of Instruments in Environmental Policy"，*Forest Policy and Economics*，Vol. 16，2012，pp. 14 - 22.

要。其中，经济学者大多从规制经济学出发，认为强制型监管可能会因为规制俘获①或激励不相容②③，导致经济效率低下，需要引入科普宣教、行业自律等替代型监管方式；法学学者则侧重关注司法实践以及国外立法模式。主张监管实践过度倚重强制型监管是监管不力的根源之一。④ 发达国家在立法中对于公民参与、行业自律的规定则为我国推动监管方式多元化提供了借鉴。公共管理学者既从行政民主⑤、治理范式转型⑥等价值层面探讨监管转型的必要性，又从治理绩效这一实证层面证实强制型监管不利于监管质量的提升。⑦ 同时结合国外监管实践经验探讨了新型监管方式在我国的应用前景。⑧

如果说学术讨论提供了工具选择转向的技术理性依据；那么政治讨论则提供了政治合法性依据。政治话语中对非强制型监管工具的接纳与认可经历了由工具性理念逐步转向政策核心信念乃至根本信念的深化。早年，替代性工具被视作应对强制型工具治理绩效难孚人意的权宜之计，尚停留于工具性理念层面。通过国际交流等政策学习契机，政治家们意识到非强制型监管方式同样有助于提升监管绩效。危害分析和关键点控制、风险评估等更具灵活性的监管方式的引入即为例证。与此同时，西方发达国家对行业组织的重视⑨促使我国进一步挖掘社会力量潜力。我国食品安全治理中素有动员社会力量之传统——爱国卫生运动曾于不同历史时期多次开展，并能够在较短时间内取得一定成效。西方经验则为激发存量制度潜力注入了新活力。因此，象征劝诱型工具自然成为最受青睐的替代性工具。

---

① 龚强、张一林、余建宇：《激励、信息与食品安全规制》，《经济研究》2013 年第 3 期。
② 陈思、罗云波、江树人：《激励相容：我国食品安全监管的现实选择》，《中国农业大学学报》（社会科学版）2010 年第 3 期。
③ 周应恒、宋玉兰、严斌剑：《我国食品安全监管激励相容机制设计》，《商业研究》2013 年第 1 期。
④ 崔卓兰、赵静波：《我国食品安全监管法律制度之改革与完善》，《吉林大学社会科学学报》2012 年第 4 期。
⑤ 宋慧宇：《食品安全监管模式改革研究——以信息不对称监管失灵为视角》，《行政论坛》2013 年第 4 期。
⑥ 刘飞、孙中伟：《食品安全社会共治：何以可能与何以可为》，《江海学刊》2015 年第 3 期。
⑦ 刘鹏：《中国食品安全监管——基于体制变迁与绩效评估的实证研究》，《公共管理学报》2010 年第 2 期。
⑧ 刘鹏、李文韬：《网络订餐食品安全监管：基于智慧监管理论的视角》，《华中师范大学学报》（人文社会科学版）2018 年第 1 期。
⑨ 例如，美食品农产品领域主要行业协会之一——食品饮料和消费品制造商协会（Grocery Manufacturers Association）在食品安全治理中发挥了指导行业发展、界定消费者需求、推动国际交流、促成政企沟通、参与政策制定等多重作用。

随着政府对社会力量认识的深化，特别是强调其在国家治理体系和治理能力现代化进程中必须占据一席之地，对社会力量的重视从工具性理念深化为政策核心信念甚至根本信念——社会力量是食品安全合作监管的主体之一，其参与监管并非只是改善绩效的一时之策，而是打造现代监管型国家的题中应有之义。这一信念被凝练为社会共治，成为食品安全合作监管的重要原则。

四　国家治理模式转变

治理本质上是国家与市场、社会力量互动时的各种活动。通常，不同的治理情境下会采用不同的互动风格，即治理模式。治理模式关乎所涉及的参与者及其扮演角色类型，以及行动者互动的性质和逻辑。纵观世界诸国治理实践，不难发现，不同的治理模式通常也具有不同的工具选择偏好。例如，豪利特认为现代民主国家通常采用法律治理、法团主义治理、市场治理和网络治理等治理模式，在工具选择上则分别青睐使用法律制度（立法、法律和规章制度）、国家制度（计划和宏观层面谈判）、市场制度（拍卖、合同、补贴、税收优惠和惩罚）、网络制度（合作、志愿社团活动和服务供给）。[①] 由此观之，治理模式框定了监管工具选择范围，我国食品安全监管工具选择的变化势必与国家治理模式转变具有密切联系。

我国食品安全监管工具选择呈现出路径依赖基础上的渐进调整，既注重方式创新又保持原有优势。一方面，中华人民共和国成立后长期实行的管控型国家治理模式影响深远，导致我国监管工具选择仍以强制型工具为主。管控型治理模式之下，国家治理被理解为政府一元治理，在治理工具选择上几乎完全依赖行政强制色彩浓烈的行政命令等工具，食品安全监管亦不例外。同时，由于路径依赖的影响，管控型模式的治理风格至今仍"余威不减"。而从治理绩效的角度来看，相较于替代性监管方式，监管者对强制型监管方式的使用规律显然更为谙熟于心。在扩大替代性监管方式供给的同时，仍以强制型监管作为主要监管工具有助于避免治理绩效出现剧烈波动。

另一方面，21世纪以来不断加速的国家治理改革促使国家治理模式向合作治理转型，进而推动了监管工具选择逐渐呈现多元化趋势。行政体

---

① Howlett M., "Governance Modes, Policy Regimes and Operational Plans: A Multi-Level Nested Model of Policy Instrument Choice and Policy Design", *Policy Sciences*, Vol. 42, No. 1, 2009, pp. 73 – 89.

制改革、社会治理体制改革等重大治理变革举措合理调整了政府与市场、政府与社会的关系，为合作治理模式奠定了基础。在合作治理模式之下国家治理是政府、市场、社会多元主体合作治理，柔性、合作性的监管方式得到重视与应用，食品安全领域社会共治理念的提出正是顺应这一趋势的产物。监管目标的实现越发强调合作因素，诸如公民参与、行业自律等。因此，信息类工具与激励类政策工具成为监管转型趋势下最具活力的替代型监管工具。

总体而言，得益于监管能力强化、信息不对称改善、问题结构转变以及治理模式转型，监管工具不再拘泥于单一的强制型监管工具，而是运用更具针对性的多样化监管手段，由此促成了监管工具的变革。

第三节　食品安全政策工具选择的理论逻辑

为了探析我国食品安全合作监管政策工具选择的机制规律，需要从理论上构建分析框架，对数据分析的初步发现做进一步的理论探讨。

一　有效性与可接受性的双重逻辑

虽然影响政策工具选择的因素是复杂的，但并非无迹可寻。从政府决策的角度来看，政策工具的选择也是决策的一种特定形式，任何工具选择的影响因素都有其基于特定决策方式的理由。因此，关于工具选择模式的研究可被视为分析决策模式的一种特定形式。[①] 已有的研究倾向于将其一分为二，分为理性模式和社会互动模式两大类：前者关注决策的后果，即有效性，基于工具途径的假设认为所选择的政策工具应为解决问题的最佳方法；后者认为决策者对目标与手段的联系缺乏清晰的认识，决策时没有明确的目标，决策者会尝试选择特定背景下和特定时间内最合适的事物。[②] 基于此两种逻辑，从更广泛的角度来看，政策工具的选择可以根据理性的方法基于既定目标的一致性，也可以基于在特定背景下的一致性和共同含义。进而从理论上来看，各种工具选择的决策模式中，决策者可能

---

① Capano G., Lippi A., "How Policy Instruments Are Chosen: Patterns of Decision Makers' Choices", *Policy Sciences*, Vol. 50, No. 2, 2017, pp. 269 – 293.

② Langley A., Mintzberg H., et al., "Opening up Decision Making: The View from the Black Stool", *Organization Science*, Vol. 6, No. 3, 1995, pp. 260 – 279.

追求有效性，也可能寻求普遍认同的可接受性，这两种逻辑交互影响。在第一种逻辑下，决策者基于对选择的理性分析来作出与自己的偏好相关的最佳决策，运用到政策工具的选择上就意味着寻求更有效的工具。在第二种逻辑下，决策者没有明确的偏好，他们通过了解决策情况来做出决策，从而寻求政策参与者的认同。就政策工具的选择而言，这意味着寻求的是能够被广泛接受且达成共识的最适当的政策工具。[①] 这两种逻辑共同构成本章的理论分析框架，即基于工具视角的有效性与基于合法性视角的可接受性，将政策工具选择的内在逻辑归纳为有效性和可接受性两个方面，从而来划分不同的工具选择模式，从中探究不同选择模式的特性以及影响。

二 政策工具选择的四种模式

基于有效性、可接受性的分析维度，建立 2 × 2 分析框架，并按照每个维度的强弱来将政策工具的选择分为四类模式：封闭延续型、分类改进型、优效共治型、合作自治型（见图 8.5）。参照托马斯（John Clayton Thomas）提出的公民参与的有效决策模型，前两类工具选择模式的共同特点是不考虑政策目标的态度的，仅仅取决于监管机构的自主决策，在某种意义上反映了一种封闭性，因此将第一类有效性和可接受性程度都弱的工具选择模式命名为封闭延续型模式，此模式下的工具选择全部由决策机

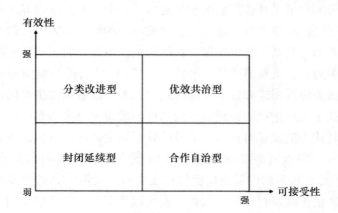

图 8.5 政策工具选择的四种模式

资料来源：笔者自制。

---

① Capano G., Lippi A., "How Policy Instruments Are Chosen: Patterns of Decision Makers' Choices", *Policy Sciences*, Vol. 50, No. 2, 2017, pp. 269 – 293.

构自主做出；将第二类注重有效性但忽略可接受性的模式命名为分类改进型，此模式下工具的选用主要由监管机构自主决策，从公众中获取决策信息，但是不注重获取公众支持，是对第一类完全自主决策的改良。相比之下，另外两类属于合作型模式，都注重政策工具目标群体对工具运用的可接受性，优效共治型模式则同时兼顾工具选用的有效性，而合作自治型模式仅关注了可接受性而忽略了有效性。

（一）封闭延续型（第一阶段：2004 年以前）

封闭延续型选择模式是对工具选择的有效性和可接受性皆不敏感的模式，不能及时根据问题的变化以及目标群体的可接受性来调整所选用的政策工具，政策工具的选用呈现延续性的特点。传统的封闭延续型工具选择模式在实践中逐渐形成了与政策环境匹配的经验性知识，这种经验性知识的路径依赖影响①导致一直延续工具的选用。此模式下，决策成本低，因为政府不需要获得充分的信息来实现工具选择的有效性，也不需要考虑公众的参与；直接沿用实践证明了的有效的政策工具，方便快捷；能够在一定程度上实现解决问题的有效性，因为在实际中能够有效治理食品安全问题的政策工具会不断被重复运用。但是，此种模式下的政策工具往往并不真的"适用"，是落后的，不能应对变化的环境，在执行中往往产生较高的行政成本，也不能从根本上解决食品安全相关问题，反而屡禁不止，相应的政策、法规、条例在实施一段时间后，目标对象会逐渐寻找到应对规制的手段，钻政策空隙和法律空白。所以说，政策工具的选用效果不佳，这是一种需要改进和优化的选择模式。

与前文的实证分析对应，第一阶段的政策工具选用呈现封闭延续型工具选择模式的特点，该阶段工具运用的总量小，且强制类工具占比远高于另外两类工具。尽管在此阶段中强制类工具使用有所减少，其他两类工具有所增加，但是总体的工具运用仍是以强制类为主。工具的使用主要集中在标准规范、处罚、行政许可、执法检查这些传统强制类工具上，如我国从 2001 年开始实施"无公害食品行动计划"，推进标准化；开展全程监管，例行监测；建立了食品质量安全市场准入制度。② 激励类和信息类政策工具的具体工具使用频率低，分散在各政策文本中。由此可见，此阶段

---

① 陈振明：《公共政策分析导论》，中国人民大学出版社 2005 年版，第 91—92 页。

② 中华人民共和国国务院新闻办公室：《政府白皮书：中国的食品质量安全状况》，（2012 - 06 - 23）［2020 - 04 - 17］，http：//www. scio. gov. cn/zfbps/ndhf/2007/Document/307870/ 307870_ 1. htm。

的工具运用呈现封闭延续型模式的特点，工具的选用集中于传统强制程度高的工具，工具的选用变化不大。

（二）分类改进型（第二阶段：2005—2013 年）

分类改进型选择模式是指以有效性驱动为主的选择模式，工具的运用会根据不同主体、不同问题等情境针对性地形成不同类型的工具选择。在有效性逻辑的驱动下，政策工具的运用要达到有效解决问题的目的，即问题的特性会对政策工具的选择产生影响。从问题的严重性来看：当所针对的目标问题严重时，政府更有可能使用法规这类管制性政策工具，[①] 强制类工具中的标准规范和法律规范是维护食品安全的最低要求；而当食品安全合作监管中的问题是由于信息不对称时，强制类政策工具就不能有效解决问题，此时政府要灵活选用信息类政策工具，公开相关信息，引导多元主体参与食品安全的治理。激励类工具作用原理是通过利益引导相关主体的行为。在食品安全合作监管中，运用正向的财政补贴等激励类工具能够有效引导企业提升生产水平，而不是满足于强制类政策工具所规制的最低要求，在激励下提高生产食品的质量。从不同类型的食品安全问题性来看，政策工具的选用也呈现出类型化的特征。食品安全具有三个层次，分别为数量安全、质量安全以及营养健康要求。食品的数量安全旨在保证人们所需食品数量的充足。当食品数量供应不足时，政府多是运用补贴的手段来激励食品的生产，即采用激励类政策工具；食品的质量安全指无毒、无害，关系到人们的生命安全。由于食品生产企业与生俱来是降低利润的机会主义，而信息类政策工具缺乏强制性，导致政府过多运用管制类政策工具；食品的营养健康要求是随着人们生活水平的不断提高而出现的，是更高层次的食品安全要求。绿色食品等新型食品不断出现，针对此类问题的政策工具，政府应多运用信息类政策工具，通过宣传教育等信息沟通的手段来引导整个社会食品的生产与消费。

与实证分析对应，第二阶段的工具运用呈现分类化选用政策工具的特点。此阶段的食品安全政策工具的选用中，强制类工具的使用比例有所降低，激励类、信息类工具的使用比例有所增加。工具的选用不再单纯考虑强制性程度高的工具，而是提高运用其他种类工具的频率。由此可以看出，运用不同工具来解决不同的问题的分类化趋势显现。具体来看，强制

---

① Lascoumes P., Patrick Le Galès, "Introduction: Understanding Public Policy through Its Instruments—From the Nature of Instruments to the Sociology of Public Policy Instrumentation", *Governance*, Vol. 20, No. 1, 2007, pp. 1 –21.

类工具中直接提供和风险管理这两种非传统强制类工具使用频率明显提高，政府更倾向于直接提供公共服务而不是一味运用强制程度高的规制手段，政策工具的强制性色彩有所减弱。激励类工具的使用中，企业发展、技术发展、政府购买这三种工具的使用频率增加，政府更倾向于使用鼓励和引导企业发展的方式，较少直接提及税收和补贴的使用，侧重于促进企业和技术的发展。信息类工具的使用开始集中在信息公开、宣传这两项工具上，并开始注重食品安全合作监管信息的传递，通过这两项工具的运用来解决信息不对称的问题。但此阶段的信息类工具仅仅是单向的信息传递。

2004 年 9 月，我国食品安全监管开始确立分段监管的模式，针对食品的生产、加工、流通以及消费环节，分别划归不同的部门如农业、质监、工商、卫生等部门各自负责，确立多部门、分环节的监管体制。[1] 在政策工具的运用方面也呈现出分类化运用的特点：初级农产品生产环节的监管由农业部门负责，主要采用风险检测、风险评估、抽检等工具；食品生产加工环节的质量监督和日常卫生监管由质检部门负责，主要采用质量标准、操作标准等标准规范工具；食品流通环节的监管由工商部门负责，运用执法检查与行政许可等工具；餐饮业和食堂等消费环节的监管由卫生部门负责，主要运用专项检查这一具体工具；食品安全的依法组织查处重大事故由食品药品监管部门负责，运用处罚这类强制型工具；进出口食品监管由质检部门负责，运用的是进出口贸易管控这类具体的政策工具。[2]食品安全监管部门之间分工明确，对政策工具的运用侧重点不同，这是因为所针对的食品安全问题与领域不同且所承担的职责不同，形成了由有效性驱动的分类化工具选择体系。由此表明，此阶段的政策工具选择主要由有效性驱动，针对不同环节、不同部门负责的不同食品安全问题来选取相应的政策工具。这从侧面反映了在食品安全监管领域，针对问题解决的有效性已经形成了比较有效的政策工具选用。

诚然，分类改进型工具选择具有系统化运用政策工具来解决实际问题的优点，在处理相应的政策问题时，能够有效地采取针对性的工具来解决问题，但是该模式因忽视政策对象的可接受性，无法与社会各主体力量形

---

[1]　中华人民共和国国务院：《国务院关于进一步加强食品安全监管工作的决定》，（2004 – 09 – 01）［2020 – 04 – 17］，http：//www. gov. cn/zhuanti/2015 – 06/13/content_ 2878962. htm。

[2]　中华人民共和国国务院新闻办公室：《政府白皮书：中国的食品质量安全状况》，（2007 – 08 – 20）［2020 – 04 – 17］，http：//www. scio. gov. cn/zfbps/ndhf/2007/Document/307870/ 307870_ 1. htm。

成共治。工具选择的主体单一，主动权在食品安全监管部门，但治理的目标群体却呈现多元化。由于不同的目标群体动机、诉求不同，所以在涉及多元主体、混合工具选择的治理领域，分类改进型工具选择模式的效果不佳，无法将社会各主体的力量有效纳入食品安全问题的治理中，仅依靠政府选择工具作用于目标群体，只是单向的作用力，不能形成多元主体共同的合力。

（三）优效共治型（第三阶段：2013 年后）

优效共治型的工具选择模式同时兼顾了工具有效性和可接受性。在此模式下，政策工具的选用一方面考虑有效性，即关注政策工具是否能够有效解决食品安全问题；另一方面由可接受性驱动，能够调动社会力量参与政策工具的运用。面对不断变化的环境，优效共治型选择模式表现出随着不断变化的环境而主动调适改进的特点。在此种模式下，社会力量具有足够的成长环境，从而在公共事务治理的场域中发挥作用。当前，该模式在食品安全合作监管中的应用方兴未艾，既注重匹配与食品安全问题有效治理相关的工具，又不断培育社会力量，选择那些能够促进社会力量共治的工具，以信任和协调为基础实现食品安全事务的共同治理。

此模式是近年来我国食品安全合作监管中政策工具选择的整体趋势。从实证分析中可看出，第三阶段中的强制类政策工具的使用频率没有延续不变或波动下降的趋势，而是有小范围的增加。为了确保针对食品安全问题的有效性，与集中监管的趋势对应，强制类工具的使用发挥着重要的作用。而随着社会的发展进步，尤其是社会的转型与公民意识的提升，为了加强食品安全治理的自治与共治，另外两类工具的比例不断增加并趋于稳定。2013 年以来，我国食品安全治理统一事权，确立集中监管的模式，一方面运用整合的政策工具来实现治理的目标；另一方面，随着国家治理体系与治理能力现代化目标的提出，将社会力量纳入食品安全合作监管显得尤为重要和迫切。这正印证了优效共治型工具选择模式的特点，由工具的有效性和可接受性共同驱动。

与第二阶段的分类改进模式相比，在第三阶段政府开始更多运用社会共治类政策工具。虽然第二阶段注重运用信息公开、宣传这两类政策工具，但这两项工具是以政府为单一行动体，由政府向社会公开信息、宣传食品安全法律与知识。此举更多的是政府单向作用，而第三阶段的优效共治模式则更多地运用社会共治、自我管理这两类工具，是一种双向的互动。此时，各方主体的合作强化，工具应用更加多元化。而且，宣传教育工具的使用质量不断提升，不再局限于早期频繁、盲目、无针对性的灌输式宣传，而是更加注重将食品安全相关知识纳入国民教育体系。该模式的政策工具选择表现出主动适应性的特点，政策工具的选择会受目标群体的影响而主动调整变化。诚如所言，食品安全治理过程也是公共利益的表达过程，① 随着我国社会的不断发展，公民参与社会治理的能力与意识日益提高，且公众一直对食品安全问题高度关注，因此政府要提高信息类政策工具的运用，利用社会多元主体的力量形成共治的格局。

（四）合作自治型

合作自治型政策工具选择模式并非基于解决问题的有效性，而是着重考虑政策工具的可接受性，会更多地将主动权交给其他主体，选择自愿性高的政策工具如社会共治、自我管理，依赖社会的多元主体力量来达到解决问题的目标。基于公众和政策的特定目标人群的偏好均会影响工具的选择，② 目标人群会影响政策工具的可接受性，③ 所以合作自治型选择模式更加注重政策工具的合法性。政策工具要作用于目标群体才能产生效果，而不同种类的政策工具对政策目标群体的作用与影响不同，这意味着目标团体会抵制、规避与自身利益相悖的政策工具，支持、顺应与自身利益相符合的政策工具。正是因为政策工具的选择与作用过程受公众支持与否的影响，这时候强制性强的政策工具如规制、收税等就不如激励性政策工具能够取得公众的喜爱。另外，公众对食品安全治理的支持与关注度越高，越会积极参与到治理过程中来，共同创造出更有利于政策工具的选择与实施的社会环境。

虽然在某种程度上可以说，该模式是理想化的一种自我管理模式，但是结合我国的食品安全态势以及监管体制，这种模式并不适用我国的政策工具选择实践，其政策工具运用的效果不一定良好。因为该模式将重心全部放在政策工具选择的可接受性上，试图选择依赖社会主体自觉性的政策工具来达成食品安全合作监管的目标，从而引发一系列问题。一方面，政府监管活动与企业战略行为之间存在着相互作用的关系。④ 政府监管是食

① 陈彦丽：《食品安全治理利益机制研究》，《哈尔滨商业大学学报》（社会科学版）2016年第1期。

② Rachel M. K., Christopher V. H., Park A. Y. S., et al., "Drivers of Policy Instrument Selection for Environmental Management by Local Governments", *Public Administration Review*, Vol. 79, No. 4, 2019, pp. 477 –487.

③ Capano G., Lippi A., "How Policy Instruments Are Chosen: Patterns of Decision Makers' Choices", *Policy Sciences*, Vol. 50, No. 2, 2017, pp. 269 –293.

④ Caswell J. A., Johnson G. V., *Economics of Food Safety*, New York: Elsevier Science Publishing Company, 1991, pp. 273 –297.

品企业经营环境的主要组成部分，可对企业的战略行为进行规制。① 另一方面，当目标人群具有社会优势时，工具往往会提供选择和物质利益；当目标人群处于社会不利地位时，政策往往更具限制性和惩罚性。② 俘获理论表明，企业可以通过选择监管手段来获得战略优势，故而食品企业会排斥强制性强的政策工具。如果仅考虑目标群体的可接受性，会大大削弱食品安全合作监管的有效性目标。此外，食品安全合作监管中主要有两大类目标群体：食品生产者与消费者，但是生产者和消费者之间关于健康状况和不健康状况的信息存在不对称。③ 当消费者信息完备，不受监管的食品市场能自动达到有效的安全程度，在这种情况下，消费者对安全差异化的产品有着足够的需求，信息不对称的问题可以通过声誉机制等政策工具来解决。但是，食品市场存在的关键问题是消费者知识不足，获取信息的成本很高，因此无法获得足够的有关食品安全的信息以达到有效的市场结果，④ 正是由于信息的不对称和获取信息的高昂成本，消费者在参与食品安全合作监管中存在天然的劣势。

合作自治型模式可能适用于倡导型举措的环境之下，如在农业农村部倡议下，2015 年光明、长富等中国奶业前 20 强成立的 D20 企业联盟（China Dairy 20 Alliance），采用严于国际的标准生产、加工产品，所生产的乳制品质量高于一般要求的标准。可见，此种模式是一种锦上添花型的工具选用模式，因此可能并不寄希望于政策工具的有效性，但又抱有获得企业支持的希望。它注重工具选择的可接受性，期待依靠社会自治力量来解决食品安全问题。

第四节　本章小结与讨论

一　研究结论与工具优化

本章通过对 21 世纪以来中央层面食品安全合作监管的 121 篇政策文

① Porter M. E., Linde C. V. D., "Towards a new conception of the environment-competitiveness relationship", *Journal of Economic Perspectives*, Vol. 4, No. 4, 1995, pp. 97 – 118.

② Schneider A., Ingram H., "Social Construction of Target Populations: Implications for Politics and Policy", *American Political Science Review*, Vol. 87, No. 2, 1993, pp. 334 – 347.

③ Antle J. M., "Efficient Food Safety Regulation in the Food Manufacturing Sector", *American Journal of Agricultural Economics*, Vol. 78, No. 5, 1996, p. 1242 – 1247.

④ Haddad L., "Redirecting the Diet Transition: What can food policy do?", *Development Policy Review*, Vol. 21, No. 5, 2003, pp. 599 – 614.

本进行内容分析，归纳出了食品安全合作监管中政策工具选择的类别特点和变迁趋势：第一，在类别选用上，强制类政策工具的使用始终占据主要地位，激励类政策工具的选用存在不足，而信息类政策工具的选用不断增加。在具体的工具种类上，强制类工具由标准规范、执法、行政处罚等强制性色彩较浓的工具转向直接提供、风险管理等强制性色彩较弱的工具，信息类工具则转向自治性色彩更强的社会共治、自我管理等工具。第二，从时间变化趋势来看，强制类工具所占比例经历下降—波动—下降三次变化，激励类工具的占比则一直呈现小幅度波动增长的趋势，而信息类政策工具则总体呈现波动上升的趋势，最终三种工具的运用逐渐趋于平衡。

从总体变化特征来看，强制类工具占所有政策工具的比重经历了下降、保持平稳、再下降的三个阶段，其具体工具品种的使用也有所变化，初期主要集中于使用标准规范、处罚、行政许可、内部责任追究、执法检查等传统强制类工具，后来重心开始向直接提供公共服务、风险监测与评估、行政权力下放等强制性色彩较弱的工具项偏移。

激励类工具的使用占比则表现为持续小幅波动增长，总体而言激励类工具使用占比低，虽然近年来有了较为明显的增长，但依然存在总量小、频次低的问题。其原因可能在于，一方面本研究是从中央层面的政策文本进行研究，此类文本常作为地方细化政策和执行政策的蓝本，在激励方面主要以指导性叙述为主，而没有过多赘述具体的激励方案。另一方面在食品安全监管领域中对激励类工具的确存在使用不足的情况。

信息类工具的使用比例大体呈现先较快增长、后小幅波动增长的趋势。从具体工具品种来看，信息公开是贯穿始终的重要工具品种，标志认证的地位逐渐下降，取而代之的是社会共治、政府内信息共享和企业信息共享等更加有利于减少监管和行业发展信息不对称情况的工具。此外，宣传教育的地位有显著提升，不仅在使用数量占比的数据上有所体现，相比早期频繁运用普通宣传而言，政府开始注重重点宣传活动以及将食品安全教育纳入国民教育体系。

从食品安全的治理角度来看，完善食品安全的各项标准体系、法律规范以及监管体系是行政执法和治理的重要前提，也是维护食品安全的最低底线，因此强制类政策工具的重要性不言而喻。但当食品安全监管工作推进至一个新阶段，信息不对称和参与治理主体过于单一等问题逐渐凸显，针对这些问题使用强制类工具不再能够有效解决，则需要政府灵活运用信息类政策工具，促进政府间、企业间信息交流，通过主动信息公开和社会共治等多种方式来解决现实问题。激励类政策工具有利于引导政策目标群体优化生产，标准体系和法律规范所界定的是食品安全的最低底线，若食品生产仅满足于最低底线的要求，那么将很难生产出较高品质的产品来满足群众对食品安全和美好生活的期待。因此，政府应当增加激励类政策工具的使用，尤其是鼓励研发等具有显著正外部性的项目，以此促进食品生产由低质走向中高质，促使食品安全问题从事发之后着力解决转为事前的积极预防，不断提高食品安全的基准线。

政策工具的背后是制度结构问题。换言之，权力体制制约着政策工具的选择运用及其效果。所以，政策工具的优化必须与体制改革同步进行，协同推进。回顾 21 世纪以来我国食品安全监管体制的改革历程，可以发现食品安全监管政策工具的变迁逻辑。由于食品安全贯穿着从生产到消费的整体流程，涉及农业、运输业、服务业等多个行业，2004 年国务院出台了《关于进一步加强食品安全工作的决定》，确立了食品安全多部门、分环节的监管体制。此后，农业部门、食品药品监管部门、质检部门、卫生部门、发展改革部门和商务部门等多部门联动，按照各自的职责在不同的环节进行行业管理和监督工作。但是，在多部门分散监管体制下，往往容易出现"真空"管理区域和部门之间相互推诿等问题。为防止多头分散监管体制带来的弊端，我国在 2010 年成立了国务院食品安全委员会，从国家层面进行综合协调，2013 年挂牌成立国家食品药品监督管理总局，标志着多头分段监管转变为集中监管。2016 年国家卫计委印发了《食品安全标准与监测评估"十三五"规划（2016—2020 年）》，提出在"十三五"期间进一步完善食品安全标准与监测评估工作体系。2018 年 3 月，全国人大通过了国务院机构改革方案，将组建国家市场监督管理总局，负责市场综合监督管理工作，其队伍由原有的工商、质检、食品、药品、物价、商标、专利等机构整合而成。这场革命性的变革意味着食品安全监管又向集中监管迈进一步，这也意味着食品安全合作监管走上新征程，更意味着监管政策工具的运用必须与时俱进，随之而变。

二　进一步的讨论：政策工具选择的机制模式

从一般意义上来说，政策工具的选择可以看作是决策的一种特定形式，因此可以从理性和社会互动的决策逻辑来考察工具选择背后的驱动力。基于有效性——可接受性的分析框架，本研究将政策工具的选择模式划分为四类：封闭延续型、分类改进型、优效共治型和合作自治型。前两种模式的共同特点是不考虑政策目标的态度，仅仅取决于监管机构的自主决策，在某种意义上反映了一种封闭性，与后两种合作型模式形成鲜明的对照。（1）封闭延续型选择模式是对工具选择的有效性和可接受性不敏感的模式，不能及时根据问题的变化以及目标群体的可接受性来调整所选用的政策工具，使得政策工具的选用呈现延续性的特点。与之对应，第一阶段的政策工具运用集中于使用传统强制程度高的工具，工具的选用变化不大。此模式在实践中逐渐形成了与政策环境匹配的经验性知识，倾向于沿用以往的政策工具选择，具有决策成本低、效率高，并在一定程度上解决目标问题的优点，但是往往不能应对变化的环境，行政成本较高，不能从根本上解决食品安全问题，需要改进和舍弃。（2）分类改进型选择模式是以有效性驱动为主的选择模式，工具的运用会根据不同主体、不同问题等不同情境针对性地形成不同类型的工具选择组合。与之对应，第二阶段的工具运用呈现分类化选用政策工具的特点，此时工具的选用不再单纯考虑强制性程度高的工具，而是提高运用其他种类工具的频率，呈现分类化趋势。这也与2004年以来我国的多部门、分环节监管体制相呼应。该模式具有系统化运用政策工具来解决实际问题的优点，但因忽视政策对象的可接受性，无法与社会各主体力量形成共治，仅依靠政府选择工具作用于目标群体，局限于单向的作用力，未能形成多元主体共同的合力。（3）优效共治型选择模式同时关注了工具有效性和可接受性，表现出不断根据环境变化而主动调适改进的特点。当前，该模式在食品安全合作监管中得到广泛的应用，既注重匹配与食品安全问题有效治理相关的工具，又不断培育社会力量，选择那些能够实现社会力量共治的工具，以信任和协调为基础实现食品安全事务的共同治理。与之对应，第三阶段更多运用社会共治、自我管理这两类工具，是一种双向的互动，表现为各方主体的合作强化与工具应用更加多元化。（4）合作自治型选择模式着重考虑政策工具的可接受性，更多的是将主动权交给其他主体，选择自愿性高的政策工具如社会共治、自我管理，依赖社会的多元主体力量来达到解决问题的目标。此模式可能适用于某些食品领域的倡导型举措的情境，在目前来说是一种"锦上添花型"的工具选用模式，因此并不高度依靠政策工具的有效性，但又抱有获得企业支持的想法，注重工具选择的可接受性，更加期待依靠社会自治力量来解决食品安全问题。

　　展望未来，优效共治型是食品安全政策工具的最优选择模式。毫无疑问，食品安全合作监管的政策工具选择应该既能够有效解决食品安全中存在的问题，满足食品数量、质量与营养健康要求，还要从可接受性的角度去仔细斟酌所选用的工具是否能够获得政策目标群体的认可与支持，避免目标群体的规避与抵制而削弱工具的有效性。因此，只有优效共治型选择模式才能同时达到有效性和可接受性的均衡，实现食品安全的有效治理。目前，我国的食品安全问题已经上升到公共安全的更高层面。有效的政策工具选择关系到公共食品健康与安全，未来应该推动政策工具的选择模式全面向优效共治型转变。一方面针对政策目标问题来选择有效解决问题的工具，运用成本收益分析法、大数据、循证等科学方法来筛选出能够有效治理食品安全问题的政策工具，优化工具组合，形成科学的工具选择体系；另一方面要充分考虑这些政策工具的可接受性，针对目标人群的特性来选择合适的政策工具，充分调动食品企业、科研人员、消费群众等不同主体的积极性，才能形成多元主体的共治合力。

需要说明的是，政策文本中的工具与实际运用的政策工具存在一定区别，难以反映实践中治理工具的全貌。未来可以在探究政策工具选择的因果机制上进行量化研究，在深度访谈的基础上给实践中的政策工具选择提供有益的参考。

第九章 食品安全合作监管的路径探索*

本章针对食品安全合作监管过程中的"碎片化"问题，基于 REA-SON 模型的影响因素和阻断路径研究，串联起了食品安全事故发生的逻辑链条，一定程度上回应了食品安全的"整体性治理"愿景。在不同问题属性、不同环节以及不同责任主体的框架下提出各主体的责任与作为，是对"多元共治"理念如何付诸实践的探索。

第一节 食品安全事故的影响因素模型构建

食品安全问题由来已久，一旦酿成食品安全事故，必然造成严重的后果甚至是不可逆的群体性事件。近年来，新技术的不断革新更是深刻影响并改变着食品的生产、加工（包含初加工与深加工）、流通销售、消费等各个环节，增加各环节的潜在风险。故本章聚焦于食品安全事故，基于 REASON 模型的多案例进行定性比较分析，探究阻断食品安全事故的影响因素及其影响因素的组合。

目前，我国对食品安全事故有明确的划分标准，而对食品安全事件并未具体界定，因此本章采用"食品安全事故"这一说法。

一 食品安全事故的研究进路

直接探究食品安全事故及食品安全事故阻断的研究相对较少，较为典型的有：文晓巍等基于 1001 个食品安全事故研究食品安全问题的关键成因;[1]

---

* 注：本章的主要内容来自徐国冲、李威璐《食品安全事件的影响因素及治理路径——基于 REASON 模型的 QCA 分析》，《管理学刊》2021 年第 4 期，略有修改。

[1] 文晓巍、刘妙玲：《食品安全的诱因、窘境与监管：2002—2011 年》，《改革》2012 年第 9 期。

张文静等基于 1592 例食品安全事故的新闻报道分析食品安全事故包含的食物种类、来源、发生地、添加剂等主要问题背后的人为因素。[1] 学者们多是从以下两个侧面开展研究。

（一）食品安全事故的影响因素

与食品安全事故相关的影响因素中，责任主体是行为的作用者，而与食品安全体系相关的各个环节是不同责任主体的承载者。因此，研究不同的责任主体及环节作用于食品安全的影响因素是重点。

在基于责任主体及行为的影响因素方面，黄天柱[2]等人利用层次分析法建立模型，研究责任主体的行为，探究政府、企业、消费者的行为及环境因素对食品质量安全的影响，认为影响最大的两个因素为政府监管及企业责任感。张君[3]等运用计划行为理论分析食品企业的行为，研究表明：知觉行为控制即企业资源、内部组织、战略意识的薄弱会对实施质量保障带来负面影响，主观规范即外部环境会带来正面影响。文晓巍等[4]以动机理论为视角，通过实证研究得出资源条件、市场激励、政府规制、媒体监督、信息共享对于食品企业具有正向影响。李研[5]等通过分析网络论坛评论，运用扎根理论得出影响商家行为的因素包括商家管理水平、消费者扭曲的偏好、行业环境、社会环境、制度与监管等。胡颖廉[6]的研究表明食品生产经营者行为的影响因素包括威慑、激励、制度三方面，通过 OLS线性回归得出主体受制于制度及威慑因素，并据此提出"食品安全区（县）长责任制及严格监管执法"。

在基于环节及行为的影响因素方面，研究者们聚焦于食品安全各环节及易使食品安全事故发生的行为。尚杰[7]等从"流通主体""流通载体"

① 张文静、薛建宏：《我国食品体系变化过程中的食品安全问题——以 1592 例食品安全新闻报道为例》，《大连理工大学学报》（社会科学版）2016 年第 4 期。
② 黄天柱、王飞、杨树峰：《基于层次分析法的我国食品质量主体责任研究》，《食品工业》2014 年第 7 期。
③ 张君、姜启军：《基于计划行为理论的食品企业实施质量保证项目影响因素分析》，《学术探索》2015 年第 2 期。
④ 文晓巍、杨朝慧：《食品企业质量安全风险控制行为的影响因素：以动机理论为视角》，《改革》2018 年第 4 期。
⑤ 李研、王凯、李东进：《商家危害食品安全行为的影响因素模型——基于网络论坛评论的扎根研究》，《经济与管理研究》2018 年第 8 期。
⑥ 胡颖廉：《基于外部信号理论的食品生产经营者行为影响因素研究》，《农业经济问题》2012 年第 12 期。
⑦ 尚杰、周峻岗、李燕：《基于食品安全的农产品流通供给侧改革方向和重点》，《农村经济》2017 年第 9 期。

"流通技术""流通环境"四个一级指标来评估农产品安全的影响因素，得出流通环境最为重要，其次是流通技术，再次是流通载体，最后是流通主体。牛亮云[①]等对食品添加剂使用行为进行研究，发现处罚力度、抽检力度、忠告等措施具有较大影响力。

综上，食品安全事故的影响因素研究集中于责任主体及其行为、与食品安全相关的环节及行为，研究结论的共同点是政府、环境的影响尤为重要。其中，环境因素的影响包括法律法规的完善及机制设计的层面，也涵盖社会大环境下企业责任感的形成与共识。其他因素诸如信息共享、媒体监督、行业协会监管等作用根据环节、主体及行为的不同而有所差异。由此可见，政府行为及制度机制是食品安全的重要影响因素。本研究汲取学者们对影响因素的成果，从上述几方面入手探究阻断食品安全事故的影响因素。

（二）食品安全监管

与阻断食品安全事故的研究进展相关的另一维度是食品安全监管的研究。在食品安全监管中，由谁监管、如何监管是必须回答的问题。

在回答"由谁监管"这一议题中，Henson[②]等认为针对公共和私人领域的食品安全主体应分开探讨，采取不同的标准。而在我国，地方政府在食品安全监管体系中具有不容置疑的责任，郑风田等结合我国的实际给出了明确回应："地方政府是落实食品安全监管举措的中坚力量。"[③] 此外，食品安全对于"社会共治"的需求迫在眉睫。苗珊珊[④]等构建第三方检测机构与食品生产企业之间的演化博弈模型，发现第三方检测机构作为协调者的存在，能够实现政府—市场—社会的平衡状态。倪国华[⑤]等的研究表明"捂盖子"的行为对企业的发展是不利的，削弱媒体的监督效率，验证"弹簧效应"假说，即对企业的危害会随着行为弊端的暴露产生更严重的后果。

---

① 牛亮云、陈秀娟、吴林海、吕煜昕：《影响食品添加剂使用行为的主要因素的实证研究》，《中国人口·资源与环境》2019 年第 2 期。

② Henson S., Caswell J., "Food Safety Regulation: An Overview of Contemporary Issues", *Food Policy*, Vol. 24, No. 6, 1999, pp. 589 – 603.

③ 郑风田、刘爽：《全面落实地方政府食品安全工作责任》，《中国党政干部论坛》2019 年第 10 期。

④ 苗珊珊、李鹏杰：《基于第三方检测机构的食品安全共治演化博弈分析》，《资源开发与市场》2018 年第 7 期。

⑤ 倪国华、牛晓燕、刘祺：《对食品安全事件"捂盖子"能保护食品行业吗——基于 2896 起食品安全事件的实证分析》，《农业技术经济》2019 年第 7 期。

　　针对如何监管这一问题，James[①]等提出应从"命令和控制"的监管方式转向使用风险评估的方式并采取强制性的食品安全标准。Mortimore[②]验证 HACCP（危害分析和关键控制点）应用于食品安全监管的重要作用。Ball 等构建基于社会系统、组织特征和员工特征的模型，强调加强食品安全管理系统（FSMSs）应用的重要性。[③]在我国，王冀宁[④]等借助委托代理模型分析监管强度、处罚力度对食品企业行为的影响，强调对于不同规模的企业应有不同的监管策略。罗珺[⑤]等通过构建政府监管与保健品企业生产的不同行为策略的博弈模型，得出保健品企业违法生产的期望收益大于守法生产的结论。张红凤[⑥]等通过构建指标体系评估食品安全的监管效率，提出强化重点环节监督、重视食品安全监督效果地区之间的差异等对策。同时，技术革新、生活形态变化冲击着食品安全领域，这也反映到学者们的研究中，例如陆建玲[⑦]等提出利用区块链技术切入危害分析和关键控制点（HACCP）体系，对新兴技术的认识与使用应更具理性。

　　综上，学者们对由谁监管、如何监管给出了较为具体的回应。在"社会共治"已成为共识的今天，未来研究需要对食品安全监管各个主体间的具体行为、作用、逻辑机理等进行深入研究。同样，"如何监管"是一个不断变化着的且较难回答的问题。所以对于监管技术、方法与机制的探讨必须在动态调试中不断优化。食品安全监管不变的内核仍然是结合地方的差异实施有针对性的对策。

---

① James S., Kirstin R., Harriet W., "Australian Food Safety Policy Changes from a 'Command and Control' to an 'Outcomes-Based' Approach: Reflection on the Effectiveness of Its Implementation", *International Journal of Environmental Research and Public Health*, Vol. 13, No. 12, 2016, p. 1218.

② Mortimore S., "How to Make HACCP Really Work in Practice", *Food Control*, VoL. 12, No. 4, 2001, pp. 0 – 215.

③ Ball B., Wilcock A., Aung M., "Factors Influencing Workers to Follow Food Safety Management Systems in Meat Plants in Ontario, Canada", *International Journal of Environmental Health Research*, Vol. 19, No. 3, 2009, pp. 201 – 218.

④ 王冀宁、王倩、陈庭强：《供应链网络视角下食品安全风险管理研究》，《中国调味品》2019 年第 12 期。

⑤ 罗珺、陈庭强：《保健食品安全风险监管行为激励相容机制研究》，《食品工业》2019 年第 1 期。

⑥ 张红凤、吕杰、王一涵：《食品安全监管效果研究：评价指标体系构建及应用》，《中国行政管理》2019 年第 7 期。

⑦ 陆建玲、赵春艳、孙达锋：《区块链技术在食用菌中危害分析和关键控制点应用探讨》，《中国食用菌》2019 年第 8 期。

（三）小结

纵观现有文献，可得出如下结论与启示：

第一，食品安全事故的发生绝不仅仅是单一的"人"的行为的影响，也需要综合考量社会环境、监管组织等多方面因素的影响。另外，事故致因理论的成熟是基于大量事实案例的研究与总结，同时基于大量事实案例的国内研究仍然较少，那么在研究食品安全事故中结合大量的事实案例和我国实际情况不失为一种可借鉴的思路。

第二，关于食品安全监管的理论探索已然有很多成果，实证研究相对缺乏，以具体的数据与案例分析哪个环节容易发生食品安全事故、责任主体容易在什么样的情况下做出不安全的行为等微观机制还有待探索，将事故致因的理念应用于食品安全事故的研究仍然较少，因此对于食品安全合作监管很难做到对症下药。

第三，从既有研究来看，在探究食品安全事故的原因即影响因素时，可以从可追溯的"事故链"入手，以完整地串联起事故发生的过程，形成系统性思维。"事故链"中的各个风险因素可能是隐性的，也可能是显性的。已有的与食品安全事故相关的研究中，影响因素的探讨包括基于责任主体—行为和基于环节分布—行为的探讨；据此，阻断食品安全事故可从责任主体与环节分布入手，此两者是研究食品安全事故的重点载体。

因此，本章基于大量的事实案例出发，从2013—2018年的食品安全事实案例出发，提炼出食品安全事故的薄弱环节、高发环节，据此深入研究阻断食品安全事故的影响因素，由此提炼出食品安全合作监管的路径。

二 阻断食品安全事故的影响因素模型构建：基于REASON模型

（一）基于REASON模型的食品安全事故的影响因素

REASON模型，又称"瑞士奶酪模型"或"复杂系统事故因果模型"，由James Reason教授于1990年提出。该模型由四个层级构成，即组织影响（Organizational Influences）、不安全的监督（Unsafe Supervision）、不安全的前提（Pre-conditions for Unsafe）以及不安全的行为（Unsafe Act）（见图9.1）。REASON模型剖析了组织因素及不安全的监督对人的行为的潜在影响。组织因素蕴含相关政策本身、管理者或决策者、执行者、组织文化等影响，串联起事故发生的各个影响因素，其本质是追查事故或问题发生的不同原因并分析致使事故发生的原因组合，强调事件内部多层次的组织缺陷或多种缺陷的共同作用。REASON模型的每一层级亦可视作一道道屏障，单一的层级缺陷不一定导致事故的发生，多层级的缺陷同时作用或次第作用便会导致事故的发生，破坏多层次的阻断屏障。

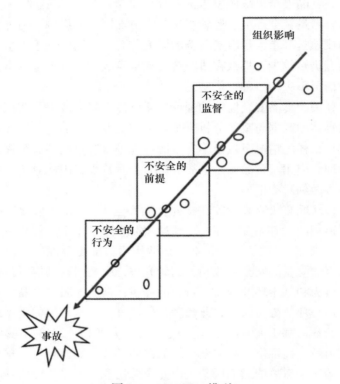

图 9.1　REASON 模型

图片来源：笔者自制。

如 REASON 模型显示，事故的发生除了存在一个致因链，还存在一个穿透屏障的缺陷漏洞集，即多层级因素之间相互影响。REASON 模型之于食品安全事故分析的适应性体现在五个方面：第一，REASON 模型所存在的致因链反映其还原问题本身，本研究聚焦于食品安全事故得以阻断的影响因素即食品安全事件没有酿成事故的原因，关注事故发生的原因本身，与此观点契合；第二，REASON 模型揭示多层级组织缺陷的共同作用，食品安全问题酿成事故有相同之处——单一因素不一定导致事故的发生，但存在隐患，具有潜在性并长期演化；第三，REASON 模型展示从隐性失效到显性失效的全过程及其共同或依次作用下的演化，食品安全事故的发生虽有突发性，但非偶发性，其本质仍是由潜在的、未凸显的隐性失效到现行的、已凸显的显性失效的过程；第四，食品安全事故得以有效阻断有赖于政府的主体作用，即使在"社会共治"的背景下政府的作用仍不可忽视，类似于 REASON 模型的组织影响；第五，REASON 模型视域下的每一层级"屏障"即是食品安全事故得以阻断的层级因素，防御屏障在漏洞共同或依次作用下会被击破，导致事故发生。我国食品安全的现状亦如此，虽已逐步建立相应的监管机制，以及对不安全行为的防范与惩戒措施等"屏障"，但仍存在诸多"漏洞"。一旦多层级的漏洞显现并冲破多层级防御屏障，食品安全事故就会发生。因此，探析食品安全事故中的"漏洞"及"缺陷"，并寻求多层级屏障的稳定性也就是建立防止冲破多层级防御屏障的机制，具有高度的适应性。

（二）阻断食品安全事故的影响因素模型构建

根据 REASON 模型的事故致因逻辑链条，多层级因素之间相互影响、相互作用导致事故的发生。食品安全事故亦遵循此逻辑，其事故的发生是多个层级之间的要素由隐性失效到显性失效的过程。如图 9.2 所示，食品安全事故的发生是组织影响、不安全的监督、不安全的前提、不安全的行为中的某一个或几个要素共同或分别作用而导致的结果，因此从四个维度入手寻找使得食品安全事故得以有效阻断的因素。食品安全事故影响模型以食品安全治理为出发点，以政府部门内部控制、外部责任为基础，糅合食品安全监管、风险管理、政府机制设计等多因素。

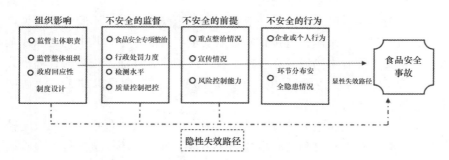

图 9.2　基于 REASON 模型的食品安全事故影响因素模型
图片来源：笔者自制。

1. 组织影响

从宏观视角出发，以政府部门内部控制为落脚点，从相关监管部门的主体职责、整体组织及政府回应性制度设计入手，探究组织影响这一宏观"屏障"阻断食品安全事故在机制设计方面的可能性。其中，监管主体职责考察政府各部门责权划分的明确性及部门间协作治理的能力；监管整体组织考察政府对于新技术的敏锐度，如借助大数据建立更高效的工作平台、打破"信息孤岛"建立起统一的信息共享渠道、建立矩阵式的工作小组以确保食品安全工作的高效开展。政府回应性制度设计考察食品安全多元共治中消费者、媒体、行业协会等其他主体的参与程度，包括举报投诉平台建设、媒体宣传曝光情况等。这既是食品安全社会共治要求的响应，也是政府回应性的体现。

2. 不安全的监督

从中观视角出发，以过程控制或事中控制为落脚点，从食品安全监管的过程入手，以专项整治、行政处罚力度、检测水平、质量控制把控等监管环节探究其对阻断食品安全事故发生的有效性。其中，专项整治考察监管部门日常监管情况及部门联动机制。行政处罚力度考察食品从业主体"不安全的行为"的成本。检测水平考察政府监管的专业性，具体为第三方检测机构或相关人员协助及执法人员的培训考核。

3. 不安全的前提

亦从中观视角出发，以事前、事中控制为落脚点，主要呈现事前预防对阻断食品安全事故的影响力，具体为监管部门对该地区食品安全重点整治情况、对食品从业者及相关人员的宣传情况、风险控制能力。

4. 不安全的行为

不安全的行为从微观视角出发，以食品相关从业者为对象，探究个体的不安全行为及其所对应的各环节存在的安全隐患情况。不安全的行为是显性失效的最主要来源，直接致使食品安全事故的发生。其中，企业或个人行为包括添加有害物质、虚假宣传或违法销售、其他违法行为；环节分布安全隐患情况包括农产品生产、农产品初加工、食品深加工、流通销售、餐饮消费等五个环节。

综上，食品安全事故的发生是缘于多个屏障失效，包括隐性失效路径与显性失效路径。在食品安全事故影响因素模型中，不安全的行为会直接导致食品安全事故的发生。当然，事故的发生本质上是从隐性失效到显性失效的过程。因此，隐性失效路径与显性失效路径在事故逻辑链条中是共存的、不加以区分的。基于 REASON 模型的食品安全事故影响因素模型构建了阻断食品安全事故发生的四个"屏障"及其具体的影响因素。该模型涵盖食品安全合作监管中的多视角、多主体、多环节，结合内部控制与外部责任，兼顾宏观、中观与微观的视角。

第二节　阻断食品安全事故的影响因素：
基于 fsQCA 的分析

一　fsQCA 方法的运用

QCA（Qualitative Comparative Analysis）译为定性比较分析，是一种介于定量研究与定性研究的研究方法，提供了一种分析复杂影响因素的相互依赖而又共同作用以及这些条件变量如何共同作用影响结果的方法和视角。QCA 有三种分类：清晰集分析（Crisp-set），简称 csQCA；模糊集分析（Fuzzy-set），简称 fsQCA；多值集分析（Multi-value），简称 mvQCA。本研究应用模糊集定性比较分析，原因有二：其一，由于 fsQCA 本身要求对赋值有不同层次的划分，因此在对不同案例的影响因素进行赋值的过程中，较为容易根据不同案例的实际情况进行取值；其二，模糊集定性比较分析能提供基于影响因素的组合所有可能的逻辑路径，因此更容易对最终结果进行选择。

如前文所述，食品安全问题具有复杂性的特征，其因果关系、责任主体的权责划分、环节分布均具复杂性。本研究通过筛选多个不同年份、不同环节分布、不同责任主体分布情况的组合，从多案例的对比分析中找寻阻断食品安全事故的必要条件、充分条件以及多个影响因素的组合，并总结出一般性的规律即食品安全合作监管在不同情况下的治理路径。fsQCA 对本研究的适应性体现在：其一，因果复杂性的匹配程度。fsQCA 本身具备的研究因果复杂问题的功能和食品安全案例本身具备的复杂属性相匹配。其二，fsQCA 适用于多案例的比较研究，并对与研究主题相关的要点进行提炼，解决了案例样本量较大时候操作上的困难。其三，fsQCA 的组态视角对路径研究具有重要价值。通过 fsQCA 能获得多种因素的组合对食品安全事故得以阻断的影响，解决了使用定量研究无法得出多因素共同组合的困境。

本研究运用 fsQCA 方法的思路如下：首先，从构建的案例库中等比例地选择所需的案例样本，确保案例能覆盖多主体、环节分布不同、责任主体不同等要素。其次，基于 REASON 模型不同层次的要素，合理地设置条件变量和结果变量并进行赋值。再次，结合文本资料对每一个案例进行深度分析，对应变量设置构建真值表，通过运行 fsQCA 3.0 软件得出食品安全事故得以阻断的必要条件和充分条件。最后，结合布尔的运算法则将结果进行最简化处理，得出阻断食品安全事故的最有效路径。

二 案例样本选择

(一) 案例库建立及编码

以 OpenLaw 裁判文书网为搜索引擎,检索 2013—2018 年的食品安全事件为样本案例,筛选原则是:第一,事件的起因、经过、结果均具备明确性,对事件的描述详细丰富,可供编码;第二,事件的特征呈多元化,事件的发生源于不同环节、不同表现形式、不同属性,以确保案例样本的多元性和完整性。剔除部分信息不全面、信息有异议的案例,最终得到 9899 个样本。[①]

接下来对选取的案例进行基础信息的摘录,分别有:事件发生的时间、地点、食品相关信息(食品名称、毒物)、事件发生的特征(分布环节、问题属性、责任主体),以对食品安全事件进行概况分析。随后对食品安全事件的案例进行编码:地区、食品及食品添加剂类别、环节分布、问题属性、责任主体。地区参照中国地理大区划分;食品及食品添加剂类别参照国家食品生产许可分类目录;环节分布、问题属性参照历年《食品安全法》的相关规定,责任主体的划分依据企业、农户、消费者等主体。

(二) "环节—责任主体" 分布的描述性分析

如前所述,食品安全事件中的责任主体与环节分布具有主体—行为的关系,虽然事件发生的频次不同,但每个环节与责任主体的监管、关键环节的控制不可忽视。而食品安全事件高发的责任主体与环节分布警示着食品安全合作监管中的风险漏洞。"环节—责任主体" 分布可以清晰地表明在某一个环节中某一个具体的责任主体最易发生食品安全事件,以有针对性地开展食品安全治理(见表 9.1)。

表 9.1   "环节—责任主体" 分布

环节分布	责任主体	事件数量(件)	占比(%)
农产品生产	食品生产经营企业	52	0.53
	从事食品贮存、运输和装卸的非食品生产经营者	12	0.12
	食品生产加工小作坊和食品摊贩	53	0.54
	食用农产品生产者	428	4.32
	食品相关产品的生产者	8	0.08
	餐饮服务提供者	31	0.31
	小计	584	5.90

---

① 李国冲、李威瑢:《食品安全事件的影响因素及治理路径——基于 REASON 模型的 QCA 分析》,《管理学刊》2021 年第 4 期。

续表

环节分布	责任主体	事件数量（件）	占比（%）
农产品初加工	食品生产经营企业	28	0.28
	从事食品贮存、运输和装卸的非食品生产经营者	1	0.01
	食品生产加工小作坊和食品摊贩	81	0.82
	食用农产品生产者	841	8.50
	食品相关产品的生产者	19	0.19
	餐饮服务提供者	5	0.05
	小计	975	9.85
食品深加工	食品生产经营企业	1980	20.00
	从事食品贮存、运输和装卸的非食品生产经营者	10	0.10
	食品生产加工小作坊和食品摊贩	2458	24.83
	食用农产品生产者	234	2.36
	食品相关产品的生产者	71	0.72
	餐饮服务提供者	210	2.12
	小计	4963	50.14
流通销售	食品生产经营企业	2563	25.89
	从事食品贮存、运输和装卸的非食品生产经营者	12	0.12
	食品生产加工小作坊和食品摊贩	53	0.54
	食用农产品生产者	61	0.62
	食品相关产品的生产者	92	0.93
	餐饮服务提供者	18	0.18
	小计	2799	28.28
餐饮消费	食品生产经营企业	63	0.64
	从事食品贮存、运输和装卸的非食品生产经营者	1	0.01
	食品生产加工小作坊和食品摊贩	1	0.01
	食用农产品生产者	3	0.03
	餐饮服务提供者	510	5.15
	小计	578	5.85
总计		9899	100.00

资料来源：笔者自制。

在占比大于20%的"环节—责任主体"分布中，在食品深加工环节，食品生产经营企业、食品生产加工小作坊和食品摊贩最易发生食品安全事件，占比分别为 20.00%、24.83%。在流通销售环节，食品生产经营企业最易发生食品安全事件，高达 25.89%。而在占比为 1%—10% 的 "环节—责任主体" 分布中，在农产品生产环节，食用农产品生产者发生食品安全事件的数量最多，占比为 4.32%；在农产品初加工环节，食用农产品生产者发生食品安全事件的数量最高，占比为 8.50%；在食品深加工环节，食用农产品生产者、餐饮服务提供者发生食品安全事件的数量不相上下，占比分别为 2.36%、2.12%；在餐饮消费环节，餐饮服务提供者发生食品安全事件的数量最多，占比为 5.15%。综上，如下三个关键节点最易发生食品安全事件："食品深加工—食品生产经营企业""食品深加工—食品生产加工小作坊""流通销售—食品生产经营企业"。次之的五个关键节点为："农产品生产—食用农产品生产者""农产品初加工—食用农产品生产者""食品深加工—食用农产品生产者""食品深加工—餐饮服务提供者""餐饮消费—餐饮服务提供者"。这一结论为 fsQCA 分析样本的选取提供了直接依据。

（三）fsQCA 的分析样本

fsQCA 对案例样本的要求有两大原则：一是异质性与相似性并存；二是完整性与可得性并存。基于以上原则对案例进行二次筛选。首先，本研究关注阻断食品安全事故的影响因素，切入点是食品安全事故发生的薄弱环节与高发环节。根据 "环节分布—责任主体" 的交叉分析统计出的高频环节，共计 8 种选择类型。其次，依据这 8 个关键节点将 9899 个案例进行切分，根据年份、环节分布及对应责任主体、食品及食品添加剂类别的不同，等比例地选取大于所需案例数量的案例；此举的目的是最大化地增大案例样本在具体内容上的异质性。最后，筛选出最切合本研究主题且符合样本选择原则的案例，共计 60 个作为研究对象（见表 9.2）。

表 9.2　　　　　　　　　　fsQCA 案例样本选择

关键节点	案例数量
食品深加工—食用农产品生产者	10
餐饮消费—餐饮服务提供者	10
流通销售—食品生产经营企业	10
食品深加工—食品生产经营企业	5
食品深加工—食品生产加工小作坊	5
食品深加工—餐饮服务提供者	10

关键节点	案例数量
农产品生产—食用农产品生产者	5
农产品初加工—食用农产品生产者	5

资料来源：笔者自制。

三 变量及赋值

基于 REASON 模型中组织影响、不安全的监督、不安全的前提的隐性失效路径以及不安全的行为的显性失效下构建本研究的分析模型，解释了食品安全事故得以阻断的影响因素。结合相关文献、食品安全相关法律法规，以及食品安全事件分析对模型的四个解释变量进行拓展量化与操作化测量。具体的变量情况及赋值规则如表 9.3 所示。

表 9.3 变量及赋值规则

		变量名称	变量简称	具体内容	赋值规则	取值参考
结果变量		食品安全事故情况	R	1. 不合格的食品是否已售出 2. 不合格的食品是否已进入人体	两个条件均符合赋值为1；只符合条件2赋值为0.67；只符合条件1赋值为0.33；两个条件均不符合赋值为0	实际案例的情况
条件变量	组织影响	监督主体职责	OI1	1. 明确的责任划分 2. 明确的工作内容 3. 明确的分工	三个条件均不符合赋值为1；只符合其中任意一个条件赋值为0.67；符合其中任意两个条件赋值为0.33；三个条件均符合赋值为0	地方政府的责权划分
		监管整体组织	OI2	1. 新技术的应用 2. 信息的互联、整合、共享 3. 食品安全相关领导小组的设立	三个条件均不符合赋值为1；只符合其中任意一个条件赋值为0.67；符合其中任意两个条件赋值为0.33；三个条件均符合赋值为0	信息平台建设；矩阵式管理
		政府回应性制度设计	OI3	1. 消费者 2. 媒体 3. 行业协会	是否有针对相应主体的举报或相关回应机制。全部没有赋值为1，有其中任意一个赋值为0.67；有其中任意两个赋值为0.33；全部都有赋值为0	多元共治；政府回应

	变量名称	变量简称	具体内容	赋值规则	取值参考
条件变量	不安全的监督	食品安全专项整治 US1	1. 进行食品安全专项整治 2. 整改及复查 3. 各部门联合整治	三个条件均不符合赋值为1；只符合其中任意一个条件赋值为0.67；符合其中任意两个条件赋值为0.33；三个条件均符合赋值为0	治理；联动机制
		行政处罚力度 US2	1. 财产罚 2. 资格罚 3. 人身罚	三个条件均不符合赋值为1；只符合其中任意一个条件赋值为0.67；符合其中任意两个条件赋值为0.33；三个条件均符合赋值为0	实际案例的情况
		检测水平 US3	1. 第三方专业组织协助或专业技术人员指导 2. 组织执法人员培训考核	两个条件均不符合赋值为1；只符合条件2赋值为0.67；只符合条件1赋值为0.33；两个条件均符合赋值为0	政府监管
		质量控制把控 US4	1. 建立"黑名单"制度 2. 建立安全信用档案	两个条件均不符合赋值为1；只符合其中任意一个条件赋值为0.75；两个条件均符合赋值为0	政府监管
	不安全的前提	重点整治情况 PU1	1. 第一类易出问题的食品（保健品、粮食加工品、肉制品） 2. 第二类易出问题的食品（调味品、糕点） 3. 第三类易出问题的食品（其他）	三个条件均不符合赋值为1；只符合条件3赋值为0.75；只符合条件2或符合其中任意两条件赋值为0.5；只符合条件1赋值为0.25；三个条件均符合赋值为0	治理
		宣传情况 PU2	1. 组织开展食品安全警示教育会 2. 组织开展相关从业人员的培训 3. 组织开展自查自纠行动	三个条件均不符合赋值为1；只符合其中任意一个条件赋值为0.67；符合其中任意两个条件赋值为0.33；三个条件均符合赋值为0	政府监管

续表

		变量名称	变量简称	具体内容	赋值规则	取值参考
条件变量	不安全的前提	风险控制能力	PU3	1. 及时查处并召回有害食品 2. 查处有害食品未能召回有害食品 3. 未能及时查处但间隔时间短暂 4. 未能及时查处且间隔时间较长	间隔时间长短以一年以上或以下为分界线。符合条件4赋值为1；符合条件3赋值为0.67；符合条件2赋值为0.33；符合条件1赋值为0	实际案例的情况
	不安全的行为	企业或个人行为	UA1	1. 添加有害物质 2. 虚假宣传或违法销售 3. 其他违法行为	符合其中任意两个条件赋值为1；符合其中任意一个条件赋值为0.75；均不符合赋值为0	实际案例的情况
		环节分布安全隐患情况	UA2	1. 农产品生产 2. 农产品初加工 3. 食品深加工 4. 流通销售 5. 餐饮消费	该案例出现问题的环节。其中任意两个以上环节出问题赋值为1；其中任意两个环节出问题赋值为0.67；其中任意一个环节出问题赋值为0.33；均未出问题赋值为0	实际案例的情况

资料来源：笔者自制。

（一）结果变量

结合具体的案例情况，结果变量描述为食品安全事故是否发生，选取两个指标加以测量，即不合格的食品是否已售出、不合格的食品是否已进入人体，并在权衡两者严重性之后选用四值模糊集对结果变量进行赋值。如不合格食品既已售出并进入人体，那么食品安全事故就有可能发生即未得到有效阻断，赋值为1，反之赋值为0；再者，食品已进入人体导致发生食品安全事故的可能性高于食品已售出的可能性，如发生两种情况中的一种，赋值分别为0.67、0.33。

（二）条件变量

（1）组织影响，主要考察政府作为核心主体，包括监管主体职责、监管整体组织、政府回应性制度设计。其中，每个变量的赋值均采用四值模糊集，即三个条件均不符合赋值为1，只符合其中任意一个条件赋值为

0.67，符合其中任意两个条件赋值为0.33，三个条件均符合赋值为0。

（2）不安全的监督，主要考察食品安全合作监管过程中政府监管的执行力。其中，食品安全专项整治、行政处罚力度、检测水平三个变量沿用四值模糊集进行赋值。在检测水平中，第三方专业组织协助或专业技术人员指导更能体现专业性，符合该项赋值为0.33；符合组织执法人员培训考核则赋值为0.67。质量控制把控体现食品安全合作监管的可持续性，倒逼各食品从业主体自省自律。其赋值规则为两个条件均不符合赋值为1；只符合其中任意一个条件赋值为0.75；两个条件均符合赋值为0。

（3）不安全的前提，主要考察政府监管的前瞻性，有别于政府具体的监管执行工作，是REASON模型隐性失效的最重要体现。需要说明的是，重点整治情况结合本研究食品安全事件计量分析中的结果，将未进行针对性的重点整治赋值为1，只进行其他品类食品的专项整治赋值为0.75，针对调味品、糕点进行重点专项整治的赋值为0.5，只重点整治保健品、粮食加工品、肉制品的赋值为0.25，三个条件均符合赋值为0。查处有害食品分为查处并召回有害食品、查处但未召回有害食品，符合前者赋值为0；符合后者赋值为0.33。未能查处有害食品但间隔时间短暂、间隔时间较长，以一年以上或以下为分界线进行评判，前者赋值为0.67，后者赋值为1。

（4）不安全的行为，是REASON模型显性失效的最直接表现，即食品从业者不安全的行为能直接致使食品安全事故的发生，包括企业或个人行为以及环节分布安全隐患情况。从具体的案例中分析食品从业者的行为及其对应的环节提取相关要素分别进行赋值。

另外，需要说明的有：其一，尽量规避中间值的赋值选择，即（1，0.5，0）的三值模糊集的应用。过多中间值的赋值选择可能使案例研究的结果区分度不大。其二，不安全的监督中的"食品安全专项整治"与不安全的前提中的"重点整治情况"有所区别。前者反映政府监管的日常工作机制、监管部门与食品从业主体之间的互相反馈情况以及部门联动性，后者着重于考察政府监管的问题导向，即对高发问题的重点治理及把控。

四　模糊集定性比较分析

为确保每一个条件变量对结果有一定的解释力且赋值结果相对客观，本研究对案例进行了两轮赋值：第一轮赋值将数据放入fsQCA 3.0运行，结合现实情况将解释力较低的条件变量剔除。第一轮赋值共12个变量，得出4096（2^{12}）个条件组合。第二轮赋值及运算将解释力不足的变量剔除后，再次结合案例及具体实践进行操作，最终剔除四个条件变量，保留八个条件变量。第一轮赋值后，本研究剔除的条件变量为监管主体职责、食品安全专项整治、重点整治情况、行政处罚力度。具体原因如下：上述四个条件变量呈现较低的一致性且在赋值过程中发现，监管主体职责、食品安全专项整治在地方政府的具体实践中均有所涉及，沿用此两个变量无法客观地区分出各个案例之间的不同情况以形成差异化的赋值结果。若要在这两个条件变量上对案例的具体情况加以区分，较多地依赖研究者的主观判断。为最大限度地保证赋值结果的客观性，将此两个变量剔除。重点整治情况和行政处罚力度的差异化结果在赋值过程中亦体现得不明显，且行政处罚力度对阻断食品安全事故的有利与否无法根据本研究所选择的案例进行明确判断，因此将该两个条件变量予以剔除。

第二轮赋值共八个变量，得出 256（2^8）个条件组合。由于篇幅有限，本研究只对第二轮的赋值情况即最终结果进行展示，具体步骤如下。

（一）单变量分析

对八个条件变量分别进行了一致性和覆盖率的分析，如表 9.4 所示。如果单个变量的一致性值大于 0.9，则说明该变量是结果的一个子集，也就是说该条件变量是结果的必要条件。

表 9.4　　　　　　食品安全事故影响因素模型单变量分析

变量简称	变量名称	一致性	覆盖率
OI1	监督主体职责	0.499815	0.920532
OI2	监管整体组织	0.562778	0.92879
OI3	政府回应性制度设计	0.642593	0.912438
US1	食品安全专项整治	0.463148	0.871732
US2	行政处罚力度	0.214444	0.897674
US3	检测水平	0.525000	0.914221
US4	质量控制把控	0.689815	0.881657
PU1	重点整治情况	0.316481	0.883661
PU2	宣传情况	0.637222	0.880276
PU3	风险控制能力	0.634815	0.971655
UA1	企业或个人行为	0.884259	0.909524
UA2	环节分布安全隐患情况	0.674444	0.916226

资料来源：笔者自制。

结果表明，模型中单个变量的一致性值均小于 0.9，即不存在单个条件变量是阻断食品安全事故发生的必要条件。所有条件变量的覆盖率均大于 85%，表明单个条件变量对结果的解释度均是充分的。其中，企业或个人行为的一致性达到 0.884259，最接近必要条件的阈值，验证了"不安全的行为"是显性的且最直接导致食品安全事故发生的假设。阻断企业或个人的不安全行为是阻断食品安全事故发生的最有效、最直接的做法。

（二）构建真值表

每一个案例对应的不同值构成了一个特定的逻辑组合。由于案例和变量数量较多，加之篇幅有限，故本章展示的是编码后的真值表。表 9.5 显示的是以 0.8 为一致性阈值、1 为频率阈值而形成的构型。

表 9.5　　　　　　　　　　案例逻辑真值表（部分）

OI2	OI3	US3	US4	PU2	PU3	UA1	UA2	案例数量	原始一致性	PRI 一致性	SYM 一致性
1	1	1	1	1	1	1	1	11	0.977941	0.977941	0.977941
1	1	1	1	1	0	1	1	6	0.867470	0.867470	0.867470
0	0	0	1	1	0	1	0	3	0.727023	0.727023	0.727023
0	0	0	1	1	1	1	1	3	1	1	1
0	0	0	1	0	0	1	1	2	0.857554	0.857554	0.857554
0	1	1	1	0	0	1	1	2	0.869908	0.869908	0.869908
0	1	0	0	1	0	1	1	2	0.858757	0.858757	0.858757
1	1	0	1	0	1	1	1	2	0.846512	0.846512	0.846512
1	0	1	1	0	1	1	1	2	1	1	1
1	1	0	0	1	0	1	1	2	1	1	1
1	1	1	0	1	1	1	1	2	1	1	1
1	1	0	1	1	1	1	1	2	0.943697	0.943697	0.943697
0	1	0	1	0	0	1	1	1	0.850227	0.850227	0.850227
1	1	0	1	0	0	1	1	1	0.869338	0.869338	0.869338
0	1	0	1	1	0	1	1	1	0.738158	0.738158	0.738158
1	1	0	1	1	0	1	1	1	0.809798	0.809798	0.809798
0	1	1	1	1	0	1	1	1	0.713257	0.713257	0.713256
1	1	1	1	1	1	1	1	1	0.800303	0.800303	0.800303
0	0	0	0	1	1	1	1	1	1	1	1

续表

OI2	OI3	US3	US4	PU2	PU3	UA1	UA2	案例数量	原始一致性	PRI 一致性	SYM 一致性
0	0	0	1	1	1	1	0	1	1	1	1
1	1	1	1	1	1	1	0	1	1	1	1
0	1	0	1	0	0	1	1	1	0.880145	0.880145	0.880145
1	0	1	1	0	0	1	1	1	0.866935	0.866935	0.866935
1	1	1	1	0	0	1	1	1	0.900151	0.900151	0.900151
0	0	0	0	1	0	1	1	1	0.839744	0.839744	0.839744
1	1	1	0	1	0	1	1	1	0.876442	0.876442	0.876442
0	0	0	1	1	0	1	1	1	0.738158	0.738158	0.738158
1	0	1	1	1	0	1	1	1	0.735669	0.735669	0.735669
0	0	0	1	0	1	1	1	1	1	1	1
1	1	0	1	0	1	1	1	1	0.970614	0.970614	0.970614
1	0	1	0	1	1	1	1	1	1	1	1
0	1	0	1	1	1	1	1	1	0.972995	0.972995	0.972995
1	0	1	1	1	1	1	1	1	1	1	1

资料来源：笔者自制。

（三）多变量组合分析

基于食品安全事故发生的影响因素绝不是单一因素的作用，是多个条件、多种因素共同作用的结果。故将经过验证与筛选的八个条件变量进行条件组态分析，并选择中间解进行分析，如表9.6所示。

表9.6　　　　　食品安全事故影响因素模型条件组态分析

案例数量	逻辑路径	原始一致性	唯一覆盖率	一致性
1	PU2 * PU3 * UA1	0.49500000	0.057777700	0.97554700
2	US4 * ~ PU2 * UA1 * UA2	0.30759300	0.044074000	0.92638000
3	~ US4 * PU2 * UA1 * UA2	0.23037000	0.018888900	0.92559500
4	OI2 * OI3 * PU2 * UA1	0.49425900	0.069259100	0.93061400
5	OI3 * US4 * ~ PU2 * ~ PU3 * UA1	0.17203700	0.006296280	0.90369700

solution coverage：0.671111

solution consistency：0.939834

note：frequency cutoff：1，consistency cutoff：0.800303

资料来源：笔者自制。

表 9.6 显示基于组织影响、不安全的监督、不安全的前提、不安全的行为四个维度所分解的监督整体组织、政府回应性制度设计、检测水平、质量控制把控、宣传情况、风险控制能力、企业或个人行为、环节分布安全隐患情况等八个条件变量，其不同条件组态对结果的影响。换言之，即不同的条件变量的组合呈现阻断食品安全事故发生的不同因果关系路径。结果显示，一致性值均大于 0.90，说明每条因果路径对结果均具有很高的解释力。

经过初步的分析，得出以上 5 种条件组态。PU2 * PU3 * UA1 即宣传情况 * 风险控制能力 * 企业或个人行为，记为 T1；US4 * ~ PU2 * UA1 * UA2 即质量控制把控 * ~ 宣传情况 * 企业或个人行为 * 环节分布安全隐患情况，记为 T2；~ US4 * PU2 * UA1 * UA2 即为 ~ 质量控制把控 * 宣传情况 * 企业或个人行为 * 环节分布安全隐患情况，记为 T3；OI2 * OI3 * PU2 * UA1 即为监管整体组织 * 政府回应性制度设计 * 宣传情况 * 企业或个人行为，记为 T4；OI3 * US4 * ~ PU2 * ~ PU3 * UA1 即为政府回应性制度设计 * 质量控制把控 * ~ 宣传情况 * ~ 风险控制能力 * 企业或个人行为，记为 T5。

借助 QCA 的分析得出五条理论上阻断食品安全事故的因果路径后，需要回归到案例本身，结合案例的实际情况并将其一一对应到"环节分布—责任主体"中，才更具解释力（见表 9.7）。

表 9.7 食品安全合作监管路径具体案例情况

逻辑路径	案例数量	具体案例情况
PU2 * PU3 * UA1	13	A02、A03、A05、A06、A09、A17、A19、A27、A31、A34、A37、A41、A57
US4 * ~ PU2 * UA1 * UA2	11	A07、A12、A13、A14、A15、A20、A29、A34、A50、A51、A55
~ US4 * PU2 * UA1 * UA2	9	A18、A28、A32、A33、A37、A40、A45、A57
OI2 * OI3 * PU2 * UA1	12	A08、A09、A10、A16、A23、A24、A25、A28、A35、A36、A38、A42
OI3 * US4 * ~ PU2 * ~ PU3 * UA1	5	A01、A13、A20、A49、A50

资料来源：笔者自制。

（四）稳健性检验

如前所述，为确保研究结果的客观性，本研究进行过两轮赋值。为佐证条件变量对结果具有足够的解释力，还需要进行稳健性检验。

首先，在第一轮对 12 个影响因素进行赋值并进行单变量条件分析后，一致性程度排名最高的两个条件变量仍是"企业或个人行为"及"环节分布安全隐患情况"，一致性分别为 0.891176、0.628000，与最终结果相一致。此举论证了"不安全的行为"尤其是企业或个人的不安全行为是食品安全事故发生最重要的影响因素。

其次，改变一致性阈值对结果进行再次运算，将一致性阈值从 0.8 调整为 0.85，其因果路径与上文只存在 UA1 和 UA2 即"企业或个人行为"及"环节分布安全隐患情况"的差别。从单变量来看，"企业或个人行为"的一致性程度远大于"环节分布安全隐患情况"，且本研究在进行逻辑路径的分析时模糊了两者的具体差别，两者同属于"不安全的行为"这一层级。更重要的是，一致性阈值为 0.85 的情况下，所有组合的覆盖率为 0.645741，较之一致性阈值为 0.8 时的总体覆盖率 0.671111 低。因此，本研究展示的是一致性阈值为 0.8、频数为 1 的条件组态。

第三节 阻断食品安全事故的路径分析

QCA 分析从理论上总结了五条路径解释阻断食品安全事故的影响因素。食品安全合作监管的路径需结合事实案例及具体实践加以验证、解构。"环节分布—责任主体"是食品安全事件计量分析中的八个高发节点。逻辑路径与"环节分布—责任主体"相对应是基于隶属于该条逻辑路径的案例的具体情况，以最大化地概括该逻辑路径下对应的环节分布及责任主体，供进一步验证，具体见表 9.8。

表 9.8 食品安全合作监管逻辑路径

路径	逻辑路径	环节分布—责任主体
T1	PU2 * PU3 * UA1	流通销售—食品生产经营企业
T2	US4 * ~ PU2 * UA1 * UA2	食品深加工—食品生产经营企业 食品深加工—食品生产加工小作坊

路径	逻辑路径	环节分布—责任主体
T3	~ US4 * PU2 * UA1 * UA2	农产品生产—食用农产品生产者 农产品初加工—食用农产品生产者
T4	OI2 * OI3 * PU2 * UA1	餐饮消费—餐饮服务提供者
T5	OI3 * US4 * ~ PU2 * ~ PU3 * UA1	食品深加工—食用农产品生产者 食品深加工—餐饮服务提供者

资料来源：笔者自制。

　　回归事实案例和地方政府的实践经验，解析食品安全合作监管的逻辑路径，亦即阻断食品安全事故的关键环节和实现路径，分为三个层面展开论述：第一，结合每条逻辑路径对应的具体案例的情况，分析责任主体在不同的环节分布下出现不规范行为的类别；第二，据此分析出现不规范行为的原因；第三，对该逻辑路径下的典型案例进行追踪并加以验证。

一　路径一：流通销售—食品生产经营企业

　　该模式下，若要阻断食品安全事故的发生，关键环节是阻断"不安全的前提"及"不安全的行为"，而阻断该环节通过加强宣传和提高风险控制能力来实现。流通销售环节既是存在食品安全隐患的重要环节，也是食品安全事故的高发环节。结合具体的案例，与之相对应的责任主体食品生产经营企业在该环节的不规范行为可归纳为如下几类：第一，责任主体为提升所售产品的卖相，添加有害物质使其更易于在市场上销售；第二，责任主体为逐利而进行虚假销售，如将劣质品与优等品混合销售，欺骗消费者；第三，在未有产品质量检验的相关手续，或对食品添加剂认知不全的情况下，自行购买、添加、加工食品原材料进行销售以谋利；第四，责任主体从非法途径获得的产品或者产品未取得合格证明，无相关手续及发票等证明。此类以保健品的销售为主。

　　究其原因，以上诸多不规范行为的发生缘于责任主体本身观念意识的局限性和政府监管上的疏漏、不规范。为此，阻断食品安全事故的两个关键举措为提升宣传能力和风险控制能力。例如，组织开展食品安全警示教育会、开展针对性的培训以提高相关从业人员自律自省的意识，阶段性地开展自查自纠行动，加大责任主体对不安全行为的自我规范。在提高风险控制能力方面，政府部门可与专业的第三方检测机构实行共治，提高对不安全食品的检测成效。再者，建立食品安全信用档案及责任约谈制度，强化信誉机制对个体行为的约束。

典型案例是浙江省平湖市的具体实践，对于食品生产经营企业，除了完善行业规范、落实合法经营等理念外，不定期开展明察暗访、督查等工作、定期开展自查自纠，逐一整改。为通过阻断"不安全的前提"达到阻断食品安全事故的目的，平湖市市场监督管理局针对流通销售环节有的放矢：首先，根据上一年度的各个食品生产单位风险等级开展不同频次的检查。上一年度评级越高的检查次数越低。其次，对特定的品类、区域进行重点整治及检查，开展"双随机飞行检查""特定有因检查"，① 在重点整治的过程中落实主体责任监督。最后，由食安办牵头，联合公安局、质监局、综合执法局等开展宣传周、上门宣传、发放宣传资料并讲解等活动。综上，在该食品安全合作监管的路径中，针对流通销售环节中责任主体的特殊性，辅之与环节、责任主体相对应的制度、措施，在开展定期检查、整治、警示教育会的前提下，辅以全程追溯制度的保障，有利于规避与防范流通销售环节中食品生产经营企业可能出现的不安全行为。

二　路径二：食品深加工—食品生产经营企业、食品生产加工小作坊

该模式下，关键环节是阻断"不安全的监督"及"不安全的行为"，通过完善质量控制把控来实现。食品深加工环节下的食品生产经营企业和食品生产加工小作坊常常是监管易疏漏的环节、不易查证的主体。结合具体的案例，责任主体在该环节的不规范行为可归纳为如下几类：第一，购买从非法途径获得的食品或未经检疫的食品进行加工，此类食品以肉类、粮食加工品为主。第二，在对食品进行加工的过程中，添加超出国家标准的物质或国家明令禁止的食品添加剂，足以造成严重的食源性疾病。

致使食品深加工环节出现问题的原因如下：其一，责任主体自身行为不规范；其二，政府监管的漏洞，包括质量控制把控不到位、宣传不全面、较低的惩罚力度等。为此，阻断食品安全事故的关键要点为严格的质量控制把控：包括建立"黑名单"制度、建立食品生产经营单位的安全信用档案、严格的准入门槛等。

典型案例是大连市的具体实践。首先，建立起以风险管理为原则的抽

---

① 平湖市人民政府：《关于印发2019年度平湖市食品生产、销售环节监督检查计划的通知》，http://www.pinghu.gov.cn/art/2019/3/6/art_1537044_30776279.html，2019 – 03 – 06。

检名录，重点监督存在高风险、高隐患的食品生产经营加工单位。对于名录库中的相关单位进行重点监督检查，将"全覆盖"与"双随机"相结合。[①] 其次，利用网络平台公开向大众征集信息。曾推出"十大不放心食品"的征集活动，并联合媒体进行监督。对票选出的不放心食品针对性地进行重点整治、检查，用实际行动回应大众的关切。最后，对整治、抽检的结果进行有效应用，例如公布示范市场、示范商超等示范性单位，正确引导食品安全市场的良性发展。

三 路径三：农产品生产、农产品初加工—食用 农产品生产者

该模式下，若要阻断食品安全事故的发生，关键环节是阻断"不安全的前提"及"不安全的行为"；而阻断该环节通过加强宣传以提高责任主体自我规范意识加以实现。农产品生产与初加工是两个基础环节，与之相对应的责任主体由于小、散个体户较多，导致监管存在一定难度。结合具体的案例，责任主体在这两个环节的不规范行为可归纳为：第一，非法添加禁止使用的加工助剂或掺入有毒有害的非食品原料；第二，滥用食品添加剂，或非法使用非食品添加剂、农药等。

其原因是多方面的。对于小、散个体户来说，监控其生产、初加工过程存在难度；而他们往往又对食品安全相关知识认知不全面、法律意识淡薄。在所选择的案例中，屡屡出现责任主体在认知受局限的情况下非法使用非食品添加剂、掺入有毒物质等，如用熬制的松香对家禽进行脱毛，将豆芽调节剂溶于水中喷洒在豆芽上。因此，运用技术手段进行实时监控，完善农产品质量的标准规范，定期向相关单位进行上门宣传、约谈、警示教育等提高责任主体的意识。

在具体实践中，贵州省安顺市对不易监测的食用农产品生产者及农产品生产、初加工环节，采取从事前、事后控制等行之有效的举措：首先，建立农产品经营者"一户一档"，完备的信息存档对落实主体责任、进行自我监督有一定的作用。其次，销售出去的食用农产品要加盖溯源章。最后，各个环节都明确接受举报的责任部门，推动大众监督。

---

① 大连市食品流通监管处：《市局关于印发食品销售"双随机一公开"监督抽查工作实施方案的通知》，https://scjg. dl. gov. cn/syjd/cms/base/com_ bsqgs_ www/template/Y11. jsp? filename = 2c91a4815ac60f3a015b4608ad2d0349&flag = law&creator = &createdate = &tableName = WEB_ INFO_ LAW&tableId = 45251，2017 – 03 – 31。

四　路径四：餐饮消费—餐饮服务提供者

该模式下，若要阻断食品安全事故的发生，关键环节是完善"组织影响"、阻断"不安全的前提"和"不安全的行为"，通过完善监管组织整体性以及加强政府回应性制度来实现。餐饮消费环节承接着食品安全领域上游的诸多环节，而餐饮服务提供者是直接接触消费者的责任主体，很大程度上决定着食品安全事故的发生与否。结合具体的案例，餐饮服务提供者在餐饮消费环节的不规范行为有如下两类：第一，责任主体"无证经营"且自身行为不规范造成严重后果；第二，添加不符合相关标准或规定的食用物质、非食用物质。

在具体实践中，餐饮消费环节是最受重视的环节，各地方也根据实际情况开展多样的监督举措。深圳市开展"星期三查餐厅""9号查酒""走进食品工厂""农产品任你查"等一系列基于公众监督、媒体监督的举措。此外，政府监管部门"整体组织"的完善有利于食品安全的全过程监督，包括对于直播、新媒体等新技术的应用，信息的互联共享以打破"信息孤岛"，食品安全相关领导小组的成立。再者，对于餐饮服务提供者，建立起信誉机制的同时引入社会监督，在消费者、社会力量等多方监督下，方能有效阻断食品安全事故的发生。

五　路径五：食品深加工—食用农产品生产者、 餐饮服务提供者

该模式下，若要阻断食品安全事故的发生，关键环节是完善"组织影响"、阻断"不安全的监督"和"不安全的行为"。完善组织影响通过加强政府回应性制度；阻断"不安全的监督"通过严格的质量控制把控。结合具体的案例，责任主体在食品深加工环节的不规范行为有：第一，责任主体为谋利不按照规定自行加工食品；第二，添加不符合行业标准、相关标准等规定的食用物质、非食用物质。例如，出现"用非食品原料餐厨垃圾、废弃油脂循环加工食用油添加到火锅底料中，并销售给顾客食用"的违法行为。

"食品深加工环节—餐饮服务提供者"与"餐饮消费环节—餐饮服务提供者"两者虽有共同之处，但仍有细微差别。后者如路径四所描述的，在监督过程中更加直接。与之相比，前者的责任主体若有不规范行为更不易察觉。以网络食品为典型，尽管由于食品深加工环节中责任主体行为的"隐蔽性"而加大了监管难度，但实践中仍有创新之举，浙江省嘉兴市将

"可视化厨房"视频信号接入网络食品平台端，一改之前该环节"不可视"的情况下可能产生的诸多不规范行为。上海市通过设立"保证金制度"对入网经营者的行为加以规范，并强制要求入网经营者与平台签订条款更为细致且具法律效力的合同。由此可见，监管整体组织的完善加之严格的质量控制把控，发挥社会监督的优势，多管齐下，才能克服"顽疾"。

第四节　本章小结与讨论

一　食品安全合作监管的五条路径

本章从影响因素及监管的维度入手，根据"行为—原因—实践"的逻辑链条总结了食品安全合作监管的五条路径，具体总结如图9.3所示。本章以多维视角关注食品安全，既关注问题本身，即各环节、各直接责任主体的情况；又跳脱出问题属性，从中探求政府各部门、社会等主体所需建立与落实的防范机制、措施等。同时，从原因入手，运用REASON模型探寻事故发生的原因，符合食品安全的"溯源机制"；从各主体入手，运用QCA的研究方法探寻事故的多重并发性，符合食品安全问题本身的

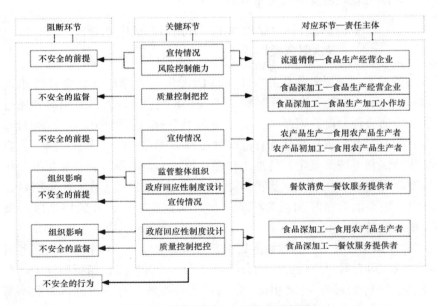

图9.3　阻断食品安全事故的路径总结

图片来源：笔者自制。

复杂性特质及"社会共治"的理念；从食品安全合作监管路径入手，探寻阻断食品安全事故的影响因素及机理。不同于对单个环节或单个责任主体的众多研究，"环节分布—责任主体"的结合为食品安全合作监管路径提供不同维度的分析方法，同时回答了"如何监管"及"监管谁"的问题。

首先，即使不同的环节分布及责任主体对应的路径有所不同，但共同的关键环节是对"不安全的行为"的关注。在 REASON 模型中，"不安全的行为"对事故发生起显性作用，是致使事故发生的直接影响因素。同时，应用 QCA 进行单因素分析得到的最具必要性的影响因素也是"不安全的行为"中的变量。理论模型与应用 QCA 分析得出的结果相互佐证。因此，阻断食品安全事故的直接因素和关键环节是阻断"不安全的行为"。

其次，阻断食品安全事故的路径中，"组织影响"是食品安全合作监管机制设计完善与否的体现；"不安全的监督"是食品安全合作监管中过程控制的体现；"不安全的前提"是食品安全合作监管中事前预警、事中监管的体现。由此，阻断食品安全事故的路径需综合考虑机制设计、事前预警与过程控制，缺一不可。

最后，"宣传情况"是多条食品安全合作监管路径的关键环节，该变量的具体内容是安全警示教育的开展、相关从业人员的培训、自查自纠行动。由此得出的结论符合现实情况，即阻断食品安全事故的有效因素之一是促使食品相关的生产经营单位、从业人员意识观念的提高和对自身行为的规范，这也是通过机制设计、制度安排、监管行为等努力所期望达到的结果。

二　本章总结与不足

本章基于 REASON 理论构建阻断食品安全事故的逻辑模型，由组织影响、不安全的监督、不安全的前提、不安全的行为共四个层级构成，经过赋值与定性比较分析，最终确定八个阻断食品安全事故的影响因素，分别是：监管整体组织、政府回应性制度、检测水平、质量控制把控、宣传情况、风险控制能力、企业或个人行为、环节分布安全隐患情况。其中，阻断"不安全的行为"是阻断食品安全事故的直接因素。

同时，针对不同"环节分布—责任主体"的分布，结合影响因素的复杂因果关系探究阻断食品安全事故的路径。这五条食品安全合作监管路径简述为：①流通销售—食品生产经营企业对应的关键环节为宣传情况、风险控制能力；②食品深加工—食品生产经营企业、食品深加工—食品生产加工小作坊对应的关键环节为质量控制把控；③农产品生产—食用农产品生产者、农产品初加工—食用农产品生产者对应的关键环节为宣传情况；④餐饮消费—餐饮服务提供者对应的关键环节为监管整体组织、政府回应性制度设计、宣传情况；⑤食品深加工—食用农产品生产者、食品深加工—餐饮服务提供者对应的关键环节为政府回应性制度设计、质量控制把控。

　　针对食品安全合作监管过程中的"碎片化"问题，基于 REASON 模型的影响因素和路径研究及其背后存在的"事故链"串联起了食品安全事故发生的逻辑链条，一定程度上回应了食品安全合作监管的"整体性"及"动态化的治理"的愿景。对食品安全各环节、各主体的关注旨在实施全环节追踪，从多重组合的影响因素中提炼出消解食品安全事故的有效路径。在不同问题属性、不同环节以及不同直接责任主体的作用下提出各主体的责任与作为，既是对"社会共治"的食品安全合作监管理念如何实践的回应，也是对"多元共治"的实践探索。

　　这项研究仍存在诸多遗憾：其一，在变量选择、案例筛选与赋值的过程中仍未能摆脱主观性的特质；其二，在具体的案例研究中，由于行政处罚力度对结果的解释力不足将其剔除，但这仍是需要充分探讨的议题；其三，阻断食品安全事故的影响因素仍需要更多维度的深入研究，比如社会组织的影响、检测水平的提高及技术进步对阻断食品安全事故的影响等。

第十章 社会共治：食品安全合作监管的
发展趋向[*]

作为结尾，本章再次回到 21 世纪以来我国食品安全合作监管的发展趋向，对其重新进行实证检验与理论审视。政府机构间合作有所弱化的同时，政府—非政府机构合作稳步强化，表明食品安全社会共治正逐步得到重视。

第一节 从一元监管到社会共治

一 研究问题的提出

食品安全事关国计民生。加强食品安全监管、提升监管效能是政府职责之所在，是国家治理体系现代化的重要组成部分。进入 21 世纪以来，党和政府高度重视食品安全监管问题。

虽然在政府高层的重视下，食品安全监管绩效逐步改善，但食品安全事件仍时有发生。追根溯源，其症结之一是合作监管不足。我国曾长期实行分段监管体制，监管权限高度分散，导致监管碎片化。由此观之，监管绩效不仅取决于单个部门的表现，还与部门合作能力密切相关。事实上，即便在 2018 年"三局合一"机构改革后，许多监管事项仍有赖于市场监督管理总局下属部门间的合作；从地方经验来看，各部门之间的整合目前还更多属于"物理整合"而非"化学整合"。不仅如此，食品安全问题具有鲜明的跨界性。不仅表现在知识边界、管辖权边界上，更体现在利益相关者的复杂多样上。监管机构的政治利益、监管对象的经济利益与社会公众的社会利益相互交织，存在较大张力。需要推动多元主体携手并进参与

---

[*] 注：本章的主要内容来自徐国冲：《从一元监管到社会共治：我国食品安全合作监管的发展趋向》，《学术研究》2021 年第 1 期，略有改动。

合作，在此过程中构建互信，并借此统合利益诉求，进而改进监管效能。因此，强化合作监管被视为化解监管困局的重要策略。

在此背景下，食品安全合作监管成为学界研究的重点。大量学者着力阐述了推进合作监管的构想。值得注意的是，许多学者从整体性政府视角中汲取养分，提出了颇具见地的政策建议。该理论的核心在于协调与整合，主张通过机构整合、重组破除集体行动的困境。[①] 具体到食品安全监管领域，颜海娜等认为从组织结构、责任与激励机制、伙伴关系和组织文化等方面着手，改进部门间的合作。[②] 虽然网络结构是整体性政府治理协调的组织基础，与存续已久的科层组织存在较大张力；但其提出的诸如组织结构等改革建议具有一定的普世性，对培育跨部门合作仍不失借鉴意义。与此同时，还有学者从关系合约视角审视合作监管推进路径。该视角下，合作监管被视为主体间订立的关系合同。循此思路，学者认为监管主体间交易具有部门追求自主权、收益的不确定性及治理成效的外部性特征，因而构建部门合作机制也应从上述方面入手。[③] 尽管这一看法颇具洞察力，却将交易主体看做纯粹的经济人，落入"社会化不足"的窠臼，忽视了交易所嵌入的人际关系影响。此外，还有少量学者从量化角度探讨了影响食品安全合作监管的因素。有学者结合合作关系形成的两种互补性逻辑——制度约束逻辑与关系约束逻辑，提出了权威假设、传递性假设、优先连接假设以及制度邻近性假设，发现制度约束逻辑是正式合作监管关系形成的主导性逻辑。[④]

概言之，既有研究已就我国食品安全合作监管进行较为深入的研究，构成了本研究的基础。略显遗憾的是，存在重规范轻实证的不足，从量化角度梳理改革开放以来食品安全合作监管发展脉络的研究尚不多见。鉴于此，本研究拟采用内容分析法，对中央层级联合颁布的相关政策文本进行量化分析。以联合发文单位的属性为切入点，透视21世纪以来我国食品安全合作监管演变路径，希冀以此推进相关研究。本研究试图回答以下问

① 徐鸣：《整体性治理：地方政府市场监管体制改革探析——基于四个地方政府改革的案例研究》，《学术界》2015年第12期。

② 颜海娜：《我国食品安全监管体制改革——基于整体政府理论的分析》，《学术研究》2010年第5期。

③ 聂勇浩、颜海娜：《关系合约视角的部门间合作：以食品安全监管为例》，《社会科学》2009年第11期；颜海娜、聂勇浩：《食品安全监管合作困境的机理探究：关系合约的视角》，《中国行政管理》2009年第10期。

④ 徐国冲、霍龙霞：《食品安全合作监管的生成逻辑——基于2000—2017年政策文本的实证分析》，《公共管理学报》2020年第1期。

题：我国食品安全合作监管在参与主体的构成上呈现何种特点？其演变与发展遵循何种逻辑？上述问题的回答构成了本章的行文逻辑。

本研究选用中央层面联合发布的食品安全政策文本作为量化分析的依据，主要基于以下考量：第一，作为客观的、可获取的、可追溯的文字记录，[①] 经过长时间积累的大量政策文本为研究者把握较长时期相关政策思想转变、制度演进提供了不可多得的研究窗口。第二，政策文本的结构化、半结构化特征与统计学、计量学等研究方法相结合，文本资料得以转化为数据资料，进行更为科学、准确的分析。作为非介入式的分析方法，文本量化分析可以在研究过程中减少主观因素的干扰，使研究结论更为客观，且可被重复检验。[②] 第三，较之于联合发文，联合执法、部级联席会议等合作形式的相关资料相对难以获取，而长时间的记录则更为鲜见。

二　研究设计与发现

本章选取的政策文本均源自"北大法宝"数据库。以"食品安全"为关键词，在"中央法规司法解释"数据中集中进行精确检索，共获得628份文件。为确保选取的政策文本符合研究主题，确立如下筛选原则：（1）相关性原则，即政策文本必须涉及食品安全监管的具体内容，[③] 且必须有两个或两个以上发文主体。（2）规范性原则。即选取的文本必须是正式文件。因此，便函等非正式文件被剔除。[④] 共计剔除573份文本，最终共获得55份样本，起止时间为2003—2017年。[⑤] 这一时段恰好处于我国食品安全合作监管逐渐受到重视的时期。2003年，新成立的国家食品药品监督管理局被赋予综合协调的职责。不过，受行政级别所限，该机构无力节制其他部门，协调职能长期虚置。为此，2010年成立了由国务院副总理等高级官员领衔的国务院食品安全委员会，负责议事协调。并于2011年将卫生部的综合协调职能划归帐下。至此，食品安全监管综合协

---

① 黄萃、任弢、张剑：《政策文献量化研究：公共政策研究的新方向》，《公共管理学报》2015年第2期。

② 姜雅婷、柴国荣：《安全生产问责制度的发展脉络与演进逻辑——基于169份政策文本的内容分析（2001—2015）》，《中国行政管理》2017年第5期。

③ 例如，《人力资源和社会保障部、国家食品药品监督管理总局关于撤销天津市静海区市场和质量监督管理局食品安全监管科全国食品药品监督管理系统先进集体荣誉称号的通知》仅通报处理结果，并未说明食品安全监管的具体内容，因此被剔除。

④ 例如，《国家食品药品监督管理总局食品安全监管三司关于核实安泰降压宝胶囊等保健食品批准证书持有企业信息的函》被剔除。

⑤ 由于资料收集时点限制，收集的是2017年9月21日（含）之前出台的政策文本。

调获得实质性突破。鉴于此，本研究以 2011 年为界，将政策文本按
2003—2010 年、2011—2017 年合并，进行分段考察。

需要指出的是，共有立法机关、行政机关、党的机关、事业单位、社
会团体及企业等发文单位。本研究将所有发文单位划分为两类：政府机构
（广义上）与非政府机构。上述前三种发文单位属于政府机构，后三种属
于非政府机构。根据合作主体性质，本研究将合作监管分类如下：政府部
门间合作、政府—非政府机构合作、非政府机构间合作。

表 10.1 展现了 2003—2017 年内不同类型合作监管的平均占比。[①] 就
一般概况而言，各类合作监管形式均有所涉及，但使用频率程度差异巨
大：政府机构间合作最受青睐，平均占比高达 99.21%，远远高于其他合
作监管类型；政府—非政府机构合作次之，平均占比为 3.25%；非政府
机构间合作应用最少，平均占比仅为 1.02%。就历史演变而言，政府机
构间合作占比虽然始终保持高位，但有所下降；政府—非政府机构合作、
非政府机构间合作占比呈上升趋势。

表 10.1　　　　　2003—2017 年各类合作监管平均占比

合作类型 时段	政府机构间 合作	政府—非政府 机构合作	非政府机构 间合作
2003—2010 年	100.00%	0	0
2011—2017 年	98.41%	6.49%	2.04%
平均占比	99.21%	3.25%	1.02%

资料来源：笔者自制。

上述数据表明：第一，我国食品安全监管仍以政府一元监管为主。原
因在于，受路径依赖制约，计划经济时期的政府全能主义思想仍然影响颇
深，将食品安全监管视作政府的独占领域，轻视了其他主体的作用。更为
现实的考量是，相较于同质性主体合作，异质性主体间合作具有更大的难
度。困难主要源自协调多重制度逻辑。所谓制度逻辑是指，某一领域中稳
定存在的制度安排和相应的行动机制。[②] 行动者大多受知识、资源概况以

---

① 需要指出的是，由于某些政策文本可能同时出现了多种合作类型，因此合作类型占比之
和可能大于 1。
② 周雪光、艾云：《多重逻辑下的制度变迁：一个分析框架》，《中国社会科学》2010 年第
4 期。

及所处的环境影响，形成特定心理认知模型，以此作为其认知范式和行为
脚本。不同领域的行动者对公共管理的认识论范式、行事逻辑存在差
异，①且这一差异强于相同领域的行动者。以价值认知为例，政府更加强
调程序合法性，企业强调实质性结果，而公民强调民主问责。不同逻辑之
间存在张力，张力越大，合作越是困难。不仅如此，在食品安全监管领
域，合作监管曾长期受到忽视，而这也阻碍了监管绩效的改进。鉴于同质
性主体合作相对较低的难度，优先强化政府部门间合作既是经过成本收益
分析的理性选择，其成功经验也能够为日后打造社会共治奠定基础。毕
竟，推进部门间合作的许多策略（如构建信任）对于社会共治同样具有
借鉴意义。

　　第二，政府—非政府机构合作的强化，表明食品安全社会共治正逐步
得到重视。虽然政府部门间合作在一定程度上改善了监管绩效，但随着越
来越多的食品安全问题转化为棘手问题，政府一元监管逐渐显得左支右
绌，推动社会共治、发挥其他主体在食品安全监管中的作用显得尤为必
要。在此背景下，社会共治作为食品安全监管的工作原则写入了新《食
品安全法》之中。值得注意的是，社会共治并非仅仅只是出于改善监管
绩效的工具性目的，而是顺应国家治理体系与治理能力现代化的历史潮
流，将企业、社会组织、公民视作具有自主性、能动性的治理伙伴，鼓励
各方畅所欲言、群策群力，打造良好的食品安全合作监管格局。

第二节　走向社会共治的内在逻辑

　　社会共治的兴起是三股力量共同作用的结果：第一，食品安全问题的
棘手问题特性突出了转向社会共治的必要性；第二，国家有意识地放权为
社会共治提供了可能性；第三，社会的成长为社会共治提供了可行性。

一　问题特性：社会共治的必要性

　　市场经济体制建立以来，食品安全问题日益复杂化，成为典型的棘手
问题，集中表现在以下方面：一是高度复杂性，不仅体现为知识匮乏招致
的技术复杂性，还体现为众多利益相关者协调困难引发的社会复杂性。通

----

① Bryson J., Sancino A., Benington J., Sørensen E., "Towards a Multi-Actor Theory of Public Value Co-Creation", *Public Management Review*, Vol. 19, No. 5, 2017, p. 6.

常，利益相关者不仅来自不同的政策部门，典型的有食品安全、卫生、农业、渔业、进出口贸易等部门，还涉及不同领域的行动者：政府（法定监管机构）、企业、社会（行业组织、公民）。上述利益相关者往往具有不同心智模型、行为脚本、行动逻辑，引发协调困难。二是不确定性，由于食品安全问题与其他问题相互交织，牵涉多种因素。因此，难以确定其因果关系。有时，某种问题的解决方案甚至会招致新的问题。例如，危害分析和关键点控制初衷是赋予企业更大的自主权限，使之自主选择具体实施方案。但由于其对企业的技术能力有更高的要求，可能导致行业中的小企业被迫退出。三是利益相关者观点各异。以追求目标为例，政府寻求保障安全与促进发展，企业追求的是获取稳定收益、消费者则期望获得物美价廉的食品。[①] 上述目标之间存在着内在张力，导致针对特定食品安全问题，各方可能采用不同甚至是相抵触的解决方案。颇为棘手的是，观点差异往往是根深蒂固的，即便有充分的科学证据支撑也难以获得形成各方普遍接纳的方案。

食品安全问题的棘手性特征进一步强化了行动者的相互依赖性，决定了传统一元监管并非治本之策，难以持续有效提升食品安全绩效。相互依赖性主要源于以下两方面：一是共同利益基础。毕竟，食品安全丑闻不仅会损害政府政绩合法性，还会损害相关食品行业声誉、危害公众健康。2008 年爆发的三聚氰胺事件淋漓尽致地展现了这一点：毒奶粉事件后相关监管部门因履职不力备受指摘；国产奶粉行业也遭受重创、品牌美誉度跌落谷底；消费者不仅蒙受健康损失，还因转向消费国外品牌奶粉承担更高昂的成本以及跨国维权的困难。二是行动者置身于相互关联的网络之中。主要体现于行动者之间的联系，特别是各方所掌握的知识、技能、资源之间的交换与互补。以食品安全风险信息为例，监管部门通过抽样检查获取部分风险信息，企业、行业协会则凭借其对本行业的深度参与掌握一定的风险信息，社会公众则经由消费行为获知相关风险信息。可以说，较为准确地勾勒食品安全风险状况，离不开各方信息数据的分享。

作为自上而下的监管策略，政府一元监管虽然减少了决策复杂性，然而，这也意味着将其他相关主体的技能、资源、观点与意见排除在外，不利于更为全面地认识问题症结、争取利益相关者支持以及有效执行监管政策。相形之下，社会共治策略虽然增加了决策的复杂性，但作为一种自上

---

① Peters B. G., Pierre J., "Food Policy as a Wicked Problem: Contending with Multiple Demands and Actors", *World Food Policy*, Vol. 1, No. 1, 2014, p. 7.

而下与自下而上相结合的混合型策略，它有助于整合知识、资源、技能与观点，搁置争端发挥协同效应，形成集强制型监管（如威慑、惩罚）与非强制型监管（如学习、劝说）于一体的混合监管工具箱，进而更为灵活有效地处置食品安全问题。值得注意的是，这种灵活性恰恰是应对充满不确定性的棘手问题所必需的。而且，作为多边合作策略，由于第三方的存在，有助于降低政企合谋导致的监管俘获风险。从长远来看，其成效将优于单边决策，后者可能因失误导致决策反复，进而引发监管成本激增。

二　政府放权：社会共治的可能性

宏观治理策略的转型、改进监管绩效的压力以及政策学习，促使政府有意识放权，发挥社会主体活力。

事实上，监管策略的选择深受宏观的国家治理模式影响。由此观之，我国食品安全走向社会共治，与国家治理模式转型密不可分。在计划经济体制瓦解前，我国实行的是管控型治理模式。此时，国家治理实质上是政府一元治理，政府以行政命令的形式统摄一切。国家与社会的关系是一元化的，社会是作为国家的社会而存在。这决定了当时的食品安全监管策略是政府一元监管。随着计划经济体制逐步瓦解，国家与社会逐步分离，管控型治理模式有所松动。21世纪以来，随着国家治理改革不断深化，尤其是行政体制改革、市场经济体制改革、社会治理体制改革等举措推陈出新，市场与社会的活力得到进一步释放，推动国家治理逐步迈向多元合作的协同治理模式，而这也为食品安全监管走向社会共治创造了契机。

改进监管绩效的压力促使政府寻找替代型监管策略。21世纪以来，安徽阜阳毒奶粉、三聚氰胺等震惊全国的食品安全事件引发了极大的关注，促使食品安全逐渐成为政府高层关注的重点议题。这集中表现在两个方面：一是主管部门行政级别的提升。起初，食品安全监管仅作为卫生管理的具体事项由卫生部负责，并未成立专门机构进行管理。随着该问题逐步得到重视，2003年成立了国家食品药品监督管理局。然而，该部门权限较小制约了其开展工作。2008年机构改革则将其划归卫生部管理，影响其独立性。2013年升格为正部级单位，此后又陆续将相关监管权限划入旗下，充分展现了中央高层的支持。2018年进一步展开"三局合一"改革，将食品安全相关职能部门进一步整合。二是问责制度的强化。自提出以"最严肃的问责"保障食品安全后，我国陆续出台了《食品安全工作评议考核办法》（2016年）、《地方党政领导干部食品安全责任制规定》（2019年）等法规，完善了食品安全工作责任制，形成了以跟踪督办、履职检查、评议考核结果为抓手的问责考评制度。政府高层的重视使监管部门改善监管绩效压力不断强化，而频频爆发的食品安全事件则使其逐渐认识到政府一元监管不足以应对这一压力。一元监管策略之下，监管主体青睐使用命令控制手段，而这一手段实质上隐含着对抗性色彩，即将监管主体、监管对象置于对立面。相比而言，在市场经济体制建立前，食品技术并不复杂，食品企业数量少，同质性强，多为体制内企业、追求利润动机不强烈。因此，食品安全问题属于温和的驯服问题（tame problems），清晰界定问题、寻找可行解决之策并非难事，命令控制手段也可以较好地满足监管需要。然而，市场经济体制建立以来，食品安全问题逐渐转化为棘手问题，难以准确界定问题及对策，对抗性监管手段显得不合时宜，需要政府、企业与社会携手应对。

政策学习使政府高层意识到社会共治是可行的替代性监管策略，有意识支持社会力量发挥更大作用。值得注意的是，这一认识逐渐从浅层次的工具性理念深化为政策核心信念。早年，"社会共治"被视作应对一元监管治理绩效难孚众意的权宜之计，尚停留于工具性理念层面。通过国际交流等政策学习契机，政府高层意识到企业自我监管有助于提升监管绩效。引入危害分析和关键点控制等更具灵活性的监管方式即为例证。此外，西方发达国家对行业组织的重视①促使我国进一步挖掘社会力量的潜力。我国食品安全治理中素有动员社会力量之传统——爱国卫生运动曾于不同历史时期多次开展，并能够在较短时间内取得一定成效。西方经验则为激发存量制度潜力注入了新活力，社会组织作为治理主体之一的地位获得认可：2009 年出台的《食品安全法》强调发挥社会组织行业自律、科普宣教的功能；② 新《食品安全法》则对其寄予更大的期望，将社会组织功能进一步扩展至帮扶企业、信息报送、风险交流、标准制定等领域。③ 同时还对其发挥行业自律提出了更深层次的要求——建立行业规范和奖惩机制，并纳入食品安全五年规划重点建设内容。④ 许多行业组织也纷纷回应，试图推动行业自律功能由虚入实。随着政府对社会力量认识的深化，

① 例如，美食品农产品领域主要行业协会之一——食品饮料和消费品制造商协会（Grocery Manufacturers Association）在食品安全治理中发挥了指导行业发展、界定消费者需求、推动国际交流、促成政企沟通、参与政策制定等多重作用。

② 参见《食品安全法》（2009）第 7、8、61 条。

③ 参见《食品安全法》（2015）第 9、10、23、28、32、100、116 条。

④ 参见《国家食品安全监管体系"十二五"规划》第 3 部分第 9 条、《"十三五"国家食品安全规划》第 3 部分第 10 条。

特别是强调其在国家治理体系和治理能力现代化进程中必须占据一席之地,对社会力量的重视从工具性理念提升为政策关键信念——社会力量是食品安全合作监管的主体之一,其参与监管并非只是改善绩效的一时之策,而是打造现代监管型国家的题中应有之义。这一信念被凝练为社会共治,成为食品安全合作监管的重要原则。

三　社会成长:社会共治的可行性

社会成长主要反映在社会组织监管能力的提升,能够对食品安全问题做出相对专业的判断。以此为支撑,社会力量方可分担部分监管责任,为政府放松管控、释放监管空间创造了有利条件。一般而言,监管能力由分析能力、管理能力与政治能力组成。[1] 分析能力关乎监管主体高效地生成并调查食品安全问题的能力;管理能力关乎监管主体有效利用资源应对监管问题的能力;政治能力则关乎监管主体获得必要支持的能力。需要指出的是,前文中有关社会组织作为治理主体地位得到认可的论述,已经反映了社会组织政治能力的强化,因而此处不再赘述。

在分析能力上,集中展示为知识生产、运用能力强化。以中国营养保健食品协会为代表的大型社会组织不仅拥有许多知名企业会员,还有许多知名专家参与其中。正因如此,它们不仅积累了海量的行业动态一手资料,还不乏专业技术理论支撑,助力其敏锐把握行业发展趋势。社会组织基于获取的数据信息,形成政策建议或专题报告,发挥科普宣传、建言献策、提供技术服务、架起政府与行业企业沟通渠道、促进国际交流等多样化功能。以中国食品药品质量安全促进会为例,该协会于 2016 年成立。虽然成立时间不长,但深入参加了诸如保健食品法规调研,并获得相关部门重视,有关司长听取了相关建议;还曾组织 "2016 北京国际医学工程转化高峰论坛" 等高级别会议。[2]

在管理能力上,集中表现为内部管理制度逐步健全与完善,包括组织运转的制度化程度、人员构成以及责任制度等。在组织运行上,早期社会组织的运作随意性较大,既有组织以法律法规作为依据,也有遵循章程运

---

① Howlett M., Ramesh M., "Achilles' Heels of Governance: Critical Capacity Deficits and Their Role in Governance Failures: The Achilles Heel of Governance", *Regulation & Governance*, Vol. 10, No. 4, 2016, pp. 301 – 313.

② 中国食品药品质量安全促进会:《促进会简介》,http://www.fdsa.org.cn/about/about.html。

作的，还有受上级指令控制，甚至少数组织运作直接由领导人拍板。[①] 随着发展，社会组织的运作依据逐步统一、规范和制度化，绝大多数食品类社会组织依据国家法律法规制定了运作章程，就其愿景使命、会员资格、治理架构、理事会选任等做出了详尽的规定。在人员构成上，专业技能人员与专职人员比重不断增加。例如，经过多年发展，截至 2012 年，北京市社会组织从业人员大专及以上学历的人才占比高达 75.65%；同时，专职工作人员占比达 65.8%，且专职人员中又有 92% 为正式聘用人员，保证人员构成的稳定性。[②] 虽然这一调查是针对整体社会组织概况，但也在一定程度上折射出食品类社会组织的状况。在责任制度上，社会组织逐步探索制定针对成员违规行为的惩罚措施。新《食品安全法》将行业协会纳入食品安全社会治理主体之一，将行业自律作为保障食品安全的举措之一。得益于此，业内开始摸索从严格行业规范、建立声誉机制等入手，倒逼企业自律。例如，国家奶业科技创新联盟通过发起"国家优质乳工程"，利用声誉机制推动企业主动采用国家领先标准与技术。

第三节　实现社会共治的发展路径

虽然我国食品安全监管正逐步走向社会共治，但并不意味着这一过程是一蹴而就的。为了更好地拥抱社会共治，还须从以下方面发力：一是能力建设，社会共治的优势必须以各主体强大的能力为基础；二是信任构筑，主体间良好的关系是发挥协同效应的必要条件。

一　能力建设：持续提升主体能力

对于政府监管机构而言，能力建设需要从以下方面入手。

第一，人员、设备、经费是展开监管工作的基本条件，必须以此作为监管力量建设的着力点。在人员方面，既要充实专职监管人员数量，又要扩大具有专业素养的监管人员比例，还要健全监管人员定期培训制度，打造高素质的食品安全监管队伍；在设备方面，既要推进执法装备标准化，

---

① 中国行政管理学会课题组：《我国社会中介组织发展研究报告》，《中国行政管理》2005 年第 5 期。

② 谢延智等：《北京市社会组织人才队伍现状与发展对策研究》，载于森主编《北京人才发展报告（2013～2014）》，社会科学文献出版社 2014 年版，第 31—32 页。

又要推进设备现代化、信息化。需要指出的是,现代化设备因其快速、智能的优势,能够提升工作效率,进而在一定程度上弥补监管人员不足的缺陷。以食品安全监管与大数据结合为例,对海量数据的收集、存储与分析均主要以大型计算机、人工智能、机器学习等技术因素为依托,[①] 绝非单纯增加监管人员数量所能实现;不仅如此,大数据技术还能揭示许多传统数据分析手段难以发现的行为规律,其改进监管绩效的前景也非增加人力所能比拟。在经费方面,应根据政府层级、经济发展水平确定经费投入重点。对于欠发达地区以及基层监管部门,由于经费有限,为了最大限度地实现帕累托改进,应以改善监管人员工资待遇为重点。基层监管面临最突出的矛盾是"人少事多"。更为严峻的是,还存在较为普遍的同工不同酬问题,不利于思想稳定,导致人员流失,损害了监管效率。[②] 对于发达地区、非基层监管部门,经费投入则应向智能化、科学化监管倾斜。科研投入通常需要大量的资金与人才支撑,而且周期长、牵涉面广、不确定性强,基层与欠发达地区往往难以承受这一负担。

第二,政府一元监管模式之下,备受青睐的命令控制手段已经不足以应对当前的监管挑战,必须推进监管方式多元化。虽然在产业内企业大多同质,且监管机构明悉达成监管目标的最佳制度设计的情境下,命令控制手段有其优势;但随着食品产业发展,监管对象的复杂性、异质性特征越发凸显之时,该手段极易导致监管过度或监管不足。此外,由于命令控制手段排除了其他行动者的参与,滋生了政企合谋的土壤。因此,必须转变过度依赖命令控制手段的局面,推进监管方式多元化,回应越发复杂的监管情境。基于施耐德等人的分析,常用的监管方式可划分为命令控制手段、激励型手段、能力手段、学习手段以及象征劝诱手段,[③] 增加后四种监管手段的使用是我国食品安全监管努力的方向。

第三,如前所述,食品安全问题具有社会复杂性,常常需要多个部门的通力合作,必须强化部门间合作。经过多年探索,我国逐渐形成了跨部门领导小组、议事协调机构、部门间联席会议、部门联合工作组、联合发文、联合执法等多样化的组织间合作机制。为更好地发挥上述机制的潜

---

① Mariusz M. , "To Do More, Better, Faster and More Cheaply: Using Big Data in Public Administration", *International Review of Administrative Sciences*, Vol. 83, No. s1, 2017, pp. 120 – 135.

② 王庆邦:《食品监管面临的挑战和应对》,《中国党政干部论坛》2019 年第 11 期。

③ Schneider A. , Ingram H. , "Behavioral Assumptions of Policy Tools", *Journal of Politics*, Vol. 52, No. 2, 1990, pp. 510 – 521.

力，应总结各项措施的适用情境及其优劣，并形成书面报告，据此指导食品安全监管部门选择适宜的协调机制。不仅如此，还应就组织间合作机制的激活、运转、评估、终止等制定详细的规则，使之进一步制度化、完备化。

在提升企业能力方面，由于我国食品企业实力差异巨大，既有诸如蒙牛、伊利等跻身食品饮料百强的大型食品企业，[1] 又有许多食品小作坊、小经营店、小摊点等"三小"经营单位，因而需要分类施策。对于实力雄厚的大型企业，能力建设的重点是精益求精，力争成为行业国际标杆。为此，应鼓励其加大食品科研投入、强化产学研合作，积极拥抱大数据、区块链技术，增强企业的分析能力与内部管理能力。以蒙牛为例，早在2007 年，该企业斥巨资建立了世界领先水平的高智能化生产基地，与加州大学戴维斯分校、剑桥大学、达能公司、中国科学院等多家"技术巨头"合作，[2] 极大地增强了其国际竞争力。对于"三小"经营单位，能力建设的重点是规范提升，力争消除食品安全隐患。为此，一方面坚决打击、取缔经营条件恶劣且拒不整改或整改不到位的经营单位；另一方面，帮扶主动整改的经营单位，并引导建设集中加工销售市场，鼓励其联合发展。对于中小企业，能力建设的重点是更进一步，力争壮大企业综合实力。较之于大型企业，虽然其缺乏规模经济优势、技术水平较低，但具有地方性知识优势。尽管大型企业建立了许多地方分部，但其经营策略主要是考虑全国市场。因此，在扶持中小企业展开集约化经营的同时，应立足其地方性知识，打造地方性特色品牌。

在提升社会组织能力方面，应从以下方面入手：第一，推动社会组织多元化发展。根据食品安全合作监管的多重需要，应培育维权、技术服务、行业自律等类型的社会组织。第二，完善相关法律法规，切实赋权于社会组织。《食品安全法》中虽然赋予了社会组织在帮扶企业、信息报送、风险交流、标准制定等方面应占据一席之地，但具体规定语焉不详、缺乏可操作性。因此，应出台更为细致的配套规定。以社会组织参与食品安全标准审查为例，必须说明参与资格、参与流程、参与形式等细节。第三，改进社会组织治理结构，提升内部管理水平。引入现代化社团管理制

---

[1] Food Engineering: 2018 Top 100 Food and Beverage Companies, https://www.foodengineeringmag.com/2018 – top – 100 – food-beverage-companies.

[2] 新华网：蒙牛为啥"牛"化创新力为高质量发展动力，xinhuanet.com/enterprise/2019 – 12/23/c_ 1125378107. htm, 2019 – 12 – 23。

度，成立理事会、监事会、代表大会，在明确划分各组成部门权责的基础上，构建分权制衡的基本架构；完善财务监督管理制度，防止获取不当收入、滥用组织运营管理费用、进行非法或不符合本组织定位的投资，保证组织公益性；合理设置组织人员构成，必须保证专业技术人员、专职管理人员占据一定的比例，保障组织正常运转。

二　信任构筑：有效协调主体合作

信任是促成相互依赖行动者维持良好合作的关键。否则，即便行动者之间高度依赖，也可能存在操纵性行为。① 究其本质，信任是个体对他人的看法，它意味着对独立行动者之行为有预测②，隐含着对合作伙伴的积极期望——相信合作伙伴有意愿和能力，协助实现所寻求的合作优势。同时，还表明行动者愿意承担合作过程的潜在风险，即合作伙伴可能会采取损及合作的机会主义行为。值得注意的是，一旦合作伙伴果真采取了机会主义做法，不仅会侵蚀信任，还会滋生猜疑、背叛等负面因素，而后者又会进一步削弱信任。与之相反，如果合作伙伴遵循积极期望行事，将会促进信任强化。由此观之，信任具有自我强化的特质。

而包容性协商则有助于实现信任的正向强化。包容性协商不仅吸纳了与食品安全合作监管相关的各类行动者参与，还促使任何一方均不谋求自己的观点压制其他观点，防止了社会共治蜕化为强势方的支配；而是通过集思广益、群策群力共同应对食品安全困境。在协商过程中行动者认识到，行动者之间的差异和相似之处可以形成对问题和解决方案更为深刻的理解，推动一开始似乎是无法或不可调和的观点整合，由此形成彼此理解，并为达成共识奠定了基础。以下策略有助于实现包容性协商：一是明确协商参与者范围，厘定哪些领域（sector）、哪些层级的行动者应囊括其中，成员的模糊性将导致协商困难；二是就社会共治目标展开协商，及早揭示不可调和的分歧，突出协商难点；三是重视权力管理，由于资源控制能力、正式权威等因素影响，社会共治参与者间不可避免地存在权力差异。为减少因权力失衡带来的负面影响，应保证协商过程公开、透明。

---

① Ansell C., Gash A., "Collaborative Governance in Theory and Practice", *Journal of Public Administration Research and Theory*, Vol. 18, No. 4, 2008, p. 560.

② Huxham C., Vangen S., *Managing to Collaborate: The Theory and Practice of Collaborative Advantage*, London and New York: Routledge, 2013, p. 139.

第四节　本章小结与讨论

　　本章以 2003—2017 年中央层级联合发布的 55 份食品安全政策文本为研究对象，运用内容分析法，梳理了我国食品安全合作监管的发展概况与演变历程。从总体概况上看，政府机构间合作、政府－非政府机构间合作以及非政府机构间合作等合作形式均有所涉及，但政府机构间合作最受青睐，表明政府一元监管仍然占据主导；从演变历程看，政府机构间合作有所弱化的同时，政府－非政府机构合作稳步强化，表明食品安全社会共治正逐步得到重视。这一变化源于食品安全问题的棘手问题、国家有意识地放权以及社会的成长。同时，为了更好地实现社会共治，还要重视能力建设与信任构筑，以持续提升主体能力和有效协调主体合作。

　　需要指出的是，本研究还存在一些不足：选用联合发文作为观察合作监管的依据具有一定的局限性，这一数据只能反映主体间合作与否，但未能反映具体合作事项。事实上，不同合作事项也反映了合作的深入程度：例如，浅层次的合作多局限于信息交流、分享等活动上；随着合作深入，将逐步转向成员交流、资源共享等更高层次的活动。不仅如此，许多非政府机构虽然参与了合作监管，但不具有发布政策文本的法定权力，难以从联合发文的数据中捕捉这类情况，导致研究结论可能与现实存在一定的出入。

参考文献

一　外文专著

Bodansky D. , Brunné E. J. , Hey E. , *The Oxford Handbook of International Environmental Law*, London：Oxford University Press, 2008.

Caswell J. A. , Johnson G. V. , *Economics of Food Safety*, New York：Elsevier Science Publishing Company, 1991.

David K. , Tetiana K. , *Power Structures of Policy Networks in the Oxford Handbook of Political Networks*, London：Oxford University Press, 2018, pp. 91 –114.

David R. J. , Sine W. D. , Serra C. K. , *Institutional Theory and Entrepreneurship：Taking Stock and Moving Forward*, *The Sage Handbook of Organizational Institutionalism*, London：SAGE Publications, 2017.

Johnson J. C. , Borgatti S. , Everett M. , *Analyzing Social Networks*, London：SAGE Publications Limited, 2013.

March J. G. , Olsen J. P. , *Rediscovering Institutions：The Organizational Basis of Politics*, New York：Free Press, 1989.

二　外文论文

Agranoff R. , Mcguire M. , "Big Questions in Public Network Management Research", *Journal of Public Administration Research & Theory*, Vol. 11, No. 3, 2001.

Ansell C. , Gash A. , "Collaborative Governance in Theory and Practice", *Journal of Public Administration Research & Theory*, Vol. 18, No. 4, Oct. 2008.

Antle J. M. , "Efficient Food Safety Regulation in the Food Manufacturing Sector", *American Journal of Agricultural Economics*, Vol. 78, No. 5, 1996.

Arya B. , Lin Z. , "Understanding Collaboration Outcomes from an Extended Resource-Based View Perspective: The Roles of Organizational Characteristics, Partner Attributes, and Network Structures", *Journal of Management*, Vol. 33, No. 5, 2007.

Balland P. , De Vaan M. , Boschma R. , "The Dynamics of Interfirm Networks along the Industry Life Cycle: The Case of the Global Video Game Industry 1987 – 2007", *Journal of Economic Geography*, Vol. 13, No. 5, 2012.

Ball B. , Wilcock A. , Aung M. , "Factors Influencing Workers to Follow Food Safety Management Systems in Meat Plants in Ontario, Canada", *International Journal of Environmental Health Research*, Vol. 19, No. 3, 2009.

Boyte H. C. , "Constructive Politics as Public Work: Organizing the Literature", *Political Theory*, Vol. 39, No. 5, 2011.

Bryson J. M. , Crosby B. C. , Bloomberg L. , "Public Value Governance: Moving beyond Traditional Public Administration and the New Public Management", *Public Administration Review*, Vol. 74, No. 4, 2014.

Capano G. , Lippi A. , "How Policy Instruments Are Chosen: Patterns of Decision Makers' Choices", *Policy Sciences*, Vol. 50, No. 20, 2017.

Chen K. , Wang X. , Song H. , "Food Safety Regulatory Systems in Europe and China: A Study of How Co-Regulation Can Improve Regulatory Effectiveness", *Journal of Integrative Agriculture*, Vol. 14, No. 11, 2015.

Chiu S. C. , Sharfman M. , "Legitimacy, Visibility, and the Antecedents of Corporate Social Performance: An Investigation of the Instrumental Perspective", *Journal of Management*, Vol. 6, No. 37, 2011.

Cho B. H. , Hooker N. H. , "Voluntary vs. Mandatory Approaches to Food Safety: Considering Heterogeneous Firms", *Foodborne Pathogens and Disease*, Vol. 4, No. 4, 2007.

Cristofoli D. , Macciò L. , Pedrazzi L. , "Structure, Mechanisms, and Managers in Successful Networks", *Public Management Review*, Vol. 17, No. 4, 2015.

Crona B. , Bodin Ö. , "What You Know is Who You Know? Communication Patterns among Resource Users as a Prerequisite for Co-management", *Ecology and Society*, Vol. 11, No. 2, 2006.

Crosby B. C. , Bryson J. M. , "Integrative Leadership and the Creation and

Maintenance of Cross-Sector Collaborations", *The Leadership Quarterly*, Vol. 21, No. 2, 2010.

Crossan M. M., Lane H. W., White R. E., "An Organizational Learning Framework: From Intuition to Institution", *Academy of Management Review*, Vol. 24, No. 3, 1999.

Deephouse D., "Does Isomorphism Legitimate?", *Academy of Management Journal*, Vol. 39, No. 4, 1996.

Doerfel M., Chewning L., Lai C., "The Evolution of Networks and the Resilience of Interorganizational Relationships after Disaster", *Communication Monographs*, Vol. 80, No. 4, 2013.

Dowding K., "Model or Metaphor? A Critical Review of the Policy Network Approach", *Political Studies*, Vol. 43, No. 1, 2010.

Emerson K., Nabatchi T., Balogh S., "An Integrative Framework for Collaborative Governance", *Journal of Public Administration Research and Theory*, Vol. 22, No. 1, 2012.

Emmoth A., Persson S. G., Lundberg H., "Interpartner Legitimacy Effects on Cluster Initiative Formation and Development Processes", *European Planning Studies*, Vol. 23, No. 5, 2015.

Feiock R. C., Jeong M. G., Kim J., "Credible Commitment and Council-Manager Government: Implications for Policy Instrument Choices", *Public Administration Review*, Vol. 63, No. 5, 2003.

Feiock R. C., Jeong M. G., Kim J., "Credible Commitment and Council-Manager Government: Implications for Policy Instrument Choices", *Public Administration Review*, Vol. 63, No. 5, 2003.

Fischer M., Sciarini P., "Drivers of Collaboration in Political Decision Making: A Cross-Sector Perspective", *The Journal of Politics*, Vol. 78, No. 1, 2016.

Flanagin A., "Commercial Markets as Communication Markets: Uncertainty Reduction through Mediated Information Exchange in Online Auctions", *New Media & Society*, Vol. 9, No. 3, 2007.

Freeman J., Rossi J., "Agency Coordination in Shared Regulatory Space", *Harvard Law Review*, Vol. 125, 2011.

Gerber E., Henry A. D., Lubell M., "Political Homophily and Collaboration in Regional Planning Networks: Political Homophily", *American Journal of*

Political Science, Vol. 57, No. 3.

Gould R. V. , Fernandez R. M. , "Structures of Mediation: A Formal Approach to Brokerage in Transaction Networks", *Sociological Methodology*, Vol. 19, 1989.

Gulati R. , Nickerson J. , "Interorganizational Trust, Governance Choice, and Exchange Performance", *Organization Science*, Vol. 19, No. 5, 2008.

Haddad L. , "Redirecting the Diet Transition: What Can Food Policy Do?", *Development Policy Review*, Vol. 21, No. 5, 2003.

Henson S. J. , Caswell J. A. , "Food Safety Regulation: An Overview of Contemporary Issues", *Food Policy*, Vol. 24, No. 6, 1999.

Howlett M. , "Governance Modes, Policy Regimes and Operational Plans: A Multi-Level Nested Model of Policy Instrument Choice and Policy Design", *Policy Sciences*, Vol. 42, No. 1, 2009.

Howlett M. , Ramesh M. , "Achilles'Heels of Governance: Critical Capacity Deficits and Their Role in Governance Failures: The Achilles Heel of Governance", *Regulation & Governance*, Vol. 10, No. 4, 2016.

Ingold K. , Fischer M. , "Drivers of Collaboration to Mitigate Climate Change: An Illustration of Swiss Climate Policy Over 15 Years", *Global Environmental Change*, No. 24, 2014.

Isett K. R. , et al. , "Networks in Public Administration Scholarship: Understanding Where We Are and Where We Need to Go", *Journal of Public Administration Research & Theory*, Vol. 21, No. s1, 2011.

James S. , Kirstin R. , Harriet W. , "Australian Food Safety Policy Changes from a 'Command and Control' to an 'Outcomes-Based' Approach: Reflection on the Effectiveness of Its Implementation", *International Journal of Environmental Research and Public Health*, Vol. 13, No. 12, 2016.

Jordan A. , "The Problem-Solving Capacity of the Modern State: Governance Challenges and Administrative Capacities", *West European Politics*, Vol. 39, No. 4, 2016.

Kapucu N. , "Interagency Communication Networks during Emergencies: Boundary Spanners in Multiagency Coordination", *American Review of Public Administration*, Vol. 36, No. 2, 2006.

Koka B. , Madhavan R. , Prescott J. , "The Evolution of Interfirm Networks: Environmental Effects on Patterns of Network Change", *Academy of Manage-*

ment Review, Vol. 31, No. 3, 2006.

Kumar R., Das T. K., "Interpartner Legitimacy in the Alliance Development Process", *Journal of Management Studies*, Vol. 44, No. 8, 2007.

Lapinski M., Rimal R., "An Explication of Social Norms", *Communication Theory*, Vol. 15, No. 2, 2005.

Leifeld P., Schneider V., "Information Exchange in Policy Networks", *American Journal of Political Science*, Vol. 56, No. 3, 2012.

Long J. C., Cunningham F. C., Braithwaite J., "Bridges, Brokers and Boundary Spanners in Collaborative Networks: A Systematic Review", *BMC Health Services Research*, Vol. 13, No. 1, 2013.

Lubell M., Robins G., Wang P., "Network Structure and Institutional Complexity in an Ecology of Water Management Games", *Ecology and Society*, Vol. 19, No. 4, 2014.

Ma L., Christensen T., "Same Bed, Different Dreams? Structural Factors and Leadership Characteristics of Central Government Agency Reform in China", *International Public Management Journal*, Vol. 22, No. 4, 2019.

Ma L., Liu P., "Missing Links between Regulatory Resources and Risk Concerns: Evidence from the Case of Food Safety in China", *Regulation & Governance*, Vol. 13, 2017.

Mandell M., Keast R., Chamberlain D., "Collaborative Networks and the Need for a New Management Language", *Public Management Review*, Vol. 19, No. 3, 2017.

Margolin D., et al., "Normative Influences on Network Structure in the Evolution of the Children's Rights NGO Network, 1977 – 2004", *Communication Research*, Vol. 42, No. 1, 2015.

Martinez G., Fearne A., Caswell J., Henson S., "Co-Regulation as a Possible Model for Food Safety Governance: Opportunities for Public-Private Partnerships", *Food Policy*, Vol. 32, No. 3, 2007.

Martinez M. G., Verbruggen P., Fearne A., "Risk-Based Approaches to Food Safety Regulation: What Role for Co-Regulation?", *Journal of Risk Research*, Vol. 16, No. 9, 2013.

Mcguire M., Silvia C., "Does Leadership in Networks Matter?", *Public Performance & Management Review*, Vol. 33, No. 1, 2009.

Mees, Heleen L. P., Di J. K., Soest J. V., et al., "A Method for the Deliberate and Deliberative Selection of Policy Instrument Mixes for Climate Change Adaptation", *Ecology and Society*, Vol. 19, No. 2, 2014.

Meier K. J., O'Toole L. J., "Public Management and Organizational Performance: The Effect of Managerial Quality", *Journal of Policy Analysis & Management*, Vol. 21, No. 4, 2002.

Mergel I., Rethemeyer R. K., Isett K., "Big Data in Public Affairs", *Public Administration Review*, Vol. 76, No. 6, 2016.

Millstone E., "Can Food Safety Policy-making Be both Scientifically and Democratically Legitimated? If So, How?", *Journal of Agricultural and Environmental Ethics*, Vol. 20, 2007.

Morgeson F. P., Mitchell T. R., Dong L., "Event System Theory: An Event-Oriented Approach to the Organizational Sciences", *Academy of Management Review*, Vol. 40, No. 4, 2015.

Mortimore S., "How to Make HACCP Really Work in Practice", *Food Control*, VoL. 12, No. 4, 2001.

Moynihan D., "The Network Governance of Crisis Response: Case Studies of Incident Command Systems", *Journal of Public Administration Research and Theory*, Vol. 19, No. 4, 2009.

Nelson P., "Information and Consumer Behavior", *Journal of Political Economy*, Vol. 78, No. 2, 1970.

Oh H., Chung M. H., Labianca G., "Group Social Capital and Group Effectiveness: The Role of Informal Socializing Ties", *Academy of Management Journal*, Vol. 47, No. 6, 2004.

Olsson P., Folke C., Berkes F., "Adaptive Comanagement for Building Resilience in Social-Ecological Systems", *Environmental Management*, Vol. 34, No. 1, 2004.

O'Toole L. J., Meier K. J., "Public Management in Intergovernmental Networks: Matching Structural Networks and Managerial Networking", *Journal of Public Administration Research and Theory*, Vol. 14, No. 4, 2004.

Persson S. G., Lundberg H., Andresen E., "Interpartner Legitimacy in Regional Strategic Networks", *Industrial Marketing Management*, Vol. 40, No. 6, 2011.

Peters B. G., Pierre J., "Food Policy as a Wicked Problem: Contending with Multiple Demands and Actors", *World Food Policy*, Vol. 1, No. 1, 2014.

Pollans M. J. , Leib E. M. B. , "The New Food Safety", *California Law Review*, *Vol.* 107, 2019.

Pollitt C. , "Joined-up Government: A Survey", *Political Studies Review*, Vol. 1, No. 1, 2003.

Powell W. W. , et al. , "Network Dynamics and Field Evolution: The Growth of Interorganizational Collaboration in the Life Sciences1", *American Journal of Sociology*, Vol. 110, No. 4, 2005.

Priefer C. , Jörissen J. , Bräutigam K. R. , "Food Waste Prevention in Europe- A Cause-driven Approach Toidentify the Most Relevant Leverage Points for Action", *Resources, Conservation and Recycling*, Vol. 109, 2016.

Provan K. G. , Kenis P. , "Modes of Network Governance: Structure, Management, and Effectiveness", *Journal of Public Administration Research & Theory*, Vol. 18, No. 2, 2008.

Provan K. , Lemaire R. , "Core Concepts and Key Ideas for Understanding Public Sector Organizational Networks: Using Research to Inform Scholarship and Practice", *Public Administration Review*, Vol. 72, No. 5, 2012.

Purdy J. M. , "A Framework for Assessing Power in Collaborative Governance Processes", *Public Administration Review*, Vol. 72, No. 3, 2012.

Rachel M. K. , et al. , "Drivers of Policy Instrument Selection for Environmental Management by Local Governments", *Public Administration Review*, Vol. 79, No. 3, 2019.

Rasmussen J. , "Graphic Representation of Accident Scenarios: Mapping System Structure and the Causation of Accidents", *Safety Science*, Vol. 40, No. 5, 2002.

Ring P. S. , Van D. V. A. H. , "Developmental Processes of Cooperative Interorganizational Relationships", *Academy of Management Review*, Vol. 19, No. 1, 1994.

Rost K. , "The Strength of Strong Ties in the Creation of Innovation", *Research Policy*, Vol. 40, No. 4, 2011.

Rouviere E. , Royer A. , "Public Private Partnerships in Food Industries: A Road to Success?", *Food Policy*, No. 69, 2017.

Sandström A. , Carlsson L. , "The Performance of Policy Networks: The Relation between Network Structure and Network Performance", *Policy Studies Journal*, Vol. 36, No. 4, 2010.

Sandström A. , Crona B. , Örjan B. , "Legitimacy in Co-Management: The Impact of Preexisting Structures, Social Networks and Governance Strategies", *Environmental Policy and Governance*, Vol. 24, No. 1, 2014.

Sandström A. , Rova C. , "Adaptive Co-management Networks: A Comparative Analysis of Two Fishery Conservation Areas in Sweden", *Ecology & Society*, Vol. 15, No. 3, 2010.

Schneider A. , Ingram H. , "Behavioral Assumptions of Policy Tools", *Journal of Politics*, Vol. 52, No. 2, 1990.

Schneider A. , Ingram H. , "Social Construction of Target Populations: Implications for Politics and Policy", *American Political Science Review*, Vol. 87, No. 2, 1993.

Scholz J. T. , Wang C. L. , "Cooptation or Transformation? Local Policy Networks and Federal Regulatory Enforcement", *American Journal of Political Science*, Vol. 50, No. 1.

Scott T. A. , Thomas C. W. , "Unpacking the Collaborative Toolbox: Why and When Do Public Managers Choose Collaborative Governance Strategies?", *Policy Studies Journal*, Vol. 45, No. 1, 2016.

Segato F. , Raab J. , "Mandated Network Formation", *International Journal of Public Sector Management*, Vol. 32, No. 2, 2019.

Snijders T. , Van De Bunt G. , Steglich C. , "Introduction to Stochastic Actor-Based Models for Network Dynamics", *Social Networks*, Vol. 32, No. 1, 2010.

Starbird S. A. , "Designing Food Safety Regulations: The Effect of Inspection Policy and Penaltiesfor Noncompliance on Food Processor Behavior", *Journal of Agricultural & Resource Economics*, Vol. 25, No. 2, 2000.

Stokman F. , Zeggelink E. , "Is Politics Power or Policy Oriented? A Comparative Analysis of Dynamic Access Models in Policy Networks", *The Journal of Mathematical Sociology*, Vol. 21, No. 1-2, 1996.

Suchman M. C. , "Managing Legitimacy: Strategic and Institutional Approaches", *Academy of Management Review*, Vol. 20, No. 3, 2015.

Tam W. K. , Yang D. , "Food Safety and the Development of Regulatory Institutions in China", *Asian Perspective*, Vol. 29, No. 4, 2005.

Thomson A. M. , Perry J. L. , "Collaboration Processes: Inside the Black Box", *Public Administration Review*, Vol. 66, No. SI, 2010.

Uzzi B. , "Social Structure and Competition in Interfirm Networks: The Paradox of Embeddedness", *Administrative Science Quarterly*, Vol. 42, No. 1, 1997.

Weible C. , Sabatier P. , "Comparing Policy Networks: Marine Protected Areas in California", *Policy Studies Journal*, Vol. 33, No. 2, 2005.

Yasuda K. J. , "Why Food Safety Fails in China: The Politics of Scale", *The China Quarterly*, Vol. 223, 2015.

Yi H. , Feiock R. C. , "Renewable Energy Politics: Policy Typologies, Policy Tools, and State Deployment of Renewables: Renewable Energy Politics", *Policy Studies Journal*, Vol. 42, No. 3, 2014.

Zelditch M. , "Processes of Legitimation: Recent Developments and New Directions", *Social Psychology Quarterly*, Vol. 64, No. 1, 2001.

三　中文专著

陈振明等:《政府工具导论》,北京大学出版社 2009 年版。

刘军:《社会网络分析导论》,社会科学文献出版社 2004 年版。

杨代福:《政策工具选择研究:基于理性与政策网络的视角》,中国社会科学出版社 2016 年版。

[德] 乌尔里希·贝克:《风险社会》,何博闻译,译林出版社 2003 年版。

[加] 迈克尔·豪利特、M. 拉米什:《公共政策研究:政策循环与政策子系统》,庞诗等译,生活·读书·新知三联书店 2006 年版。

[美] B. 盖伊·彼得斯、[美] 弗兰斯·K. M. 冯尼斯潘:《公共政策工具——对公共管理工具的评价》,顾建光译,中国人民大学出版社 2007 年版。

[美] 凯斯·桑斯坦:《为生命定价:让规制国家更加人性化》,金成波译,中国政法大学出版社 2016 年版。

[英] 安东尼·吉登斯:《现代性的后果》,田禾译,译林出版社 2011 年版。

四　中文论文

陈淑贤等:《中老年居民保健食品风险认知及其影响因素——基于广西 7 个城市的数据调查分析》,《中国卫生事业管理》2018 年第 12 期。

陈思、罗云波、江树人:《激励相容:我国食品安全监管的现实选择》,《中国农业大学学报》(社会科学版) 2010 年第 3 期。

陈彦丽:《食品安全社会共治机制研究》,《学术交流》2014 年第 9 期。

陈振明:《政府工具研究与政府管理方式改进——论作为公共管理学新分支的政府工具研究的兴起、主题和意义》,《中国行政管理》2004 年第6 期。

崔卓兰、赵静波:《我国食品安全监管法律制度之改革与完善》,《吉林大学社会科学学报》2012 年第4 期。

丁煌、孙文:《从行政监管到社会共治:食品安全监管的体制突破——基于网络分析的视角》,《江苏行政学院学报》2014 年第1 期。

龚强、张一林、余建宇:《激励、信息与食品安全规制》,《经济研究》2013 年第3 期。

郭家宏:《欧盟食品安全政策述评》,《欧洲研究》2004 年第2 期。

郭菊娥、袁忆、张旭:《改革开放40 年政府职能转变的演进过程》,《西安交通大学学报》(社会科学版)2018 年第6 期。

胡颖廉:《国家食品安全战略基本框架》,《中国软科学》2016 年第9 期。

胡颖廉:《食品安全理念与实践演进的中国策》,《改革》2016 年第5 期。

胡颖廉:《统一市场监管与食品安全保障——基于"协调力—专业化"框架的分类研究》,《华中师范大学学报》(人文社会科学版)2016 年第2 期。

黄天柱、王飞、杨树峰:《基于层次分析法的我国食品质量主体责任研究》,《食品工业》2014 年第7 期。

黄星星:《信息化建设:大数据打造监管大格局》,《中国食品药品监管》2017 年第2 期。

黄音、黄淑敏:《大数据驱动下食品安全社会共治的耦合机制分析》,《学习与实践》2019 年第7 期。

霍龙霞、徐国冲:《新世纪食品安全合作监管的发展逻辑与绩效评估》,《天津行政学院学报》2020 年第1 期。

李静:《从"一元单向分段"到"多元网络协同"——中国食品安全监管机制的完善路径》,《北京理工大学学报》(社会科学版)2015 年第4 期。

李研、王凯、李东进:《商家危害食品安全行为的影响因素模型——基于网络论坛评论的扎根研究》,《经济与管理研究》2018 年第8 期。

刘飞、孙中伟:《食品安全社会共治:何以可能与何以可为》,《江海学刊》2015 年第3 期。

刘飞:《制度嵌入性与地方食品系统——基于 Z 市三个典型社区支持农业(CSA)的案例研究》,《中国农业大学学报》(社会科学版)2012 年第

1 期。

刘鹏、李文韬：《网络订餐食品安全监管：基于智慧监管理论的视角》，《华中师范大学学报》（人文社会科学版）2018 年第 1 期。

刘鹏：《中国食品安全监管——基于体制变迁与绩效评估的实证研究》，《公共管理学报》2010 年第 2 期。

刘亚平：《食品安全：从危机应对到风险规制》，《社会科学战线》2012 年第 2 期。

刘亚平：《中国食品安全的监管痼疾及其纠治——对毒奶粉卷土重来的剖析》，《经济社会体制比较》2011 年第 3 期。

罗珺、陈庭强：《保健食品安全风险监管行为激励相容机制研究》，《食品工业》2019 年第 1 期。

马英娟：《走出多部门监管的困境——论中国食品安全监管部门间的协调合作》，《清华法学》2015 年第 3 期。

苗珊珊、李鹏杰：《基于第三方检测机构的食品安全共治演化博弈分析》，《资源开发与市场》2018 年第 7 期。

倪国华、牛晓燕、刘祺：《对食品安全事件"捂盖子"能保护食品行业吗——基于 2896 起食品安全事件的实证分析》，《农业技术经济》2019 年第 7 期。

倪永品：《食品安全、政策工具和政策缝隙》，《浙江社会科学》2017 年第 2 期。

聂勇浩、颜海娜：《关系合约视角的部门间合作：以食品安全监管为例》，《社会科学》2009 年第 11 期。

牛亮云、陈秀娟、吴林海、吕煜昕：《影响食品添加剂使用行为的主要因素的实证研究》，《中国人口·资源与环境》2019 年第 2 期。

尚杰、周峻岗、李燕：《基于食品安全的农产品流通供给侧改革方向和重点》，《农村经济》2017 年第 9 期。

宋慧宇：《食品安全监管模式改革研究——以信息不对称监管失灵为视角》，《行政论坛》2013 年第 4 期。

谭志哲：《我国食品安全监管之公众参与：借鉴与创新》，《湘潭大学学报》（哲学社会科学版）2012 年第 3 期。

王冀宁、王倩、陈庭强：《供应链网络视角下食品安全风险管理研究》，《中国调味品》2019 年第 12 期。

王清：《政府部门间为何合作：政绩共容体的分析框架》，《中国行政管理》2018 年第 7 期。

王庆邦：《食品监管面临的挑战和应对》，《中国党政干部论坛》2019 年第 11 期。

文晓巍、刘妙玲：《食品安全的诱因、窘境与监管：2002—2011 年》，《改革》2012 年第 9 期。

文晓巍、杨朝慧：《食品企业质量安全风险控制行为的影响因素：以动机理论为视角》，《改革》2018 年第 4 期。

吴元元：《食品安全信用档案制度之建构——从信息经济学的角度切入》，《法商研究》2013 年第 4 期。

夏玉珍、卜清平：《风险理论方法论的回顾与思考：从个体主义到结构主义的对立与融合》，《学习与实践》2016 年第 7 期。

徐国冲、霍龙霞：《食品安全合作监管的生成逻辑——基于 2000—2017 年政策文本的实证分析》，《公共管理学报》2020 年第 1 期。

徐国冲、张晨舟、郭轩宇：《中国式政府监管：特征、困局与走向》，《行政管理改革》2019 年第 1 期。

徐鸣：《整体性治理：地方政府市场监管体制改革探析——基于四个地方政府改革的案例研究》，《学术界》2015 年第 12 期。

闫志刚、房军：《互联网保健食品监管研究》，《中国食物与营养》2018 年第 11 期。

闫志刚、张成岗：《美国"保健食品"监管百年：科学、产业与监管博弈》，《中国高校社会科学》2019 年第 6 期。

颜海娜、聂勇浩：《食品安全监管合作困境的机理探究：关系合约的视角》，《中国行政管理》2009 年第 10 期。

颜海娜、聂勇浩：《制度选择的逻辑——我国食品安全监管体制的演变》，《公共管理学报》2009 年第 3 期。

杨永伟、夏玉珍：《风险社会的理论阐释——兼论风险治理》，《学习与探索》2016 年第 5 期。

岳经纶：《食品安全问题及其政策工具》，《中国社会科学院院报》2006 年 5 月 11 日第 3 版。

张蓓、马如秋、刘凯明：《新中国成立 70 周年食品安全演进、特征与愿景》，《华南农业大学学报》（社会科学版）2020 年第 1 期。

张红凤、吕杰、王一涵：《食品安全监管效果研究：评价指标体系构建及应用》，《中国行政管理》2019 年第 7 期。

张君、姜启军：《基于计划行为理论的食品企业实施质量保证项目影响因素分析》，《学术探索》2015 年第 2 期。

张康之：《合作治理是社会治理变革的归宿》,《社会科学研究》2012 年第 3 期。

张曼、唐晓纯等：《食品安全社会共治：企业、政府与第三方监管力量》,《食品科学》2014 年第 13 期。

张文静、薛建宏：《我国食品体系变化过程中的食品安全问题——以 1592 例食品安全新闻报道为例》,《大连理工大学学报》（社会科学版）2016 年第 4 期。

赵方杜、石阳阳：《社会韧性与风险治理》,《华东理工大学学报》（社会科学版）2018 年第 2 期。

郑风田、刘爽：《全面落实地方政府食品安全工作责任》,《中国党政干部论坛》2019 年第 10 期。

周雪光、艾云：《多重逻辑下的制度变迁：一个分析框架》,《中国社会科学》2010 年第 4 期。

周应恒、宋玉兰、严斌剑：《我国食品安全监管激励相容机制设计》,《商业研究》2013 年第 1 期。

周志忍、徐艳晴：《基于变革管理视角对三十年来机构改革的审视》,《中国社会科学》2014 年第 7 期。

朱春奎、毛万磊：《议事协调机构、部际联席会议和部门协议：中国政府部门横向协调机制研究》,《行政论坛》2015 年第 6 期。

朱明春：《科学理性与社会认知的平衡——食品安全监管的政策选择》,《华中师范大学学报》（人文社会科学版）2013 年第 4 期。

卓越、于湃：《构建食品安全监管风险评估体系的思考》,《江苏行政学院学报》2013 年第 2 期。

后　　记

在书稿即将付梓之际，恍然发现有太多的人和事需要致谢。

本书的内容起源于我的博士论文"副菜"，当时的"主菜"是监管风险评估。卓越教授极具洞见，致力于推动政府绩效评估走向风险评估，所以我选择了社会焦点之一——食品安全监管作为案例来进行探索性研究。当时苦于实证资料的难以获取，只是进行了一个初步的尝试；不承想毕业后的数年间，当时的"副菜"反而华丽转身为我目前的"主菜"了，发表的文章多以食品安全监管为主线，真是应了《增广贤文》中的那句古训"无心插柳柳成荫"。

我辈何等幸甚，躬逢导师事业鼎盛之时。导师的学问研究、为人处世、指导学生等都在潜移默化地影响着我。我时时觉察着这些影子无所不在，也让我深刻领悟到师者的泰山之重。

书稿得以成型实非一人之功。感谢中国社会科学出版社孔继萍老师的不辞辛苦与耐心回应；感谢厦门大学公共事务学院和社科处的各位老师大力支持与关心照顾；感谢陈素蜜老师提供的优质科研服务；还要感谢很多人、很多事、很多时候。

其中，书稿有些内容章节是和我的学生们共同创作发表的，已在著作中一一说明，在此集中感谢一下他们。这些可爱的同学是霍龙霞、李威璿、吴筱薇、潘玲珑、田雨蒙等，特别是霍龙霞博士的刻苦自励，还有许玉君同学帮忙校对了书稿和格式。感谢你们的一路相随，在与你们的互动中实现了教学相长。

感谢我的妻子和孩子，他们的可爱、调皮让我单调乏味的学术生活变得更加缤纷多彩、灵动活泼。每每想起孩子出生百天后，我就只身负笈下南洋求学，愧疚之情难以言表。感谢我的父母和哥哥姐姐们的厚爱，让我在异乡得以心无旁骛地工作学习。近来家乡的变化可谓一日千里，但本应尽孝却远离尘嚣的我只能远望天空那片故乡的云。